21世纪高职高专规划教材

计算机应用系列

AutoCAD实例教程

张战军　徐杰　张旋　编著

清华大学出版社

北　京

内容简介

本书是基于AutoCAD 2008的基础教程，书中通过大量的实例来讲解并练习基本的知识点。全书共分13章，第1～12章的内容包括AutoCAD概述、基本图元的绘制、图层、线型和颜色、二维图形的编辑、精确绘图、文字的标注、尺寸标注、图块与外部参照、浏览图形、三维图形的绘制与编辑、编辑及渲染三维实体、图形的输出等内容，第13章综合运用本书的知识，设计了6个完整的经典案例。

本书既可作为高等院校建筑、机械、电子等专业的教材，也可以作为AutoCAD爱好者及相关从业人员的参考和学习用书。

图书在版编目(CIP)数据

AutoCAD实例教程 / 张战军等编著. —北京：清华大学出版社，2009.3
21世纪高职高专规划教材. 计算机应用系列
ISBN 978-7-302-18346-4

Ⅰ. A…　Ⅱ. 张…　Ⅲ. 计算机辅助设计—应用软件，AutoCAD—高等学校：技术学校—教材　Ⅳ. TP391.72

中国版本图书馆CIP数据核字(2008)第119258号

责任编辑：张龙卿
责任校对：刘　静
责任印制：孟凡玉
出版发行：清华大学出版社　　**地　　址**：北京清华大学学研大厦A座
http://www.tup.com.cn　　**邮　　编**：100084
社　总　机：010-62770175　　**邮　　购**：010-62786544
投稿与读者服务：010-62776969，c-service@tup.tsinghua.edu.cn
质 量 反 馈：010-62772015，zhiliang@tup.tsinghua.edu.cn
印 装 者：清华大学印刷厂
经　　销：全国新华书店
开　　本：185×260　**印　张**：14　**字　数**：317千字
版　　次：2009年3月第1版　　**印　　次**：2009年3月第1次印刷
印　　数：1～4000
定　　价：26.00元

本书如存在文字不清、漏印、缺页、倒页、脱页等印装质量问题，请与清华大学出版社出版部联系调换。联系电话：(010)62770177转3103　　产品编号：028741-01

前　言

CAD 技术是近年来发展最迅速、最引人注目的技术之一。随着计算机科学技术的迅猛发展，CAD 技术正在日新月异、突飞猛进地发展。该软件目前广泛应用于建筑、机械、工业产品、纺织、电气等若干领域，使用该软件可以大大提高工作效率，是从事这些相关行业人员必须掌握的一门技术。

要掌握好中文版AutoCAD 2008 的基本功能，仅仅学习基础知识是很难融会贯通的，只有经过大量的上机训练与实践，才能灵活运用各种类型的命令，并绘制出符合实践项目要求的图纸或者产品的效果图。

本书内容全面、翔实，深入浅出地介绍了 AutoCAD 2008 的基本功能及使用方法。本书在讲解基本知识的基础上，通过大量的上机操作实例来巩固基本知识，并结合大量实践应用来达到学以致用的目的。

全书共分 13 章，第 1 章介绍了 AutoCAD 的基本概念和基本操作；第 2 章讲述了基本图元的绘制；第 3 章介绍了图层、线型及颜色的概念；第 4 章讲述了二维图形的编辑；第 5 章主要介绍了精确绘制图形的方法；第 6 章讲述了文字标注的方法；第 7 章主要讲述了标注尺寸的方法；第 8 章主要讲述图块与外部参照；第 9 章介绍浏览图形的方法；第 10 章主要介绍三维图形的绘制与编辑；第 11 章讲解了编辑实体的方法；第 12 章讲述了图形输出需要注意的各方面的问题；第 13 章是一些综合性的经典实例，讲述了多个经典例子的具体实现方法，可以帮助读者尽快巩固 AutoCAD 的基本功能，同时强化对本书前面章节所讲内容的理解。

本书编写过程中，梁斌、杨雪、陈文军、高燕、李志伟、李龙、刘旭、赵磊、周迅、刘秋红、王建平、刘伟、崔亚军、张小刚、赵萌也参加了部分内容的编写，在此一并表示感谢。

本书比较适合工科院校本科或高职高专计算机、建筑、机械、电气等多个专业的学生作为教材，也可作为工程技术人员的参考书和自学读本。由于时间仓促，书中难免有些地方讲述得不周全，请读者谅解，并提出宝贵意见。

编　者

2008 年 6 月

目　录

第1章　AutoCAD 概述

本章要点：

- AutoCAD 简介
- AutoCAD 窗口界面
- 创建、打开和保存图形文件
- 重新设置用户界面

1.1　AutoCAD 简介

AutoCAD 2008 是美国 Autodesk 公司开发的最新版本。CAD 是计算机辅助设计（Computer Aided Design）的简称，是电子计算机技术应用于工程领域产品设计的交叉技术。它包含的内容很多，如工程绘图、三维设计、优化设计等。CAD 的应用涉及机械、建筑、电子、宇航、纺织等许多工业领域。

CAD已成为现代产品设计的必然选择，其主要功能为产品设计人员提供各种有效的工具和手段，加速设计过程，优化设计结果，从而达到最佳设计效果。产品设计对CAD的基本要求可以概括为标准化、参数化、模块化、智能化。一个好的 CAD 系统既要能很好地利用计算机高速分析计算的能力，又要能充分发挥人的创造性作用。

CAD 软件的种类很多，涵盖范围很广，本书主要介绍目前应用最广泛的 CAD 软件 AutoCAD 2008。

1.1.1　AutoCAD 功能概述

目前AutoCAD已经成为国内外使用最广泛的计算机绘图软件，其丰富的绘图功能、强大的编辑功能和良好的用户界面深受广大用户的欢迎。

（1）AutoCAD 可以绘制任意的二维和三维图形，并且同传统的手工绘图相比，用 AutoCAD 绘图速度更快、精度更高。

（2）具有良好的用户界面和广泛的适应性，通过交互菜单或命令行方式，便可以进行各种操作，它可以在各种操作系统支持的微型计算机和工作站上运行。

（3）能以多种方式创建直线、圆、椭圆、多边形、样条曲线等基本平面图形对象，并提供了正交、对象捕捉、极轴追踪、捕捉追踪等强大的绘图辅助工具，以及移动、复制、旋转、阵列、拉伸、延长、修剪、缩放对象等图形编辑功能，使绘图精确和快速；其图层管理功能非常便于图形的管理；强大的标注尺寸功能可以满足多种类型尺寸标注的要求。

(4) 有比较完善的三维绘图功能，可以创建3D实体及表面模型，并对实体本身进行编辑；还有强大的图形打印和发布功能；同时，还提供了多种图形图像数据交换的功能；允许用户定制菜单和工具栏，并能利用内嵌语言进行二次开发。

1.1.2 系统配置要求

AutoCAD系统配置包括硬件和软件配置。要充分发挥AutoCAD 2008的功能，建议系统配置要求如下：

- Intel Pentium Ⅲ 800MHz 或更快的处理器
- Microsoft Windows XP
- 512MB 内存
- 300MB 可用磁盘空间（用于安装）
- 真彩色 1024 × 768 分辨率的 VGA 显示器
- 鼠标、轨迹球或兼容的定点设备
- Microsoft Internet Explorer 6.0
- CD-ROM 驱动器

1.2 AutoCAD 窗口界面

启动AutoCAD 2008后，程序首先打开【新功能专题研习】对话框，在此对话框中，可以确定是否了解新的功能。如果关闭该对话框，将进入如图1-1所示的AutoCAD 2008工作界面。

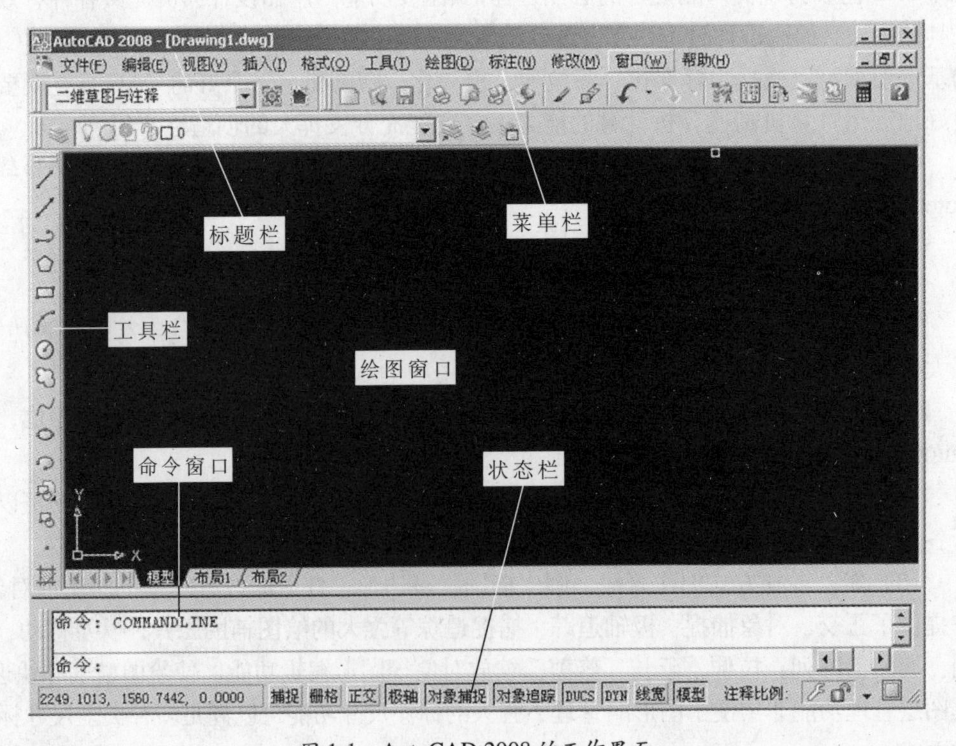

图 1-1 AutoCAD 2008 的工作界面

工作界面主要由标题栏、菜单栏、工具栏、绘图窗口、命令窗口、滚动条、状态栏等部分组成，下面我们分别介绍各部分的功能。

1. 标题栏

标题栏在程序窗口的最上方，其中显示了AutoCAD程序图标及当前所操作的图形文件名称及路径。和一般Windows应用程序相似，用户可通过标题栏最右边的3个按钮使AutoCAD最小化、最大化或关闭AutoCAD。

2. 下拉菜单及快捷菜单

AutoCAD的下拉菜单完全继承了Windows系统的风格，如图1-1所示的菜单栏是AutoCAD的主菜单，单击其中某一项会弹出相应的下拉菜单。

AutoCAD的菜单选项有以下3种形式。

（1）菜单项后面带有三角形标记

选择这种菜单项后，将弹出子菜单，可以做进一步选择。

（2）菜单项后面带有省略号标记“…”

选择这种菜单项后，AutoCAD打开一个对话框，用户通过此对话框可以进一步操作。

（3）单独的菜单项

另一种形式的菜单是快捷菜单，当单击鼠标右键时，在光标的位置上将出现快捷菜单。快捷菜单提供的命令选项与光标的位置及AutoCAD的当前状态有关。如，将光标放在作图区域或工具栏上右击，打开的快捷菜单是不一样的。此外，如果AutoCAD正在执行某一条命令或事先选取了任意实体对象，也将显示不同的快捷菜单。

在以下的AutoCAD区域中右击，可显示快捷菜单。

- 绘图区域
- 模型空间或图纸空间按钮
- 状态栏
- 工具栏
- 一些对话框或Windows窗口（如AutoCAD设计中心）

图1-2中显示了在绘图区域单击鼠标右键时弹出的快捷菜单。

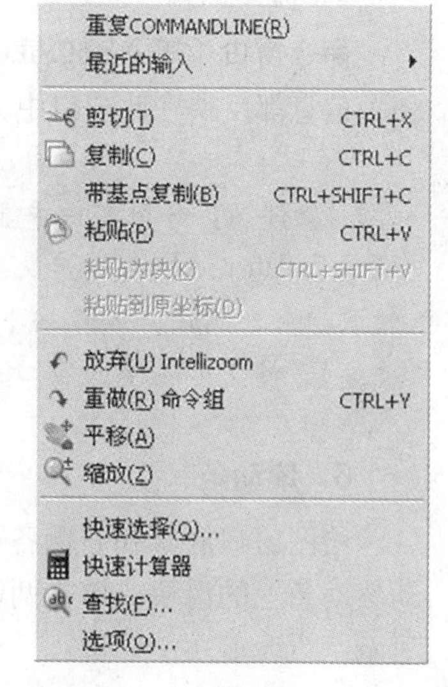

图1-2　快捷菜单

3. 工具栏

AutoCAD 2008提供了很多个工具栏，这些工具栏提供了访问AutoCAD命令的快捷方式，包含了很多按钮，只需单击某个按钮，即可执行相应的命令。

4. 绘图窗口

绘图窗口是绘图的工作区域，类似于手工作图时的图纸，所有工作结果都反映在此窗口中。虽然AutoCAD提供的绘图区是无穷大的，但是我们可以根据需要设定显示在屏幕上的绘图区域大小。

在绘图窗口左下方有一个表示坐标系的图标，表明了绘图区的方位，图标中“X、Y”字母分别表示X轴和Y轴的正方向。默认情况下，AutoCAD使用世界坐标系，如果有必要，可以通过UCS命令建立自己的坐标系。

当在绘图区移动鼠标时，其中的十字形光标会跟随移动，与此同时在绘图区底部的状态栏上将显示出光标点的坐标读数。坐标读数的显示方式有以下3种：

- 坐标读数随光标移动而变化。动态显示，坐标值显示形式是“X、Y、Z”。
- 仅仅显示指定点的坐标。静态显示，坐标值显示形式是“X、Y、Z”。
- 坐标读数以及坐标形式。距离<角度>显示，这种方式只在AutoCAD提示“拾取一个点”时才能得到。

如果想改变坐标显示方式，可利用F6键来实现。连续按下此键，AutoCAD就在以上3种显示形式之间切换。

绘图窗口包含了两种作图环境，一种称为模型空间，另一种称为图纸空间。在此窗口底部有3个选项卡为 模型 布局1 布局2，默认情况下“模型”选项卡是处于按下状态的，表示当前作图环境是模型空间，在这里一般按实际尺寸绘制二维图形或三维图形。当单击“布局1”或“布局2”选项卡时，就切换至图纸空间。可以将图纸空间想象成一张图纸（AutoCAD提供的模拟图纸），可以在这张图纸上将模型空间的图样按不同缩放比例布置在图纸上。

5．命令窗口

命令窗口位于AutoCAD程序窗口的底部，从键盘输入的命令、AutoCAD的提示及相关信息都反映在此窗口中，该窗口是与AutoCAD进行命令交互的窗口。

> 注意：命令窗口中显示的文字可以看成是用户与AutoCAD的对话，这些信息记录了AutoCAD与用户交流的过程。如果要详细了解这些信息，可以通过窗口右边的滚动条来阅读，或是按下F2键打开命令窗口。在此窗口中将显示更多的命令，再次按F2键又可关闭此窗口。

6．滚动条

绘图窗口底部和右侧各有滚动条，用于控制图形沿水平及竖直方向的移动；当拖动滚动条上的滑块或单击两端的箭头时，绘图窗口中的图形就沿水平或垂直方向滚动显示。

7．状态栏

绘图过程中的许多信息将在状态栏中显示出来，如十字光标的坐标值、一些提示文字等。另外，状态栏中还包含8个控制按钮，主要按钮的功能如下。

- 捕捉：该按钮能够控制是否使用捕捉功能。
- 栅格：该按钮可以开/关栅格显示。
- 正交：用于控制是否以正交方式绘图。
- 极轴：开/关极坐标捕捉模式。
- 对象捕捉：开/关自动捕捉实体模式。如果开启该模式，则在绘图过程中，AutoCAD

将自动捕捉圆心、端点和中点等几何点。

● DYN：又叫对象追踪，控制是否使用自动追踪功能。

● 线宽：控制是否在图形显示带宽度的线条。

● 模型：当处于模型空间时，单击该按钮就切换到图纸空间，按钮也变为图纸；再次单击该按钮，就进入浮动模型视口。

提示：正交和极轴按钮是互斥的，若打开其中一个按钮，另一个则自动关闭。

1.3 创建、打开和保存图形文件

当安装了AutoCAD 2008后，安装程序会自动在桌面上建立快捷图标，双击该快捷图标，即可启动AutoCAD 2008。

1.3.1 创建图形文件

AutoCAD 2008中有很多种方法可创建一个新图形文件。当启动AutoCAD 2008后，系统会自动创建一个名为Drawing1.dwg的图形文件，并进入绘图环境。以下几种创建图形文件的方法结果是一样的。

● 执行【文件】/【新建】命令。

● 在标准工具栏上单击新建图标。

● 在命令窗口输入NEW命令并按回车键（Enter）。

● 按Ctrl+N快捷键。

当执行上述任一命令后，在打开的【选择样板】对话框中，如图1-3所示，选择一个样板文件或使用默认的acadiso.dwt作为新建文件的样板，单击【打开】按钮，AutoCAD 2008将根据选择的样板文件创建一个新的图形文件。

图1-3 【选择样板】对话框

1.3.2 打开图形文件

在AutoCAD 2008环境中，可以通过以下方法打开图形文件：

- 执行【文件】/【打开】命令。
- 在标准工具栏上单击打开图标。
- 在命令窗口输入命令OPEN后按Enter键。
- 按快捷键Ctrl+O。

执行上述任一命令后，都可以弹出如图1-4所示的【选择文件】对话框，可以进行如下操作。

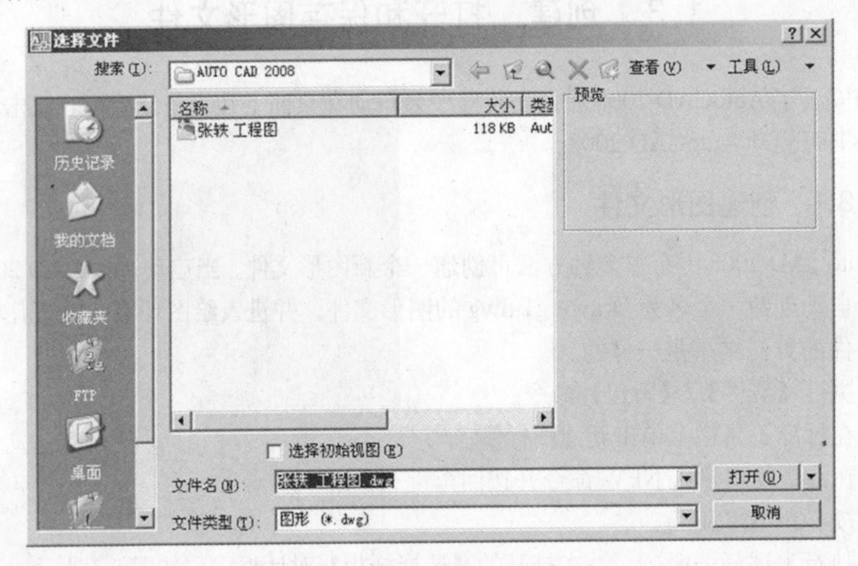

图1-4 【选择文件】对话框

(1) 打开一个图形文件。在弹出的【选择文件】对话框中选中要打开的图形文件，单击【打开】按钮即可。

(2) 打开多个图形文件。在弹出的【选择文件】对话框中，用Shift键或Ctrl键并配合鼠标单击，或用拖动的方式选中多个要打开的文件后，单击【打开】按钮，可快速打开多个文件。

(3) 图形文件的其他打开方式。在【选择文件】对话框中，单击【打开】按钮右边的下三角按钮，从弹出的下拉菜单中可以选择图形的其他打开方式，有【以只读方式打开】、【局部打开】和【以只读方式局部打开】方式可供选择。

- 以只读方式打开：其意义很明显，即打开的文件不能修改，只能查看。
- 局部打开：如果要处理的图形很大，可以使用【局部打开】选项选择图形中要处理的视图和图层，以加快打开速度。该功能只能在AutoCAD 2000或更高版本格式的图形中使用。
- 以只读方式局部打开：以保护性方式查看局部图形文件。

局部打开图形文件的操作步骤如下：

(1) 在【选择文件】对话框中单击【打开】按钮右边的箭头，展开下拉列表，选择其中的【局部打开】选项，得到图1-5所示的【局部打开】对话框。

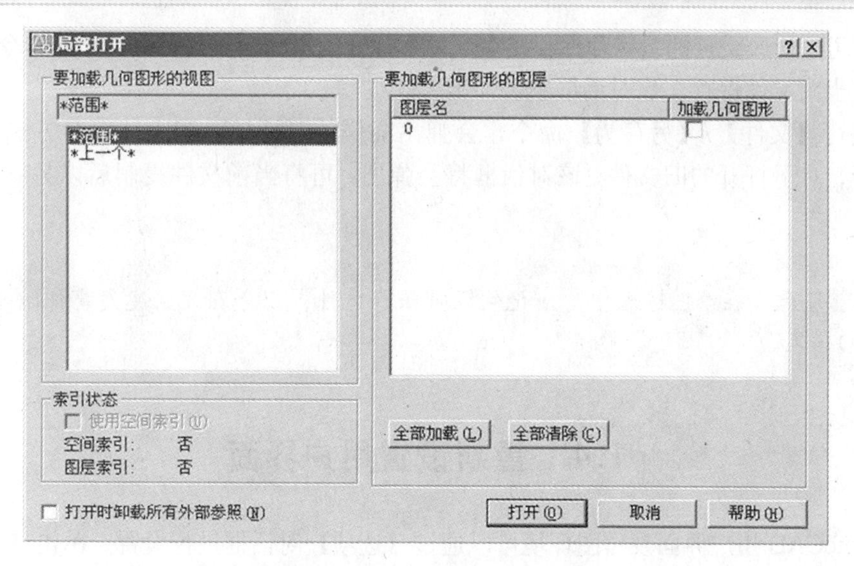

图 1-5 【局部打开】对话框

(2) 从对话框中选择需要打开的图层。若图层包含空间索引，可选择【使用空间索引】复选框。

(3) 单击【打开】按钮，就可以按局部方式打开该图形文件。

1.3.3　保存图形文件

AutoCAD 2008 中保存新建图形文件的方法有如下几种：

- 执行【文件】/【保存】命令。
- 在标准工具栏上单击保存图标。
- 在命令窗口输入命令 SAVE 或 QSAVE 并按 Enter 键。
- 按快捷键 Ctrl+S。

用上述方法的任何一种，即可弹出如图 1-6 所示的【图形另存为】对话框，在该对

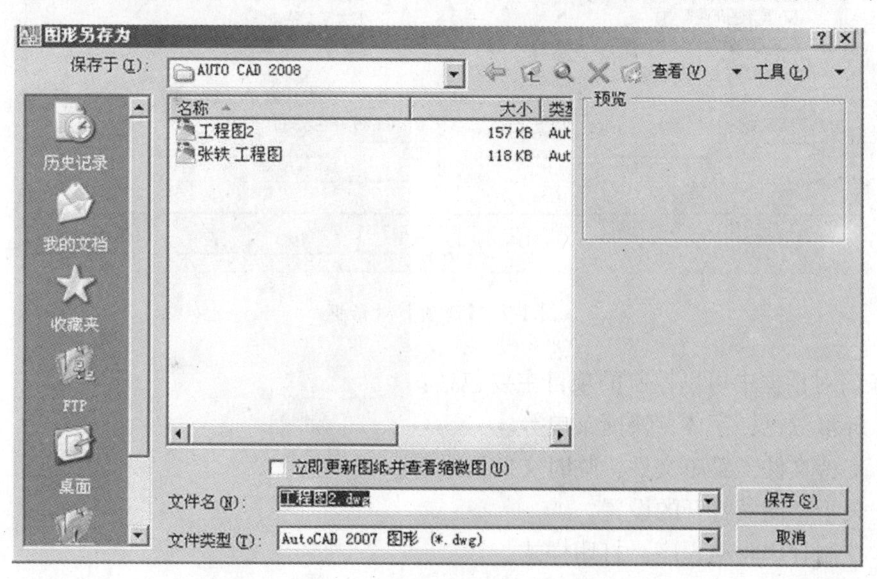

图 1-6 【图形另存为】对话框

话框中可以修改文件的名字和保存类型。对于打开编辑的旧文件，执行上述命令后，文件只以当前文件保存，该对话框不会弹出。

执行【文件】/【另存为】命令，会弹出同样的对话框。和上述保存方法不同之处在于，对于打开的旧文件，该对话框将会弹出，可将当前文件复制后以另一个名字保存。

注意：*在绘图过程中，应记住经常保存文件，以免在发生突发事件时造成不必要的损失。*

1.4　重新设置用户界面

AutoCAD 用户界面及作图环境可以通过【选项】对话框进行设置。单击【工具】/【选项】就可以打开此对话框，如图 1-7 所示。

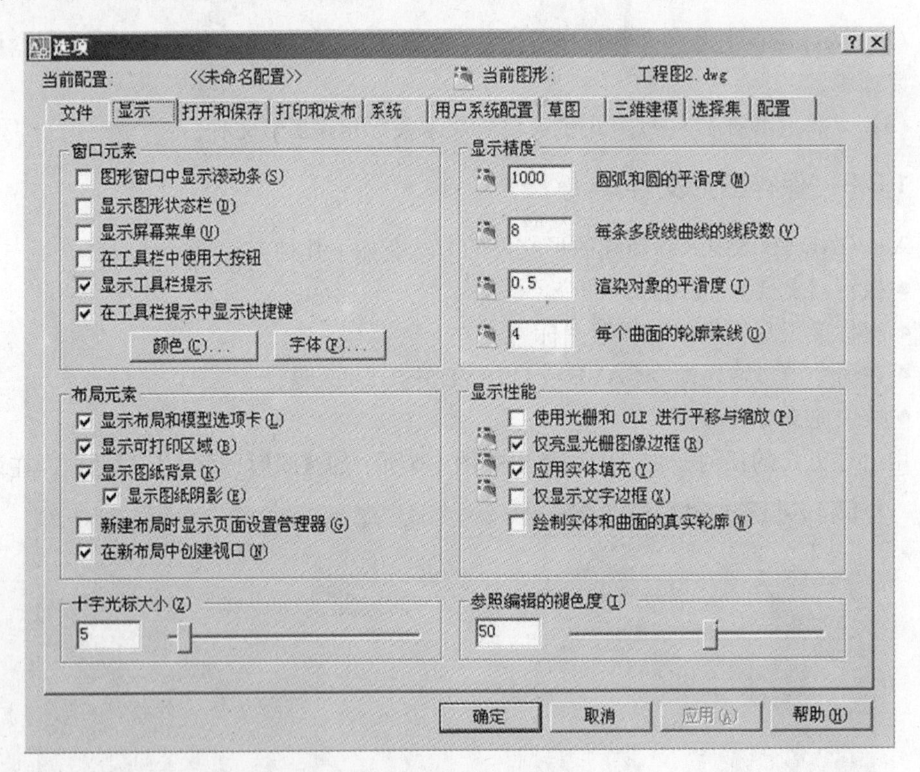

图 1-7　【选项】对话框

在该对话框中可以控制的项目主要包括：

- 屏幕颜色、字体、快捷菜单等。
- 支持文件、菜单文件、临时文件目录等。
- 关于存储及打开的设置。
- 控制打印驱动程序、打印样式。
- 有关实体选择、自动捕捉、自动追踪的控制。

下面我们来介绍常用到的设置。

1．控制屏幕菜单、命令提示窗口和屏幕颜色

(1) 在【显示】选项卡的“窗口元素”区域中，可以控制屏幕菜单、作图区域滚动条及是否显示工具栏提示。

● 图形窗口中显示滚动条：控制是否在作图区域显示滚动条。

● 显示屏幕菜单：控制屏幕菜单的可见性。

● 显示工具栏提示：当鼠标指针指向某工具时，会显示出提示信息。

(2) 单击 颜色(C)... 按钮，打开【图形窗口颜色】对话框，如图 1-8 所示。

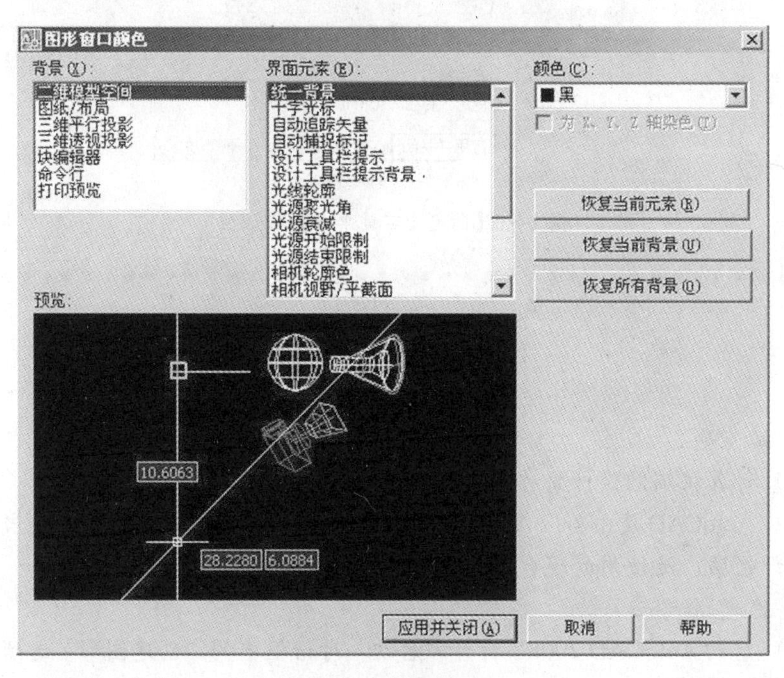

图 1-8 【图形窗口颜色】对话框

(3) 在【图形窗口颜色】对话框中，单击模型、布局或命令窗口的幻灯片，就可指定改变颜色的区域，然后利用“颜色”下拉列表选择某种颜色。

2．定制鼠标右键的功能

作图过程中经常使用鼠标右键，右键的功能可以通过【用户系统配置】选项卡来设定。

在【选项】对话框中单击【用户系统配置】选项卡，再单击 自定义右键单击(I)... 按钮，打开【自定义右键单击】对话框，如图 1-9 所示。

在该对话框中可分别设定在默认模式、编辑模式及命令模式时右键的功能。

● 默认模式：如果没有任何实体被选择，单击鼠标右键时，重复上一次的命令或出现快捷菜单。

● 编辑模式：若有实体被选择，单击右键时重复前一次的命令或显示快捷菜单。

● 命令模式：在 AutoCAD 执行命令的过程中，单击鼠标右键等同于按回车键或直接弹出快捷菜单，也可设定仅在出现命令选择时才弹出快捷菜单。

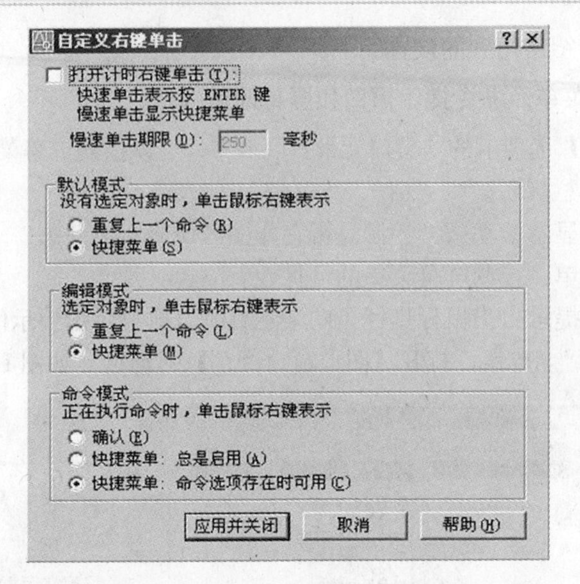

图 1-9 【自定义右键单击】对话框

1.5 课后练习题

1．填空题

(1) 计算机辅助设计简称 ________。

(2) AutoCAD是由美国Autodesk公司开发的__________软件包，是当今工程技术设计领域广泛使用的现代化绘图工具。

2．思考题

(1) 启动AutoCAD 2008，打开“启动”对话框中的“创建图形”选项卡，选择“向导”中的“高级设置”选项，进入绘图状态。

(2) 熟悉工作界面，试着打开、关闭AutoCAD提供的各种工具栏。

第 2 章　基本图元的绘制

本章要点：

- 点坐标输入
- 绘制线条、矩形、多边形和点
- 绘制圆、圆弧、椭圆与椭圆弧
- 命令的重复、撤销、重做

2.1　点坐标输入

绘图时一般需要确定点或线的位置，根据系统提示输入确定位置的参数。下面介绍常用的方法。

2.1.1　鼠标输入法

移动鼠标并直接在指定位置单击，来拾取点坐标的方法为鼠标输入法。

当移动鼠标时，十字形光标和坐标值会随着变化，状态栏坐标的显示区将显示当前位置。

在 AutoCAD 2008 中，坐标显示的是动态直角坐标，即显示光标的绝对坐标值。

2.1.2　键盘输入法

通过键盘在命令行输入参数值来确定位置坐标的方法为键盘输入法，如图 2-1 所示。位置坐标一般有两种方式，即绝对坐标和相对坐标。

图 2-1　命令行输入示例

1．绝对坐标

绝对坐标是相对于当前坐标系原点（0，0，0）的坐标，它包括绝对直角坐标和绝对极坐标。

（1）绝对直角坐标的输入格式

根据命令提示，可以直接在命令行输入点的“X，Y”坐标值，坐标值之间要用逗号分隔，例如“50，90”。

（2）绝对极坐标的输入格式

根据命令提示，可以直接输入“距离<角度”。例如：“150 < 30”则表示该点距坐

标原点的距离为 150，与 X 轴正方向的夹角为 30°。

当在命令行输入命令并按 Enter 键后，命令被执行。

2．相对坐标

相对坐标是相对于前一点位置的坐标，它也包括相对直角坐标和相对极坐标两种方式。

（1）相对直角坐标

相对直角坐标输入时，要在坐标前面加上“@”号。其输入格式为“@X，Y”。如，前一点的坐标为“20，40”，新坐标的相对坐标为“@40，50”，对应的绝对坐标为“60，90”。相对前一点，X 坐标向右为正，向左为负；Y 坐标向上为正，向下为负。

如果已知 X、Y 两方向尺寸的线段，应尽量用相对直角坐标法绘图。若 M 点为前一点，则 N 点的相对直角坐标为“@35，60”；若 N 点为前一点，则 M 点的相对直角坐标为“@ – 35， – 60”，如图 2-2 所示。

（2）相对极坐标

相对极坐标通过指定某一点到前一点的距离及与 X 轴的夹角来确定一个点。相对极坐标输入格式为“@ 距离<角度”。在 AutoCAD 中，默认设置的角度正方向为逆时针方向，水平向右为 0°。

如果已知线段的长度和角度大小，可以利用相对极坐标很方便地绘制线段。如果 M 点为前一点，则 N 点的相对极坐标为“@30 < 50”；如果 N 为前一点，则 M 点的相对极坐标为“@30 < 230”或“@30 < –130”，如图 2-3 所示。

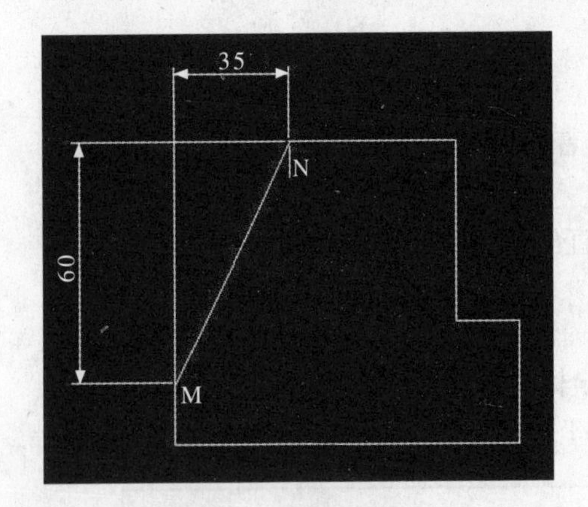

图 2-2 相对直角坐标

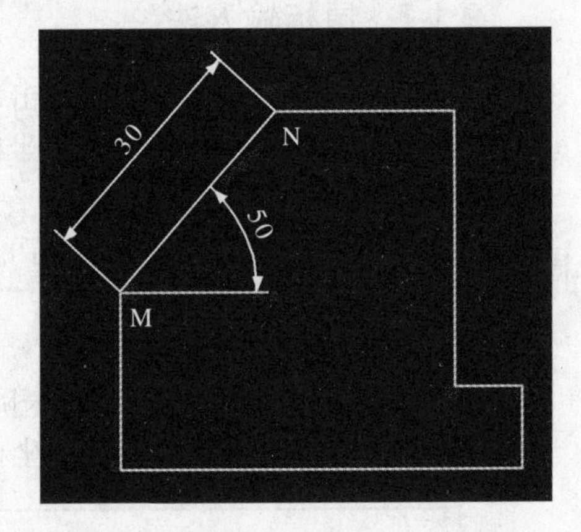

图 2-3 用相对极坐标输入尺寸示例

2.1.3 用给定距离的方式输入

用给定距离的方式输入，是鼠标输入法和键盘输入法的结合。当提示输入一个点时，将鼠标移到输入点的附近用来确定方向，使用键盘可直接输入相对前一点的一个距离，按 Enter 键确定。

2.2 绘制线条、矩形、多边形和点

为了满足用户的各种需求，中文版 AutoCAD 2008 提供了多种方法来实现相同的功能。例如，用户可以使用绘图菜单、绘图工具栏、快捷菜单以及绘图命令 4 种方法来绘

制二维图形。

2.2.1　绘制直线

直线是图形中最常见、最简单的实体，绘制直线的命令是Line，直线可以是一条直线，也可以是相连的线段，但每条线段都是独立的直线对象。直线段包括起点和终点，可以通过鼠标或键盘来决定它们。

绘制直线的操作步骤如下：

(1) 先打开【绘图】工具栏，将光标放在【直线】按钮上，在按钮的旁边显示“直线”提示。如图 2-4 所示，同时在状态栏上显示“创建直线段：LINE”。

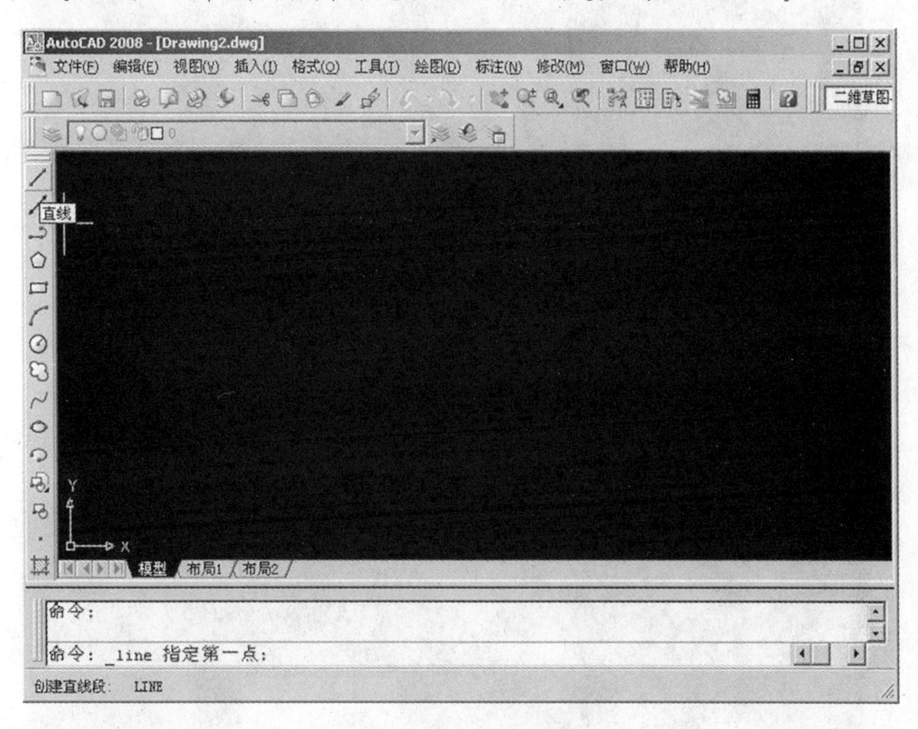

图 2-4　创建直线段命令

(2) 单击【直线】按钮，在命令窗口出现“_line 指定第一点：”的提示，在绘图区单击选择一点。如图 2-5 所示，在“指定下一点或[放弃（U)]：”的提示下，再单击选择另外一点。

> 提示：在“命令：”提示下，输入简捷命令“L”并按 Enter 键，也可以启动画线命令 Line。

(3) 右击鼠标，弹出快捷菜单，如图 2-6 所示，单击【确认】命令，完成直线的绘制。

> 提示：此时按 Esc 键可以达到取消效果。单击【取消】命令相当于按 Esc 键来取消命令的操作。

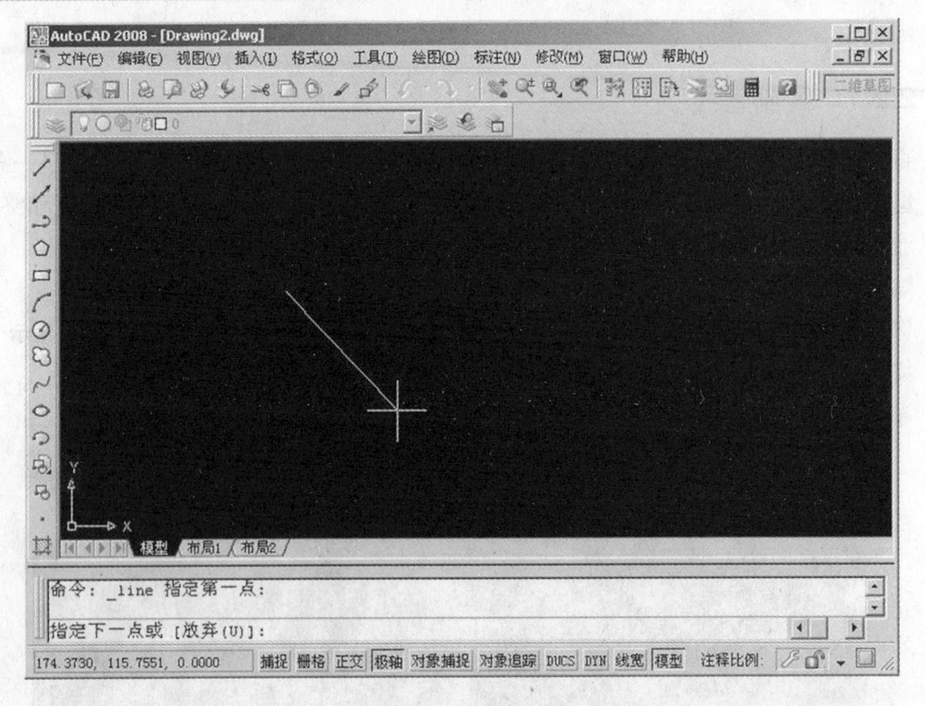

图 2-5　创建直线

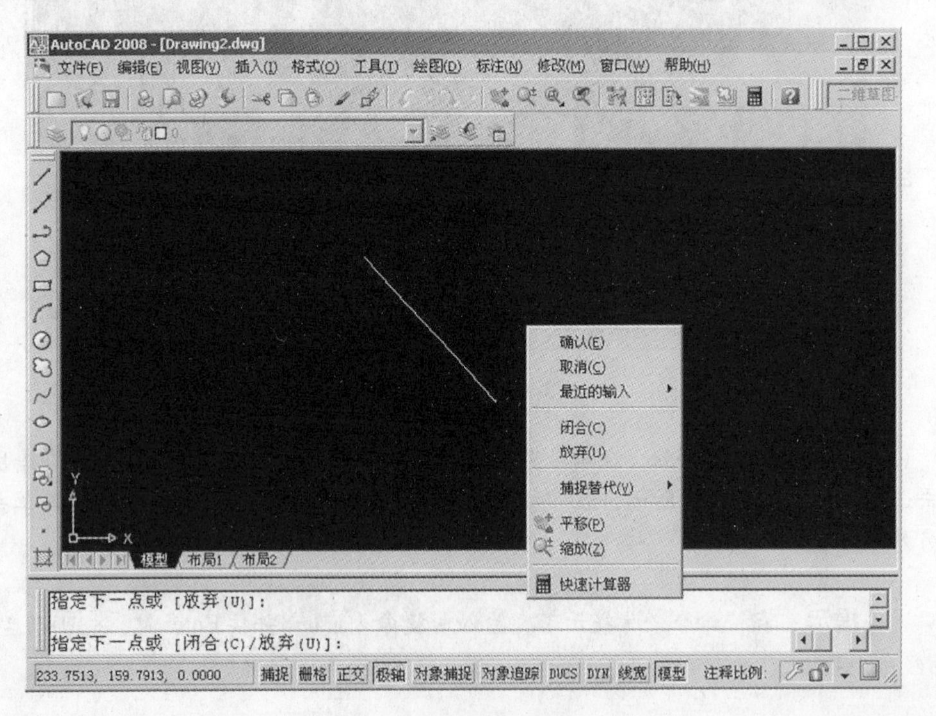

图 2-6　完成直线的绘制

注意：AutoCAD 中的直线实际上是直线段，不同于几何学中的直线。

(1) 绘制一条线段时，在发出 LINE 命令后指定第一点，接着指定下一点，然后按 Enter 键即可。

(2) 绘制连续线段时，在发出LINE命令后指定一点，然后连续指定多个点，最后按Enter键即可。

(3) 绘制封闭折线时，在最后的“指定下一点或[闭合(C)/(放弃)]:”提示后面输入字母C，然后按Enter键即可。

(4) 在绘制折线时，如果在“指定下一点或[闭合(C)/放弃(U)]:”提示后输入字母U，可删除上一条直线。

2.2.2　绘制射线

射线为直线的特例，它一端固定、另一端无限延伸。选择【绘图】/【射线】命令，或在命令行输入命令RAY，然后指定射线的起点和通过点，即可绘制一条射线。射线主要用于绘制辅助线。下面绘制如图2-7所示的图形。

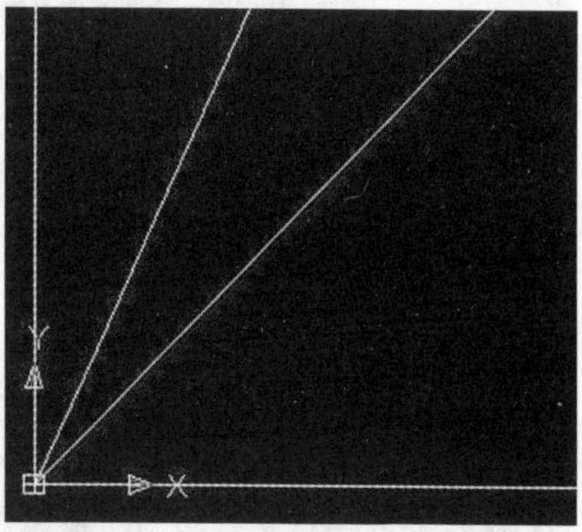

图 2-7　通过坐标原点的多条射线

其操作步骤如下：

(1) 选择【绘图】/【射线】命令，在命令行的“指定起点：”提示后指定射线的起点(0，0)，即原点O。

(2) 指定射线的起点后，这时在“指定通过点：”提示下再指定多个通过点的坐标，即得到以原点为起点的多条射线。

2.2.3　绘制构造线

构造线的两边可以无限延伸，没有起点和终点，可以放置在三维空间的任何地方。构造线也主要用于绘制辅助线。

选择【绘图】/【构造线】命令，或在【绘图】工具栏中单击【构造线】图标按钮，或在命令行输入XLINE，都可以绘制构造线，此时命令行将显示如图2-8所示信息。

命令: _xline 指定点或 [水平(H)/垂直(V)/角度(A)/二等分(B)/偏移(O)]:

图 2-8　应用【构造线】命令显示的相应信息

指定一个点的坐标后，再在“指定通过点”提示信息后输入通过点的坐标，按Enter键确认，即可完成构造线的绘制。

注意：

(1) 通过指定两点来定义构造线时，第一个点为创造线概念上的中点。

(2) 选择“水平”或“垂直”选项(输入选项对应的字母即可)，可以创建经过指定点(中点)，并且平行于X轴或Y轴的构造线。

(3) 选择“角度”选项，可以先选择参照线，再指定直线与构造线的角度；或者先指定构造线的角度，再设置必经的点，都可以创建与X轴成指定角度的构造线。

(4) 选择“二等分”选项，可以创建二等分指定角的构造线。这时需要指定等分

角的顶点、起点和端点。

(5) 选择“偏移”选项，则可创建平行于指定基线的构造线，这时需要指定偏移距离并选择基线，然后指定构造线位于基线的哪一侧。

2.2.4 绘制矩形

选择【绘图】/【矩形】命令，或在【绘图】工具栏中单击【矩形】按钮，或在命令行输入RECTANG，都可以绘制矩形。其命令行的提示信息如图2-9所示。

指定第一个角点或 [倒角(C)/标高(E)/圆角(F)/厚度(T)/宽度(W)]:

图2-9 应用【矩形】命令显示相应的信息

然后输入一个点的坐标，比如为（10，20），在接下来的提示后输入另一点的坐标，比如（60，80），即可完成矩形的绘制。

注意：

(1) 默认情况下，通过指定两个点作为矩形的对角点即可绘制矩形。当指定了矩形的第一个角点后，命令行显示“指定另一角点或[尺寸 (D)]：”提示信息，这时可直接指定另一角点来绘制矩形，也可选择“尺寸”选项，同时需要指定矩形的长度、宽度和矩形另一角点的方向。

(2) 选择“倒角”选项，可以绘制一个带倒角的矩形，此时需要指定矩形的两个倒角距离。当指定了倒角距离后，仍会继续显示“指定第一角点或[倒角 (C) / 标高 (E) / 圆角 (F) / 厚度 (T) / 宽度 (W)]：”提示信息，提示用户完成矩形的绘制。

(3) 选择“标高”选项，可以指定矩形所在的平面高度。默认情况下，矩形在XY平面内，该选项一般用于三维绘图。

(4) 选择“圆角”选项，可以绘制一个带圆角的矩形，此时需要指定矩形的圆角半径。

(5) 选择“厚度”选项，可以按设定的厚度绘制矩形，该选项一般用于三维绘图。

(6) 选择“宽度”选项，可以按设定的线宽绘制矩形，此时需要指定矩形的线宽。

2.2.5 绘制正多边形

选择【绘图】/【正多边形】命令，或在【绘图】工具栏中单击，或在命令行输入命令POLYGON，都可以绘制边数为3～1024的正多边形。指定了正多边形的边数后，其命令行显示的信息如图2-10所示。

指定正多边形的中心点或 [边(E)]:

图2-10 应用【正多边形】命令显示的信息

默认情况下，使用多边形的外接圆或内切圆来绘制多边形。当指定多边形的中心点后，命令行显示“输入选项[内接于圆 (I) / 外切于圆 (C)] <I>：”提示信息。选择“内接于圆”选项（输入I即可），表示绘制的多边形将内接于假想的圆；选择“外切于圆”选项，表示绘制的多边形将外切于假想的圆。

选择“边 (E)”选项，可以以指定的两个点作为多边形一条边的两个端点来绘制多边形。下面绘制如图2-11所示的图形。

具体操作步骤如下：

(1) 选择【绘制】/【正多边形】命令。

(2) 在“输入边数的数目：”提示后输入正多边形的边数 6。

(3) 在“指定正多边形的中心点或[边 (E)]：”提示后指定正多边形的中心坐标 (0，0)。

(4) 在“输入选项[内接于圆 (I) /外切于圆 (C)] <I>：”提示后输入 I。

(5) 在“指定圆的半径：”提示后输入 20，然后按 Enter 键即可。

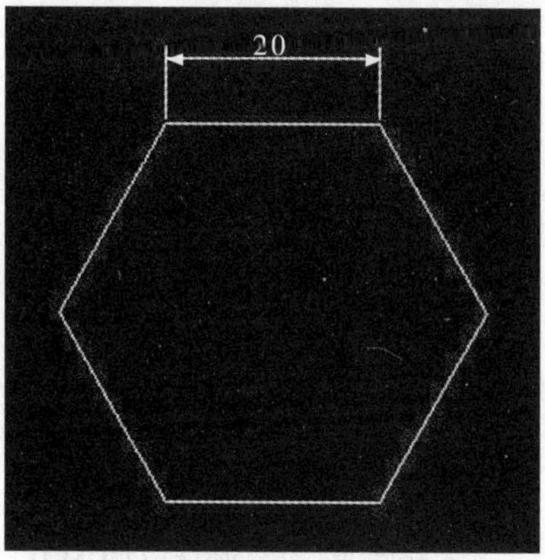

图 2-11　使用内接圆方式绘制的正六边形

2.2.6　绘制点

在 AutoCAD 2008 中，点对象有单点、多点、定数等分和定距等分 4 种。

- 单点：选择【绘图】/【点】/【单点】命令，或在命令行输入 POINT，可在绘图窗口中单击或在命令行输入点的坐标来一次指定一个点。
- 多点：选择【绘图】/【点】/【定数等分】命令，可以在指定的对象上绘制等分点或在等分点处插入块。
- 定数等分：选择【绘图】/【点】/【定数等分】命令，可以在指定的对象上绘制等分点或在等分点处插入块。
- 定距等分：选择【绘图】/【点】/【定距等分】命令，可以在指定的对象上按指定的长度绘制点或插入块。

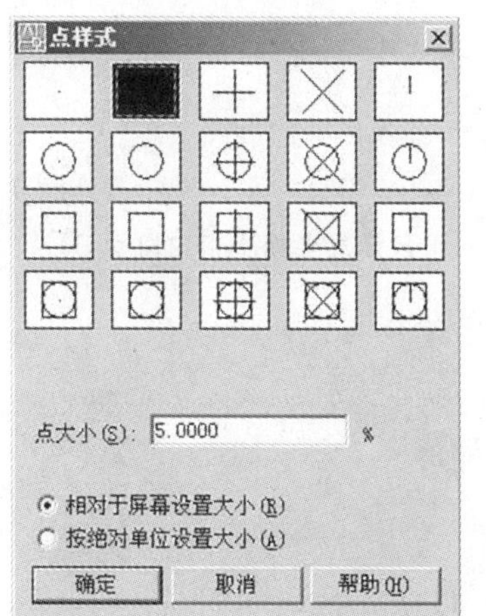

图 2-12　【点样式】对话框

在绘制点时，命令提示行显示“PDMODE=0”与“PDSIZE=0.0000”两个系统变量，它们用于显示当前状态下点的样式。要设置点的样式，可以选择【格式】/【点样式】命令，此时系统将显示如图 2-12 所示的【点样式】对话框，在对话框中选择所需要的点样式，然后单击【确定】按钮即可。

用户也可以使用 PDMODE 命令来修饰点样式。点样式与对应的 PDMODE 变量值如表 2-1 所示。

表 2-1　点样式与对应的 PDMODE

点样式	变量值	点样式	变量值	点样式	变量值	点样式	变量值
	0		32		64		96
	1		33		65		97
	2		34		66		98
	3		35		67		99
	4		36		68		100

2.3 绘制圆、圆弧、椭圆与椭圆弧

圆、圆弧、椭圆与椭圆弧是另一类常用平面图形。与直线相比，绘制这些对象的方法更多一些。

2.3.1 绘制圆

选择【绘制】/【圆】命令，或单击【绘图】工具栏中的【圆】按钮，或在命令行中输入 CIRCLE，都可以绘制圆。在中文版 AutoCAD 2008 中，可以使用以下方法之一绘制圆：

- 指定圆心，半径（CEN,R）
- 指定圆心，直径（CEN,D）
- 指定直径的两个端点（2P）
- 指定圆上的三点（3P）
- 选择两个对象（可以是直线、圆弧、圆）和指定半径（TTR）

下面以上面的几种方式为例绘制圆。

具体操作步骤如下：

（1）指定圆心、半径绘制圆（默认项）

命令：执行绘制圆的命令之一，系统提示如下：

指定圆的圆心或[三点（3P）/两点（2P）/相切、相切（T）]：（用鼠标或坐标法指定圆心 O）

（输入圆的半径为 50，按 Enter 键）

命令：

执行命令后，系统绘制出圆，如图 2-13 所示。

（2）指定圆上的三点绘制圆

命令：执行绘制圆的命令之一，系统提示如下：

指定圆的圆心或[三点（3P）/两点（2P）/相切、相切、半径（T）]：（输入“3P”）

指定圆的第一点：（指定圆上第 1 点）

指定圆的第二点：（指定圆上第 2 点）

指定圆的第三点：（指定圆上第 3 点）

命令：

执行命令后，如图 2-14 所示。

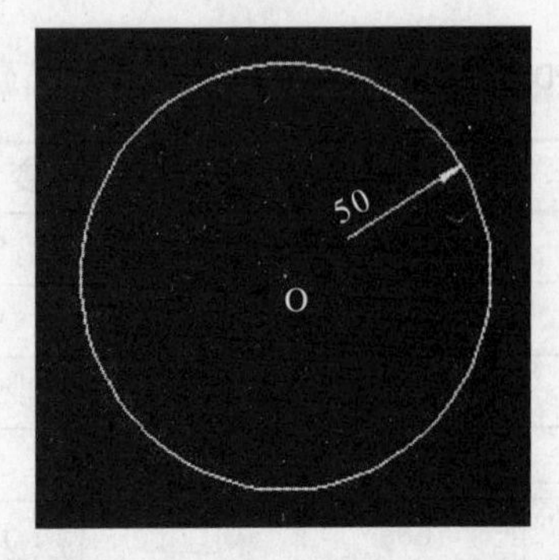

图 2-13 指定圆心、半径绘制圆的示例

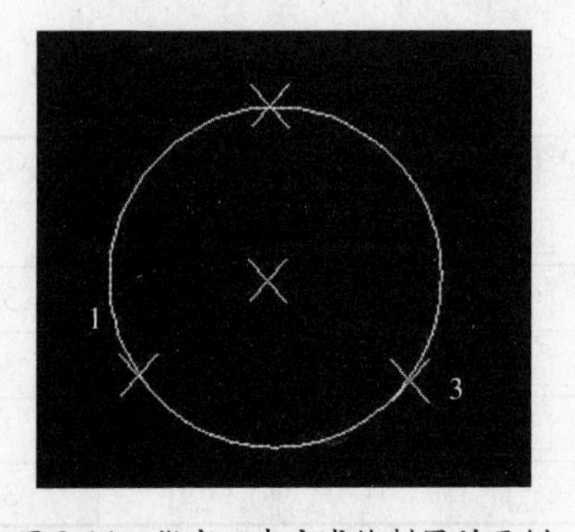

图 2-14 指定三点方式绘制圆的示例

（3）指定直径的两端点绘制圆

命令：执行绘制圆的命令之一，系统提示如下：

指定圆的圆心或[三点（3P）/两点（2P）/相切、相切、半径（T）]：（输入“2P”）

指定圆直径的第一端点：（指定直径端点第 1 点）

指定圆直径的第二端点：（指定直径端点第 2 点）

命令：

（4）指定相切、相切、半径方式绘制圆

命令：（从命令行输入命令，然后在绘图区单击鼠标右键，从打开的快捷菜单中选择“相切、相切、半径”；或直接从下拉菜单中选择【绘图】/【圆】/【相切、相切、半径】命令）

指定对象与圆的第一个切点：（为第一个相切对象 R1 指定切点）

指定对象与圆的第二个切点：（为第一个相切对象 R2 指定切点）

指定圆的半径<当前值>：（指定公切圆半径 R）

命令：

执行命令后，效果如图 2-15 所示。

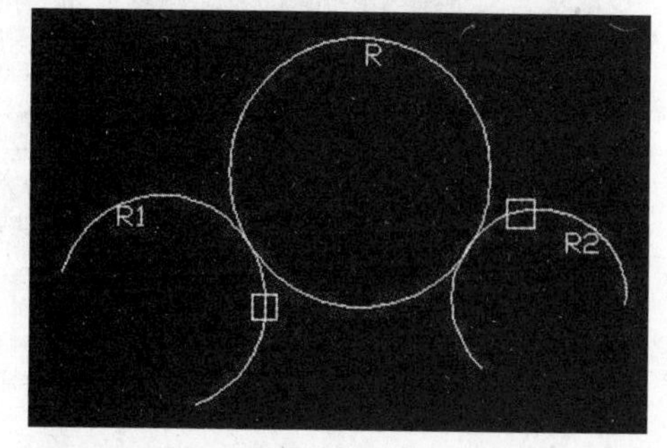

图 2-15　指定相切、相切、半径方式绘制圆的示例

2.3.2　绘制圆弧

选择【绘图】/【圆弧】命令，或单击【绘图】工具栏的【圆弧】按钮，或在命令行输入 ARC，都可以绘制圆弧。在中文版 AutoCAD 2008 中，提供了 11 种方法绘制圆弧，如图 2-16 所示。下面介绍常用的 4 种方法：三点画圆弧；用起点、圆心、端点方式画圆弧；用起点、圆心、角度方式画圆弧；用起点、圆心、长度方式画圆弧。

（1）三点画圆弧

三点画圆弧方式，要求用户输入弧的起点、第二点和端点。弧的方向以起点、端点的方向确定，顺时针或逆时针均可。输入端点时，可从菜单栏选择【绘图】/【圆弧】/【三点】命令，在“_arc 指定圆弧的起点或[圆心（C）]：”下单击绘图区的一点；出现“指定圆弧的第二个点或[圆心（C）/端点（E）]：”的提示，选择第二点；在“指定圆弧的端点：”的提示下，选择端点，如图 2-17 所示。

（2）用起点、圆心、端点方式画圆弧

给出弧的起点和圆心之后，弧的半径就可确定，端点只决定圆弧的长度。

从菜单栏选择【绘图】/【圆弧】/【起点、圆心、端点】命令，在“_arc 指定圆弧的起点或[圆心（C）]：”的提示下选择起点；在“指定圆弧的第二个点或[圆心（C）/端点（E）]：_c 指定圆弧的圆心：”的提示下选择圆心；在“指定圆弧的端点或[角度（A）/弦长（L）]：”的提示下指定端点。

（3）用起点、圆心、角度方式画圆弧

该方式要求用户输入起点、圆心及其所有对应的圆心角。

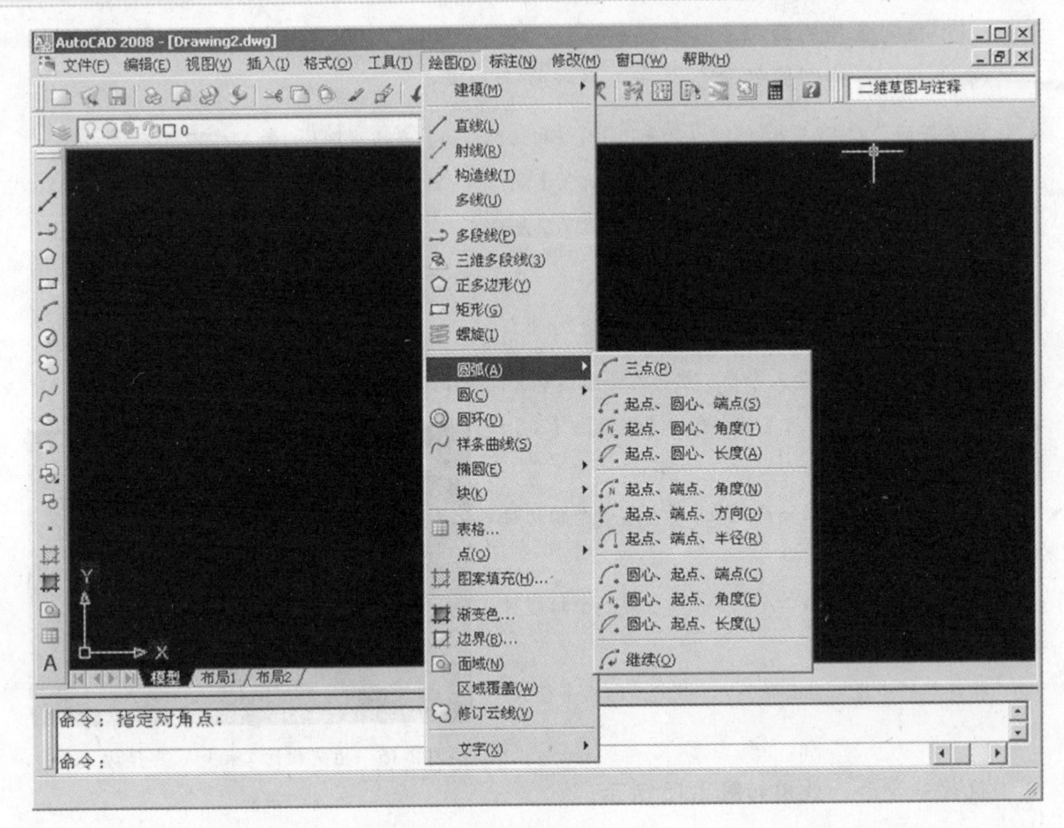

图 2-16　绘制圆弧的 11 种方法

从菜单栏选择【绘图】/【圆弧】/【起点、圆心、角度】命令，在“_arc 指定圆弧的起点或[圆心（C）]：”的提示下，输入起点、圆心及其所有对应的圆心角，如图 2-18 所示。

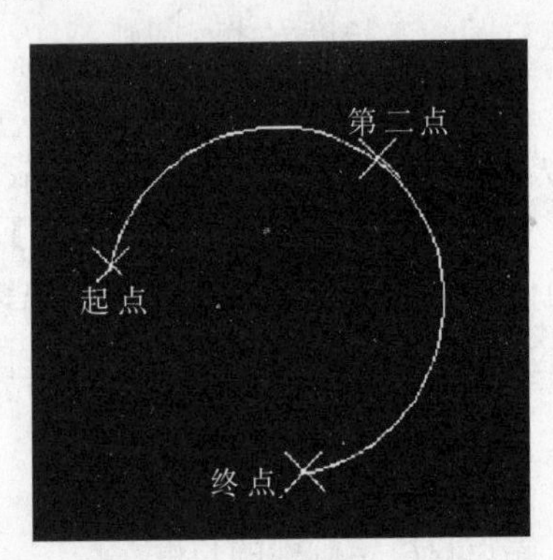

图 2-17　输入三点绘制圆弧

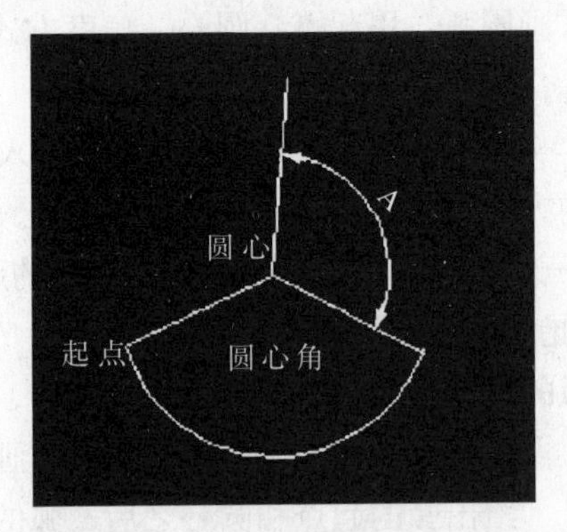

图 2-18　输入起点、圆心、角度绘制圆弧

提示：用鼠标拖动方式输入圆心角值时，圆心角由图中角 A 来确定。

(4) 用起点、圆心、长度方式画圆弧

该方式中，弦是连接弧上两点的线段。沿逆时针方向画弧时，若弦长为正，则得到

与弦长相应的最小的弧；反之，则得到最大的弧。

从菜单栏选择【绘图】/【圆弧】/【起点、圆心、长度】命令，指定圆弧的起点，指定圆弧的第二个点，再指定圆弧的端点，就完成圆的绘制，如图 2-19 所示。

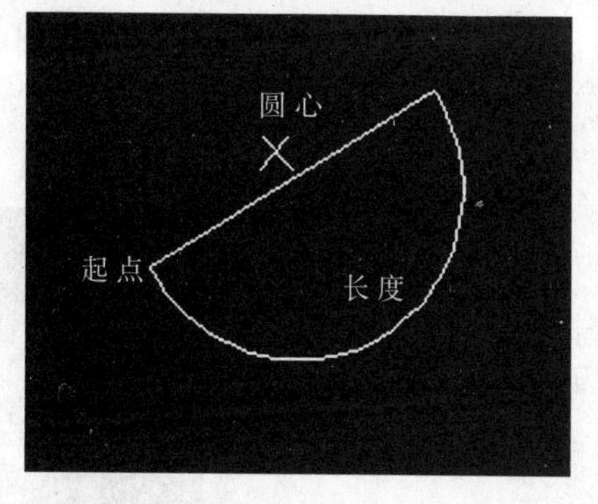

图 2-19　输入起点、圆心、长度绘制圆弧

2.3.3　绘制椭圆和椭圆弧

1．绘制椭圆

选择【绘图】/【椭圆】命令，或单击【绘图】工具栏中的【椭圆】按钮，或在命令行输入 ELLIPSE，都可以绘制椭圆。

具体绘制方法有两种：选择【绘图】/【椭圆】/【中心点】命令，可以通过指定椭圆中心点、一个轴的端点（主轴）以及另一个轴的半轴长度绘制椭圆：选择【绘图】/【椭圆】/【轴、端点】命令，可以通过指定一个轴的两个端点（主轴）和另一个轴的半轴长度绘制椭圆。

如果在【草图设置】对话框（选择【工具】/【草图设置】命令打开它）的【捕捉和栅格】选项卡中的【捕捉类型和样式】选项区域中选择【等轴测捕捉】单选按钮，调用 ELLIPSE 命令后的提示如下：

指定椭圆的轴端点或[中心点（C）/等轴测圆（I）]：I

用户可以使用【等轴测圆】选项绘制等轴测面上的椭圆。

2．绘制椭圆弧

在中文版 AutoCAD 2008 中，椭圆弧的绘图命令和椭圆的绘图命令相同，都是 ELLIPSE，但命令行的提示不同。选择【绘图】/【椭圆】/【圆弧】命令，或在【绘图】工具栏中单击【椭圆圆弧】按钮，或在命令行输入 ELLIPSE，都可以绘制椭圆弧，此时命令行的提示××如下：

指定椭圆的轴端点或[圆弧（A）/中心点（C）]：_a
指定椭圆的轴端点或[中心点（C）]：

从第 2 行提示开始，后面的操作就是确定椭圆形状的过程，与前面介绍的绘制椭圆的过程完全相同。确定椭圆弧形状后，将出现如下提示信息：

指定起始角度或[参数（P）]：

● 指定起始角度：通过给定椭圆弧的起始角度来确定椭圆弧。命令行显示“指定终止角度或 [参数（P）/包含角度（I）]：”提示信息，其中，选择【指定终止角度】选项，使得系统根据椭圆弧的角度来确定椭圆弧；选择【参数】选项，将通过参数确定椭圆弧另一个端点的位置。

● 参数：通过指定的参数来确定椭圆弧。命令行显示“指定起始参数或[角度(A)]：”提示信息，其中，选择“角度”选项，会切换到用角度来确定椭圆弧的方式；如果输入

参数，即执行默认项，系统将使用公式 p(n)=c+b*sin(n)来计算椭圆弧的起始角。其中，n 是用户输入的参数，c 是椭圆弧的半焦距，a 和 b 分别是椭圆弧的长半轴和短半轴的轴长。下面绘制如图 2-20 所示图形。

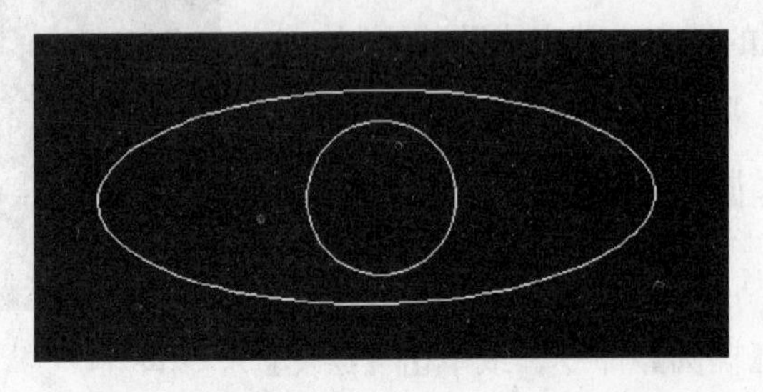

图 2-20 绘制椭圆和圆

具体操作步骤如下：

(1) 在【绘图】工具栏中单击【圆】按钮，然后以（0，0）为圆心绘制一个半径为 10 的圆。

(2) 在【绘制】工具栏中单击【椭圆】按钮，绘制一个以（0，0）为中心点、以(25，0) 为轴端点、另一个半轴长度为 12 的椭圆。

2.4 命令的重复、撤销、重做

在绘图过程中我们经常会对命令进行重复、撤销和重做等操作，下面来介绍相应的操作方法。

2.4.1 命令的重复

当需要重复执行上一个命令时，可按如下步骤操作：

(1) 按 Enter 键或空格键。

(2) 在绘图区单击鼠标右键，在快捷菜单选择“重复×××命令”。

2.4.2 命令的撤销

当需要撤销上一命令时，可按以下方法操作：

(1) 单击工具栏上的“放弃”按钮。

(2) 在菜单栏中选择【编辑】/【放弃】命令。

(3) 在命令行输入“U”（UNDO）命令，按 Enter 键。

用户可以重复输入“U”命令或单击“放弃”按钮来取消自从打开当前图形以来的所有命令。要撤销一个正在执行的命令，可以按 Esc 键。有时需要按 Esc 键 2～3 次才可以回到“命令：”提示状态，这是一个常用的操作。

2.4.3 命令的重做

当需要恢复刚被“U”命令撤销的命令时，可按以下方法操作：

(1) 菜单栏：选择【编辑】/【重做】命令。

(2) 工具栏：单击“重做”按钮。

(3) 命令行：输入“REDO”命令，按 Enter 键。

命令执行后，恢复到上一次操作。

AutoCAD 2008 还有一个重做的命令“MREDO”，操作方法如下：

(1) 在命令行输入“MREDO”命令，按 Enter 键。

(2) 命令行提示“输入操作数目或 [全部 (A) / 上一个 (<)]: ”，然后可以直接输入恢复的指定数目，或输入“A”恢复前面的全部操作，或输入“<”只恢复上一个操作。

(3) 选择输入后，按 Enter 键，系统完成重做操作。

2.5 课后练习题

1．填空题

(1) 在中文版 AutoCAD 2008 中，点对象有______、______、______、______。

(2) 创建构造线时，选择______或______选项，可以创建经过指定点（中点）并且平行于 X 轴或 Y 轴的构造线。

(3) 在中文版 AutoCAD 2008 中，可以使用 4 种方法绘制大部分的二维平面图形，分别是______、______、______、______。

2．选择题

(1) 在中文版 AutoCAD 2008 中，可以使用【矩形】命令绘制多种图形，以下最恰当的是（　）。

A．圆角矩形　B．倒角矩形　C．有厚度的矩形　D．以上答案全正确

(2) 在中文版 AutoCAD 2008 中，系统提供了（　）个命令用来绘制圆弧。

A．6　B．12　C．11　D．8

(3) 如果以指定的值为半径，绘制一个与两个对象相切的圆，应选择【绘制】/【圆】菜单中的（　）子命令。

A．圆心、半径　B．相切、相切

C．三点　D．相切、相切、半径

3．上机题

(1) 根据标注的尺寸，绘制如图 2-21 所示的图形。

(2) 绘制如图 2-22 所示的“相切、相切、半径”相切圆的图形。

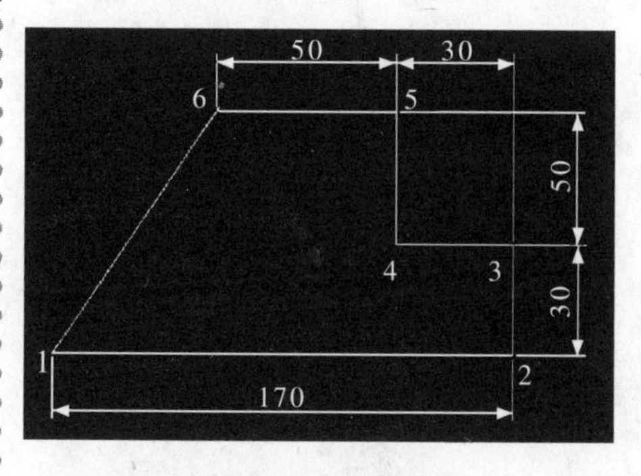

图 2-21　绘制直线练习

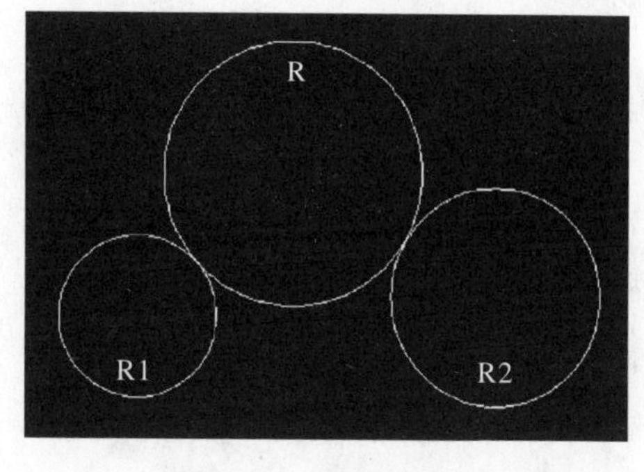

图 2-22　相切圆示例

第3章　图层、线型和颜色

本章要点：

- 设置图层
- 管理图层
- 控制非连续线型的外观

在AutoCAD 2008中绘图时，可以使用不同的线型、颜色、线宽，另外，绘制对象可以放在不同的图层上。

3.1　设置图层

3.1.1　图层概述

图层可以看做是叠放在一起的许多透明胶片，各层之间分别包括了不同的内容，这些内容最终会显示在一起。我们可以给每一图层指定所用的线型、颜色，并将具有相同线型和颜色的对象放在同一图层，这些图层叠放在一起，就构成了我们需要的一幅完整的图形。

1．图层的特点

（1）一幅图片可以包括很多图层，图层数量没有限制。

（2）各图层具有相同的坐标系和绘图界限。

（3）为方便操作，一个图层上的对象最好使用一种线型、一种颜色。

（4）各个图层均有自己的名称，便于修改和管理。

（5）只能在当前图层上绘图，可以对各图层进行多种操作。

2．线型

不同的图层可以设置成不同的线型，也可以设置成相同的线型。AutoCAD默认设置的线型为“实线”。

3．线宽

每个图层都应有一个线宽。不同的图层可以设成不同的线宽，也可以设置成相同的线宽，AutoCAD默认设置线宽为“0.25”。

4．颜色

每一个图层都应具有某一颜色，以便区别不同的图形对象，各图层的颜色可以设置

相同，也可以不相同。在所有新建的图层上，AutoCAD按默认方式把图层的颜色定义为白色。当绘图的背景颜色设置为白色时，其显示颜色为黑色。

3.1.2 图层的设置

图层的设置多用于创建新图层和改变图层的特性。

1. 【图层特性管理器】对话框的组成

选择【格式】/【图层】命令；或在工具栏中单击图层按钮；或在命令行输入LAYER命令。当选择以上命令后，系统打开【图层特性管理器】对话框，如图3-1所示。默认状态下提供一个图层，图层名为“0”，颜色为白色，线型为实线，线宽为默认值。

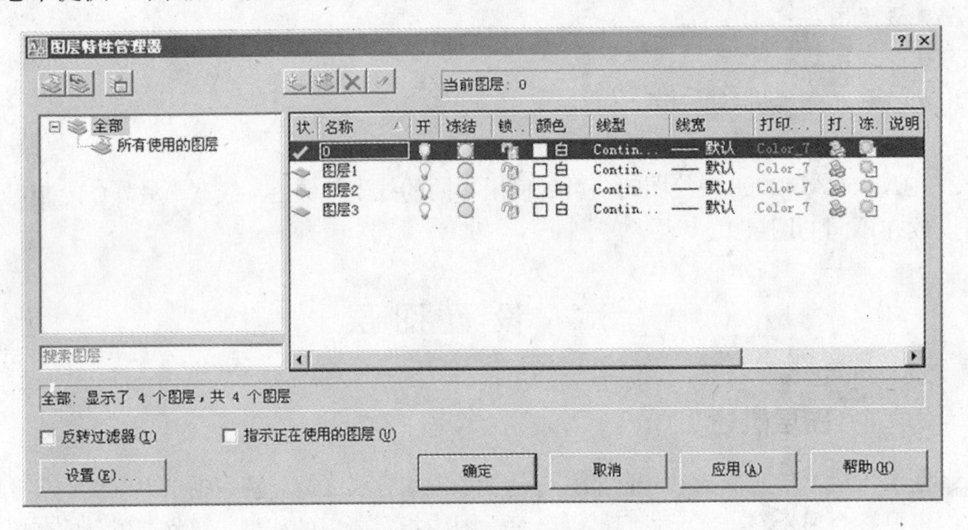

图3-1 【图层特性管理器】对话框

2. 创建新图层

开始绘制新图形时，在AutoCAD中创建一个默认名称为0的特殊图层。默认情况下，图层0将被指定使用7号颜色（白色或黑色，由背景色决定）、Continuous（连续）线型、默认线宽及Normal（常规）打印样式。用户不能删除或重命名图层0。在绘图过程中，如果用户要使用更多的图层来组织自己的图形，就需要先创建新图层。

在【图层特性管理器】对话框中，单击【新建图层】按钮，在图层列表中可以创建一个名称为“图层1”的新图层。默认情况下，新建图层与当前图层的状态、颜色、线性、线宽等设置相同。

当创建了图层后，图层的名称将显示在图层列表框中，如果要更改图层名称，可以使用鼠标单击该图层名，输入一个新的图层名称后按Enter键即可。

注意：在为创建的图层命名时，在图层的名称中不能包含通配字符（*和？）和空格，也不能与其他图层重名。

3. 设置图层颜色

颜色在图形中具有非常重要的作用，可用来表示不同的组件、功能和区域。图层的颜色实际上是图层中图形对象的颜色。每一个图层都有一定的颜色，对不同的图层可以设置相同的颜色，也可以设置不同的颜色，这样绘制复杂的图形时就可以很容易地区分图形的每一个部分。

默认情况下，新创建的图层的颜色默认为使用 7 号颜色（白色或黑色，由背景色决定）。要改变图层的颜色，可在【图层特性管理器】对话框中单击图层的【颜色】列对应的图标，可打开【选择颜色】对话框，如图 3-2 所示。

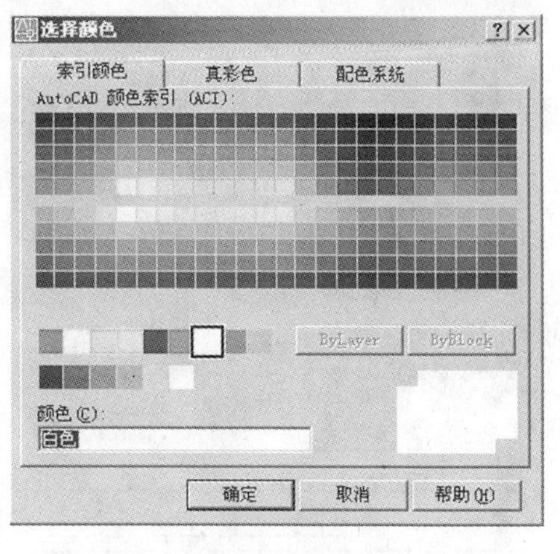

图 3-2　【选择颜色】对话框

在【选择颜色】对话框中，可以使用【索引颜色】、【真彩色】和【配色系统】3 个选项卡为图层选择颜色。

（1）【索引颜色】选项卡。在【选择颜色】对话框的【索引颜色】选项卡中，可以在颜色调色板中根据颜色的索引号来选择颜色，这些索引颜色足以满足用户的颜色要求。【索引颜色】选项卡实际上是一张包含 256 种颜色的颜色表，各部分的功能如下。

- 【AutoCAD 颜色索引】列表：包含 240 种颜色。当单击选择一种颜色时，在颜色列表的下面将显示该颜色的序号，以及该颜色对应的 RGB 值。
- 标准颜色选项区域：该选项区域中包含了红、黄、绿、青等 9 种标准颜色，使用它们可以将图层的颜色设置为标准颜色。
- 灰度颜色选项区域：该选项区域中包含 6 种灰度级，可以将图层的颜色设置为灰度色。
- 【颜色】文本框：用于显示与编辑所选颜色的名称和编号。
- ByLayer（随层）按钮：单击该按钮，可以确定颜色为随层方式，即所绘图形实体的颜色总是与所在图层的颜色一致。
- ByBlock（随块）：单击该按钮，可以确定颜色为随块方式，即在绘图时图形的颜色为白色。此时如果将绘制的图形创建为图块，那么图块中各成员的颜色也将保存在图块中。当把块插入当前图形的当前层时，块的颜色将使用当前层的颜色，但前提是插入块的颜色应设置为随层颜色方式。

（2）【真彩色】选项卡。单击【真彩色】标签，打开【真彩色】选项卡，在该选项卡中的【颜色模式】下拉列表中有 RGB 和 HSL 两种颜色模式可以选择，如图 3-3 所示。通过这两种颜色模式都可以调出想要的颜色，但它们是通过不同的方式组合颜色的。

- RGB 颜色模式：源于有色光的三原色原理，其中，R 代表红色，G 代表绿色，B 代表蓝色。每种颜色都有 256 种不同的亮度值，因此 RGB 模式从理论上讲有 256 × 256 × 256 共约 16M 种颜色，已经足够模拟自然界中的各种颜色。RGB 模式是一种加色模式，即所有其他颜色都是通过红、绿、蓝三种颜色叠加而成的。
- HSL 颜色模式：它以人类对颜色的感觉为基础，描述了颜色的 3 种基本特性。H 代表色调，是从反射物体或投射物体传播的颜色。在 0～360°的标准色轮上，按位置度量色相。在通常的使用中，色调有颜色名称标识，如红色、橙色或绿色。S 代表饱和

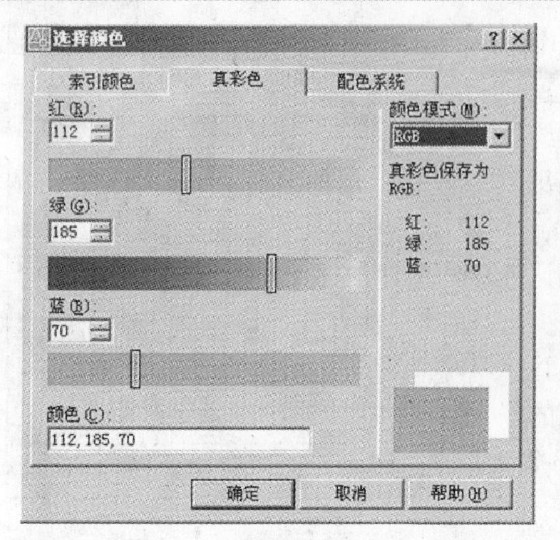

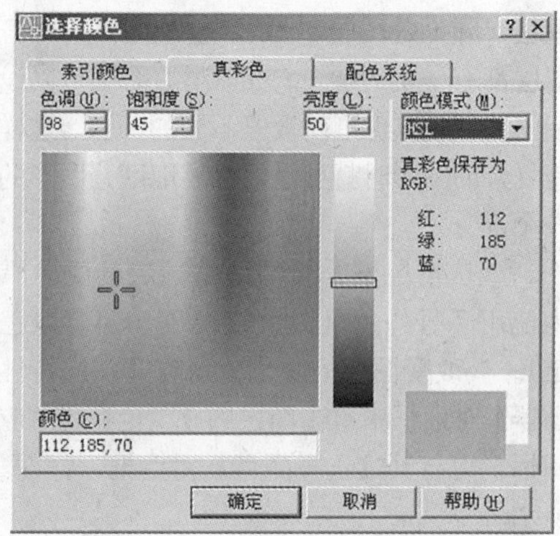

图 3-3 RGB 和 HSL 颜色模式

度（有时称为色度），是指颜色的纯度和强度。饱和度表示色相中灰色成分所占的比例，它使用从0%（即灰色）至100%（完全饱和）的百分比来度量。在标准色轮上，饱和度从中心到边缘递增。L代表亮度，是颜色的相对明暗程度，通常用从0%（即黑色）至100%（白色）的百分比来度量。

(3)【配色系统】选项卡。单击【配色系统】标签，打开【配色系统】选项卡，如图3-4所示。在该选项卡中的【配色系统】下拉列表框中，AutoCAD提供了9种定义好的色库表，用户可以选择一种色库表，然后在下面的颜色条中选择需要的颜色。

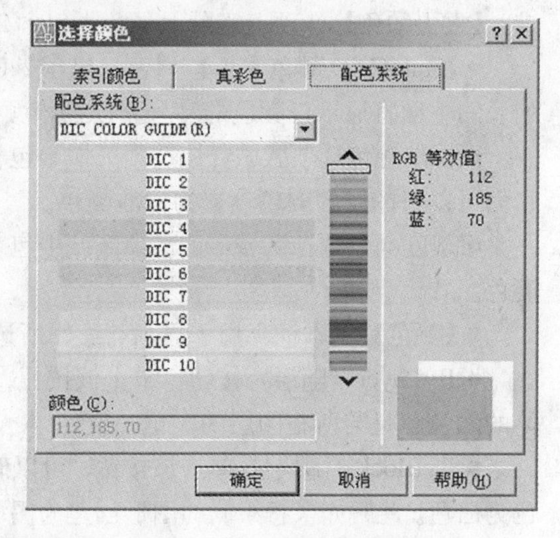

图 3-4 【配色系统】选项卡

4. 使用和管理图层的线型

所谓线型，是指作为图形基本元素的线条的组成和显示方式，如虚线、实线等。中文版AutoCAD中既有简单线型，也有由一些特殊符号组成的复杂线型，利用这些线型，基本可以满足不同国家和不同行业的要求。

(1) 设置图层线型。绘制不同对象时，用户可以使用不同的线型，这就需要对线型进行设置。默认情况下，图层的线型为Continuous（连续）。要改变线型，可在【图层特性管理器】对话框的图层列表中单击“线型”列的Continuous，则会打开【选择线型】对话框，再在【已加载的线型】列表框中选择一种线型，然后单击【确定】按钮即可。

(2) 加载线型。默认情况下，在【选择线型】对话框的【已加载的线型】列表框中只有Continuous一种线型，如果要使用其他线型，必须将其添加到该列表框中，这时可单击【加载】按钮，打开【加载或重载线型】对话框，如图3-5所示，从当前线型库中选择需要加载的线型，单击【确定】按钮即可。

中文版AutoCAD 2008 中的线型包含在线型库定义文件acad.lin和acadiso.lin中。其

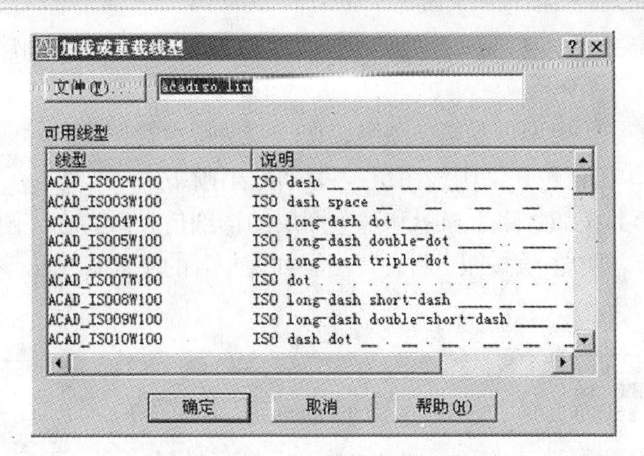

图 3-5 【加载或重载线型】对话框

中，在英制测量系统下，使用 acad.lin 文件；在公制测量系统下，使用 acadiso.lin 文件。用户可以单击【加载或重载线型】对话框中的【文件】按钮，打开【选择线型文件】对话框，以选择合适的线型库文件。

（3）管理线型。选择【格式】/【线型】命令，打开【线型管理器】对话框，如图 3-6 所示。通过该对话框可以管理图形的线型。

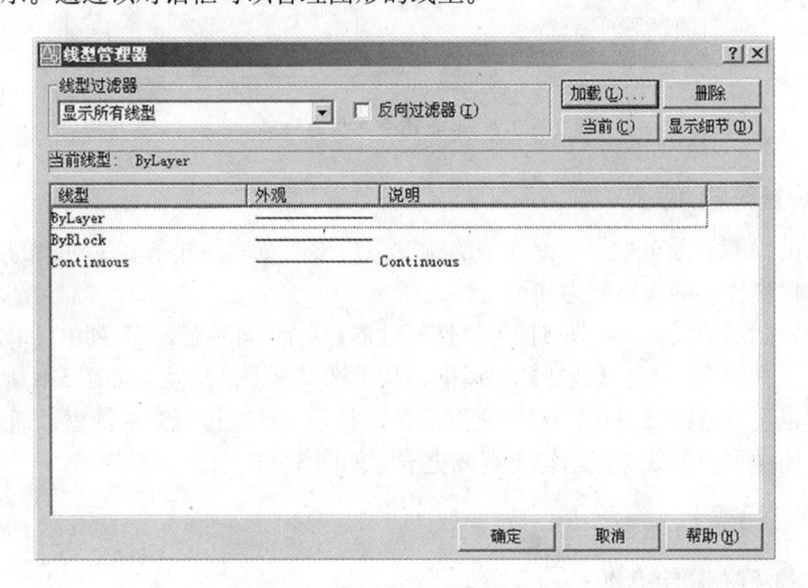

图 3-6 【线型管理器】对话框

在【线型管理器】对话框中，显示了用户当前使用的线型和可选择的其他线型。主要选项的含义和功能如下：

● 【线型过滤器】下拉列表框：用于根据用户设定的过滤条件控制哪些已加载的线型显示在主列表中。如果选中【反向过滤器】复选框，则列表框中仅列出未通过过滤器的线型。

● 【加载】按钮：单击该按钮，打开【加载或重载线型】对话框，可以再加载需要的其他线型。

● 【删除】按钮：用于删除不用的空图层。在【图层特性管理器】对话框中选择相

应的图层，单击该按钮，被选中的图层将被删除。“0”图层、当前图层、有实体对象的图层不能被删除。

●【当前】按钮：用于设置当前图层。在【图层特性管理器】对话框中选择某一层的图层名，然后单击该按钮，则该图层被设置成当前图层。

●【显示细节】按钮：用于显示和隐藏图层的详细信息。当在“图层列表框”中选择相应的图层后，再单击该按钮，将在“图层列表框”的下面显示出该图层线型的详细信息，如图 3-7 所示。

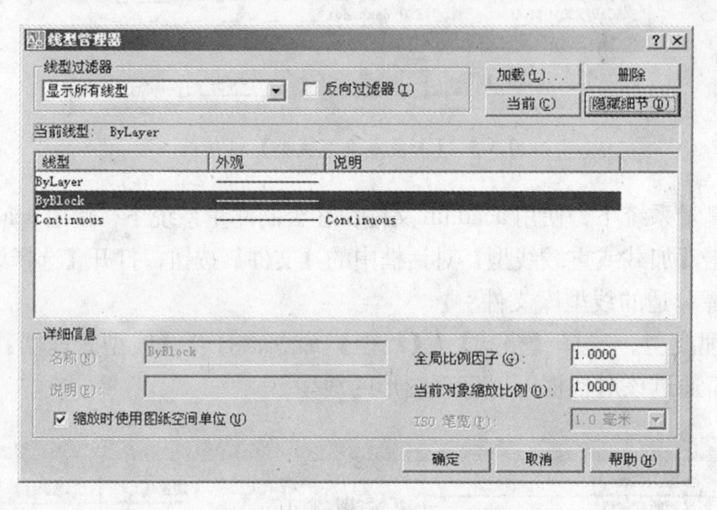

图 3-7　显示选中线型的细节

5. 设置图层的线宽

线宽的设置实际上就是改变线条的宽度。用不同宽度的线条表示对象的大小或类型，可以提高图形的表达能力和可读性。

要设置图层的线宽，可在【图层特性管理器】对话框的【线宽】列中，单击该图层的线宽“__默认”，打开【线宽】对话框，从中选择需要的线宽，如图 3-8 所示。

用户也可以选择【格式】/【线宽】命令，打开【线宽设置】对话框，通过调整线宽比例，使图形中的线宽显示得更宽或更窄，如图 3-9 所示。

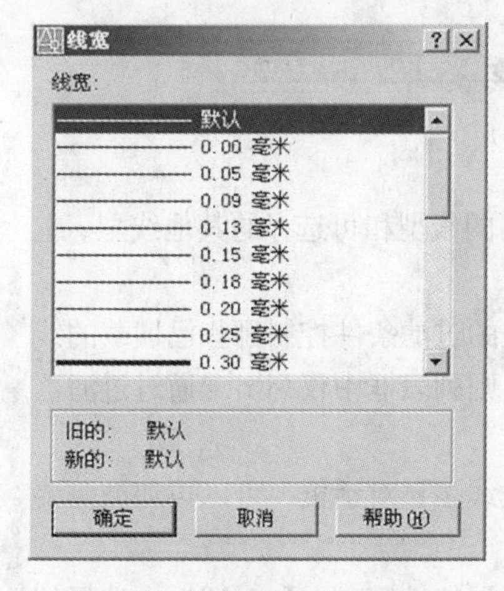

图 3-8 【线宽】对话框

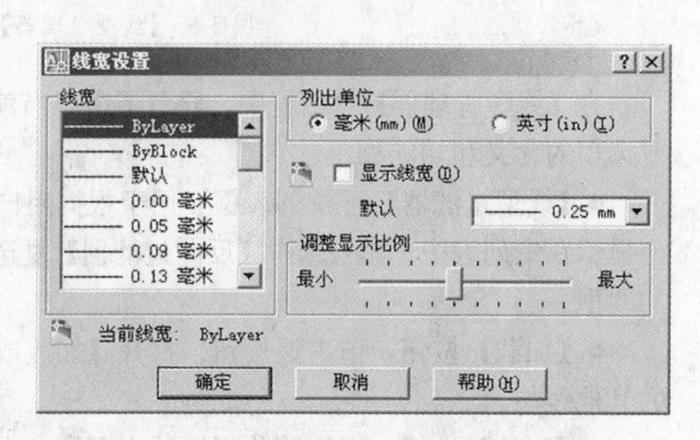

图 3-9 【线宽设置】对话框

在【线宽设置】对话框中，各主要选项的含义如下。

- 【线宽】列表框：用于设置当前所绘图形的线宽。
- 【列出单位】选项组：用于设置线宽的单位，可以选择毫米或英寸。
- 【显示线宽】复选框：用于在当前图形中显示实际所设置的线宽，如图 3-10 所示。

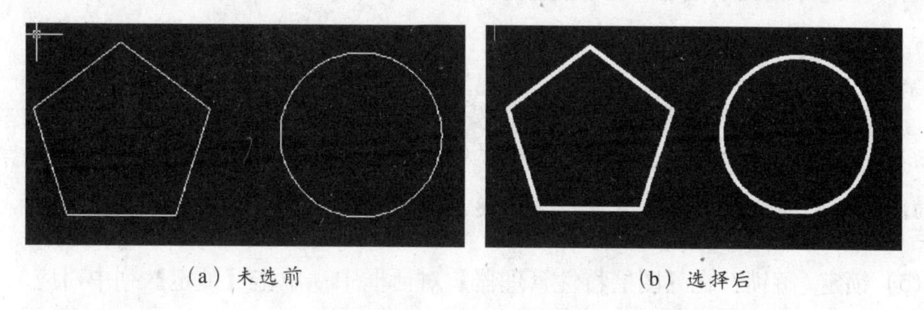

（a）未选前　　　　（b）选择后

图 3-10　选择【显示线宽】复选框的效果示例

- 【默认】下拉列表框：用来设置默认线宽值，即关闭显示线宽后所显示的线宽。
- 【调整显示比例】选项组：用于确定线宽的显示比例。当需要显示实际所设的线宽时，显示比例应调至最小。

3.2 管理图层

在 AutoCAD 2008 中，使用【图层特性管理器】对话框不仅可以创建图层，设置图层的颜色、线型及线宽，还可以对图层进行更多的设置和管理，如图层的切换、重命名、删除以及图层的显示控制等。

1. 设置图层特性

使用图层绘制图形时，新对象的各种特性将默认为随层方式，即由当前图层的默认设置决定。也可以单独设置对象的特性，新设置的特性将覆盖原来随层的特性。在【图层特性管理器】对话框中，可以看到每个图层都有状态、名称、开/关、冻结/解冻、锁定/解锁、颜色、线型、线宽、打印样式、打印、说明这些特性。

(1) 状态：显示一个图层是否为当前激活的图层。当前图层使用“✓”图标表示。

(2) 名称：名称是图层的唯一标识，即图层的名字。默认情况下，新建图层的名称按“图层 1”、“图层 2”等编号依次递增。可以根据需要为图层创建一个能够表达其用途的名称。

(3) 开关状态：在【图层特性管理器】对话框中，单击【开】列中对应的小灯泡图标，可以打开或关闭图层。打开状态下，灯泡的颜色为黄色，该图层上的图形可以在显示器上显示，也可以在输出设备上打印；在关闭状态下，灯泡的颜色为灰色，该图层上的图形不能显示，也不能打印。

在关闭当前图层时，系统将显示一个提示对话框，警告正在关闭当前图层。

(4) 冻结/解冻：在【图层特性管理器】对话框中，单击【冻结】列中对应的太阳图标或雪花图标，可以冻结或解冻图层。

如果图层被冻结，将显示雪花图标，这时该图层上的图形对象不能显示出来，

也不能打印输出，而且也不能编辑或修改该图层上的图形对象；被解冻的图层显示太阳图标，该图层上的对象能够显示，也能够打印输出，并且可以在该图层上编辑图形对象。

用户不能冻结当前图层，也不能将冻结层改为当前图层，否则将会显示警告信息对话框。

注意：从可见性来说，冻结的图层与关闭的图层是相同的，但冻结的对象不参加处理过程中的运算，关闭的图层则要参加运算。所以在复杂的图形中，冻结不需要的图层可以加快系统重新生成图形的速度。

(5) 锁定/解锁：在【图层特性管理器】对话框中，单击【锁定】列中对应的锁定图标或打开小锁图标，可以锁定或解锁图层。

锁定状态并不影响该图层上图形对象的显示，不过不能编辑锁定图层上的对象，但在锁定的图层中可以绘制新图形对象，此外，还可以在锁定的图层上利用查询命令和对象捕捉功能。

(6) 颜色、线型与线宽：在【图层特性管理器】对话框中，单击“颜色”列中对应的各小方块图标，可以打开【选择颜色】对话框，选择图层颜色；单击“线型”列显示的线型名称，可以打开【选择线型】对话框，选择所需要的线型；单击“线宽”列显示的线宽值，可以打开【线宽】对话框，选择所需的线宽。

注意：图层设置的线宽特性是否能显示在显示器上，还需要通过【线宽设置】对话框进行设置。

(7) 打印样式和打印：在【图层特性管理器】对话框中，可以通过【打印样式】列确定各图层的打印样式。但如果使用的是彩色绘图仪，则不能改变这些打印样式。单击【打印】列中对应的打印机图标，可以设置图层是否能够被打印，这样就可以在保持显示可见性不变的前提下控制图形的打印特性。打印功能只对可见的图层起作用，即只对没有冻结和没有关闭的图层起作用。

此外，还可以使用【图层】工具栏和【对象特性】工具栏设置与管理图层特性。

(8) 说明：在【说明】列中可以添加一些图层的描述性内容。

2．切换当前层

在【图层特性管理器】对话框的图层列表中选择某一图层后，单击对话框上的【置为当前】按钮，即可将该层设置为当前图层。这时，就可以在该层上绘制或编辑图形了。

在实际绘图时，为了便于操作，主要通过【图层】工具栏中的【图层控制】下拉列表框来实现图层切换，这时只需选择要将其设置为当前层的图层名称即可。

3．过滤图层

当图形中包含大量图层时，利用【图层过滤器特性】对话框可以过滤图层，如图3-11

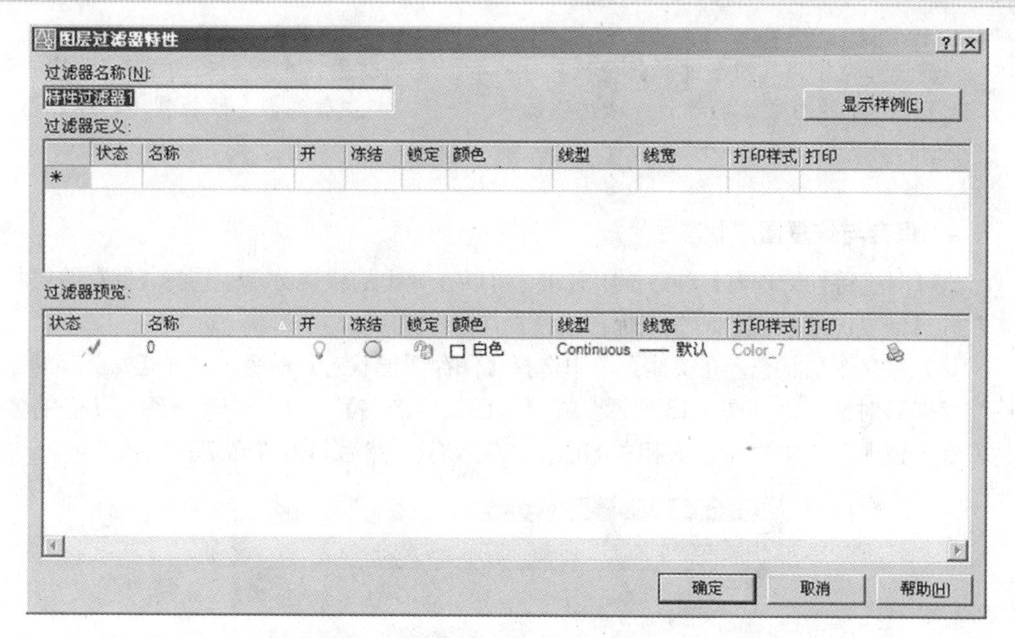

图 3-11　【图层过滤器特性】对话框

所示。在中文版 AutoCAD 2008 中，改进后的图层过滤功能将大大简化在图层方面的操作。

（1）命名图层过滤器。在【图层特性管理器】对话框中，单击【新特性过滤器】按钮，将打开【图层过滤器特性】对话框，利用该对话框可命名图层过滤器。

在该对话框中，可以在【过滤器定义】列表框中设置图层名称、状态、颜色、线型及线宽等过滤条件。当指定图层名称、颜色、线宽、线型以及打印样式时，可使标准的?和 * 等多种通配符，其中，* 用来代替任意多个字符，? 用来代替任意一个字符。

（2）使用新组过滤器。在 AutoCAD 2008 中，还可以通过“新组过滤器”过滤图层。可在【图层特性管理器】对话框中单击“新组过滤器”按钮，在【图层特性管理器】对话框左侧过滤器树列表中添加一个“组过滤器 1”（也可以根据需要命名组过滤器）。在过滤器树中单击“所有使用的图层”结点或其他过滤器，显示对应的图层信息，然后将需要分组过滤的图层拖动到已创建的“组过滤器 1”上即可，如图 3-12 所示。

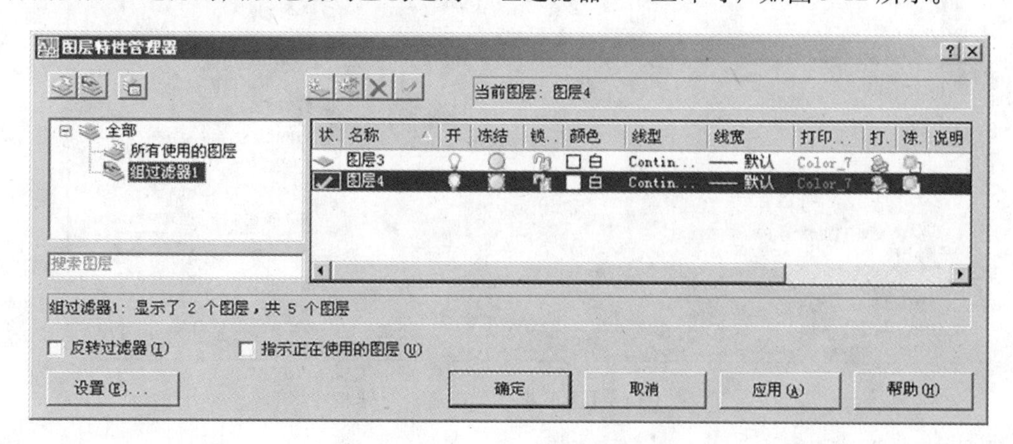

图 3-12　使用【组过滤器】过滤图层

注意：使用【图层过滤器特性】对话框创建的过滤器中包含的图层是特定的，只有符合条件的图层才能存放在该过滤器中。使用“新组过滤器”按钮创建的过滤器中包含的图层取决于用户需要。

4．保存与恢复图层状态

在【图层特性管理器】对话框中右击，可以在弹出的快捷菜单中选择【保存图层状态】和【恢复图层状态】命令来保存或恢复图层状态。

(1) 保存图层状态。在快捷菜单中选择【保存图层状态】命令，打开【要保存的新图层状态】对话框，如图 3-13 所示。在【新图层状态名】文本框中输入图层状态的名称，在“说明”文本框中输入相关的图层说明文字，然后单击【确定】按钮即可。

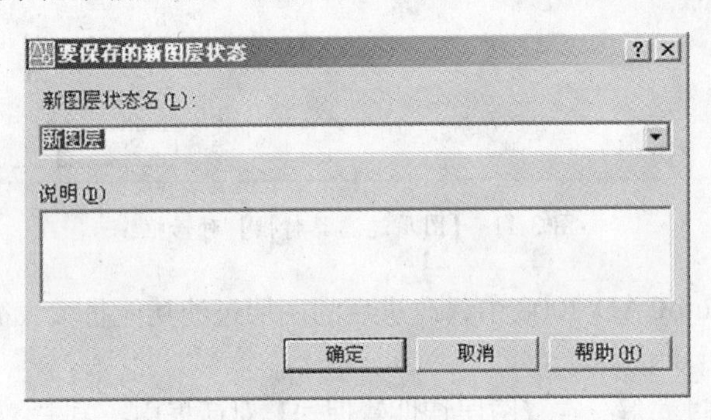

图 3-13 【要保存的新图层状态】对话框

(2) 恢复图层状态。在快捷菜单中选择【恢复图层状态】命令，打开【图层状态管理器】对话框，如图 3-14 所示。

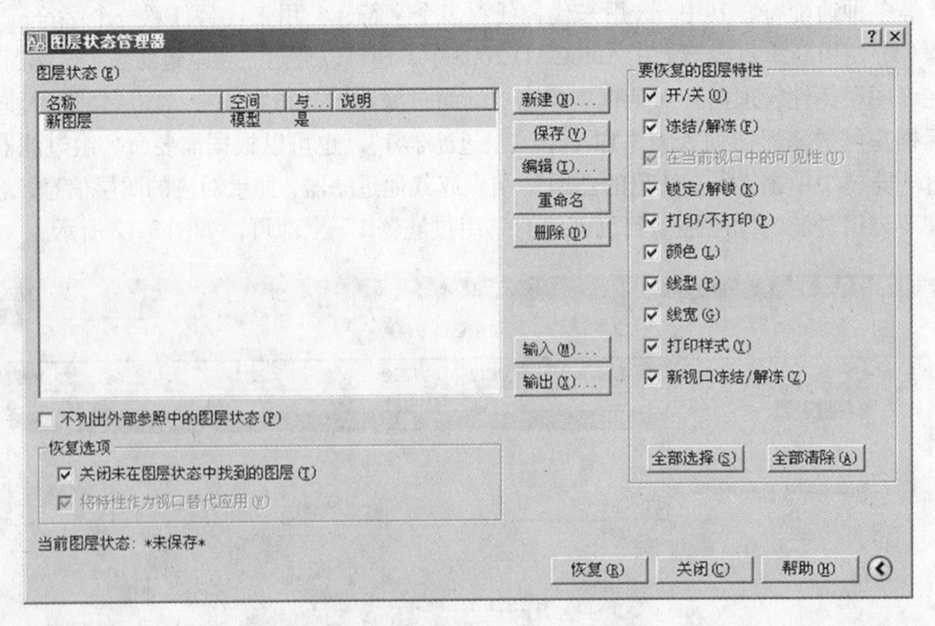

图 3-14 【图层状态管理器】对话框

该对话框中部分选项的含义如下。

● 【图层状态】列表框：显示了当前图层已保存下来的图层状态的名称，以及从外部输入进来的图层状态名称。

● 【新建】按钮：单击该按钮，可以打开【要保存的新图层状态】对话框来创建新的图层状态。

● 【删除】按钮：单击该按钮，可以删除选中的图层状态。

● 【输入】按钮：单击该按钮，打开【输入图层状态】对话框，可以将外部图层状态输入到当前图层中。

● 【输出】按钮：单击该按钮，打开【输入图层状态】对话框，可以将当前图形已保存下来的图层状态输出到一个 LAS 文件中。

● 【要恢复的图层设置】选项组：用来选择相应的复选框，设置图层状态和特性。单击【全部选择】按钮可以选择所有复选框，单击【全部清除】按钮可以取消所有复选框。

● 【恢复】按钮：单击该按钮，可以将选中的图层状态恢复到当前图层中，并且只有那些保存的特性和状态才能够恢复到图层中。

5. 转换图层

使用【图层转换器】对话框可以转换图层，实现图层的标准化和规范化。【图层转换器】能够转换当前图形的图层，使之与其他图形的图层结构或 CAD 标准文件相匹配。如，如果打开一个与本公司图层结构不一致的图形时，可以使用【图层转换器】转换它的图层名称和属性，以符合本公司的图形标准。

选择【工具】/【CAD 标准】/【图层转换器】命令，或在【CAD 标准】工具栏中单击【图层转换器】按钮，打开【图层转换器】对话框，如图 3-15 所示。

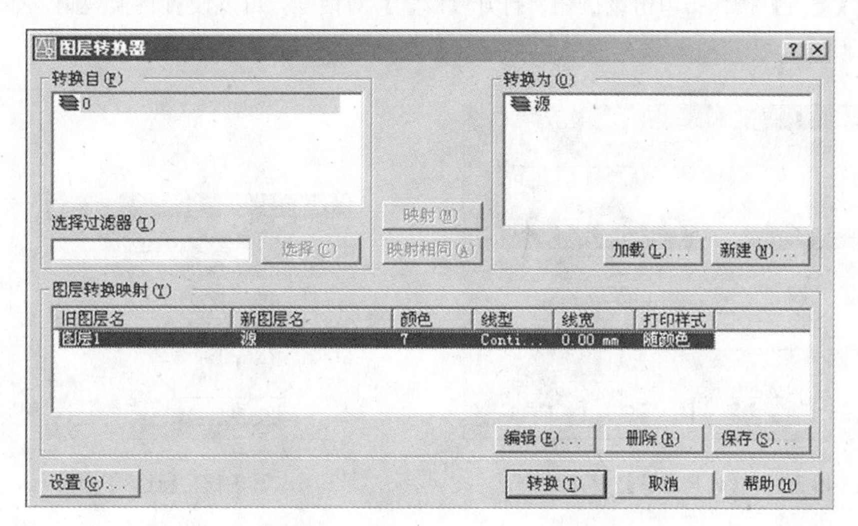

图 3-15　【图层转换器】对话框

在【图层转换器】对话框中，各选项的含义如下。

● 【转换自】列表框中：显示了当前图形中将要被转换的图层结构，可以在列表框中选择，也可以通过【选择过滤器】文本框选择。

● 【转换为】列表框：可以将当前图形的图层转换成选定的图层。单击【加载】按

钮，可打开【选择图形文件】对话框，在该对话框中可以选择作为图层标准的图形文件，并将该图层结构显示在【转换为】列表框中；单击【新建】按钮，可以打开【新图层】对话框，如图3-16所示，在该对话框中可创建新的图层作为转换匹配图层，新建的图层也会显示在【转换为】列表框中。

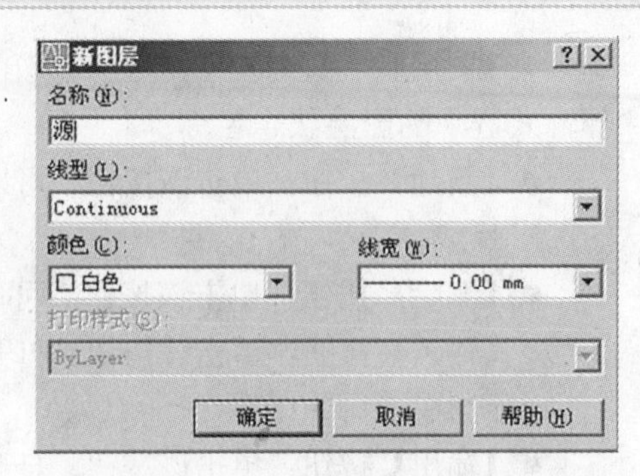

图 3-16 【新图层】对话框

- 【映射】按钮：单击该按钮，可以将【转换自】列表框中的图层映射到【转换为】列表框中，并且当图层被映射后，它将从【转换自】列表框中删除。

注意：只有在【转换自】列表框和【转换为】列表框中都选择了对应的转换图层后，【映射】按钮才可以使用。

- 【映射相同】按钮：单击该按钮，可以将【转换自】列表框和【转换为】列表框中名称相同的图层进行转换映射。
- 【图层转换映射】选项组：在该选项组的列表框中，显示了已经映射的图层名称及图层的相关特性值。当选中一个图层后，单击【编辑】按钮，将打开【编辑图层】对话框，如图3-17所示，可以修改转换后的图层特性；单击【删除】按钮，可以取消该图层的转换映射，该图层将重新显示在【转换自】列表中；单击【保存】按钮，将打开【保存图层映射】对话框，可以将图层转换关系保存到一个标准配置文件（*.DSW）中。
- 【设置】按钮：单击该按钮，打开【设置】对话框，可以设置转换规则，如图3-18所示。

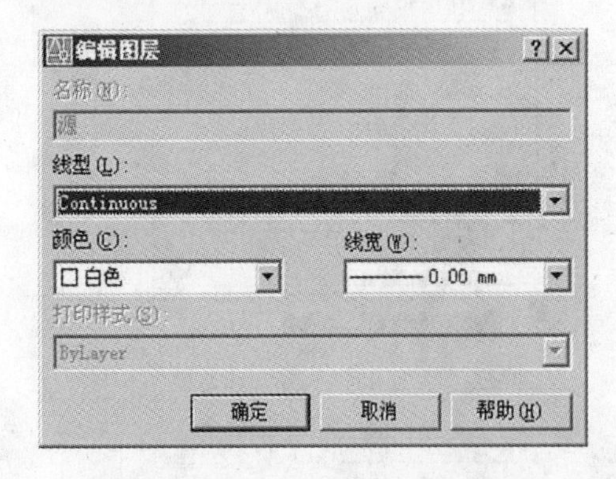

图 3-17 【编辑图层】对话框

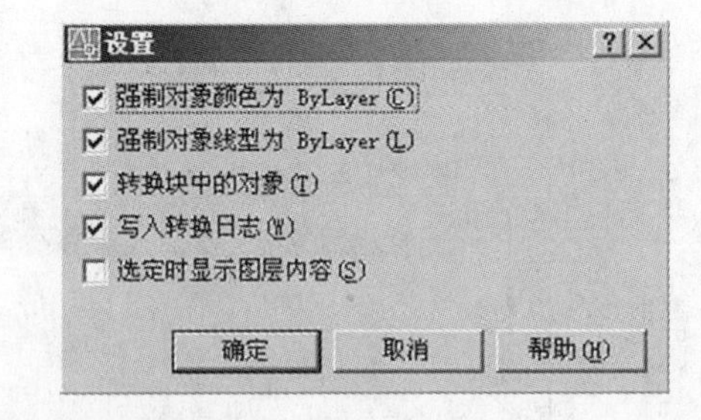

图 3-18 【设置】对话框

- 【转换】按钮：单击该按钮，开始转换图层，并关闭【图层转换器】对话框。

6．改变对象所在图层

在实际绘图中，有时绘制完某一图形元素后，发现该元素并没有绘制在预先设置的图层上，这时可选中该图层元素，并在【图层】工具栏的“图层控制”下拉列表中选择预先设置的图层名，然后按Esc键即可。

3.3　控制非连续线型的外观

在绘制图形时，经常需要使用非连续线型绘制中心线、不可见边等。但是，与实线相比，由于非连续线是由重复的图案组成的，因此，根据图形尺寸的不同，在某些情况下需要调整其外观（疏密）。

可以通过线型比例因子来修改非连续线型的外观。其中，LISCALE系统变量为全局线型比例因子，修改该参数后，将影响图形中全部对象（包括已画对象和以后新画对象）的非连续线型的外观；CELTSXALE系统变量为特定对象比例因子，修改该参数后，将影响图形中新画对象的非连续线型外观。因此，图形中各图形对象的比例因子等于LISCALE。

注意：这两个系统变量的默认值都是1。其数值越小，每个单位距离内的图案重复数目就会越多，即线段越密。

要改变已绘对象的线性比例因子，可在选中对象后单击【标准】工具栏中的【对象特性】按钮，在打开的对象【特性】面板中修改【线型比例】即可。

3.4　课后练习题

1．填空题

（1）图层的属性包括________、________、________。

（2）可以使用________和________来修改非连续线型的外观。

（3）在AutoCAD中，使用________可以转换图层，实现图形的标准化和规范化。

（4）在AutoCAD中，使用________对话框，可以创建和管理图层。

2．选择题

（1）在AutoCAD中要设置线型，可选择（　）命令。

A．【格式】/【图层】　　B．【格式】/【颜色】
C．【格式】/【线型】　　D．【格式】/【线宽】

（2）下列选项中，不属于图层特性的是（　）。

A．颜色　　B．线宽　　C．打印样式　　D．锁定

（3）在设置过滤条件时，可以使用通配符指定图层名称、颜色、线宽、线型以及打印样式。其中，用来代替任意一个字符的通配符是（　）。

A．*　　B．/　　C．?　　D．\

3．上机题

使用图层功能绘制如图3-19所示图形（其中，中间交点为O，其同心圆半径分别为100和150；右侧交点为O′，其同心圆半径分别为60和90；相切圆的半

径为 350)。

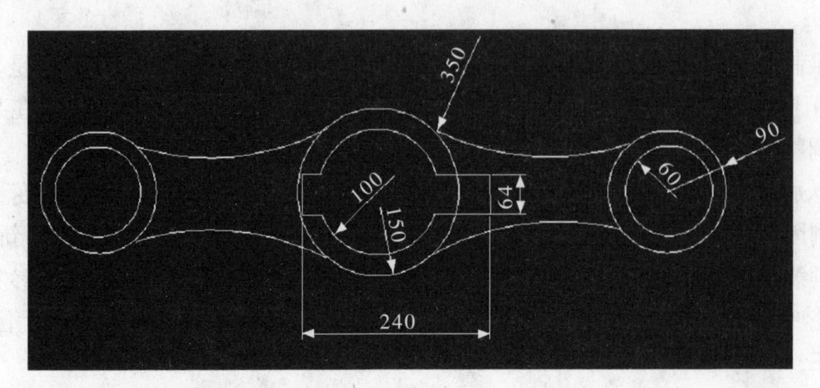

图 3-19 使用图层功能绘制图形

第4章　二维图形的编辑

本章要点：

- 常用图形编辑命令
- 使用夹点功能编辑对象
- 使用【对象特性】对话框

4.1　常用图形编辑命令

图形编辑是指对图形进行的修改。常用的编辑命令包括删除、移动、旋转、修剪、延伸、缩放、拉伸、偏移、镜像、打断、阵列、倒角、圆角、编辑多线段、复制和镜像偏移阵列等。利用"修改"菜单（如图4-1所示）或"修改"工具栏（如图4-2所示），可以实现大部分编辑操作。

编辑图形时，可以先输入编辑命令，再选择对象；或者是先选择对象，再输入命令。

修改(M)　窗口(W)　帮助(H)
特性(P)
特性匹配(M)
更改为随层(B)
对象(O)
剪裁(C)
注释性对象比例(O)
删除(E)
复制(Y)
镜像(I)
偏移(S)
阵列(A)...
移动(V)
旋转(R)
缩放(L)
拉伸(H)
拉长(G)
修剪(T)
延伸(D)
打断(K)
合并(J)
倒角(C)
圆角(F)
三维操作(3)
实体编辑(N)
更改空间(S)
分解(X)

图4-1　【修改】菜单

4.1.1　编辑对象的选择

要对一个对象进行编辑操作，选择相应命令后，系统会提示："选择对象："，此时光标变成一个小方框。

每次选定对象后，"选择对象："的提示会重复出现，直至按Enter键或右击才能结束选择。

选择对象有很多方法，下面分别介绍。

(1) 单击选择

这是默认选择方法。当命令行提示"选择对象"时，将光标移动到要选择对象上并单击，对象变为虚线框，表示被选中。

(2) 全部选择

当提示"选择对象"时，在命令行中输入ALL后并按Enter键，即选中绘图区中的所有对象。

(3) 窗口选择

当命令行提示"选择对象"时，在绘图区空白处单击，指定窗口的一个顶点，然后移动鼠标到另一点并单击，确定一个

图 4-2 【修改】工具栏

矩形选择区域，如图 4-3 所示。如果从左向右移动鼠标来确定矩形，则完全处在选择区域内的对象被选中，如图 4-3 中的 B 图形。如果从右向左移动鼠标来确定矩形，则完全处在选择区域内的对象和与选择区域相交的对象均被选中，如图 4-3 中的 A 和 B 图形，而没有选择 C 图形。

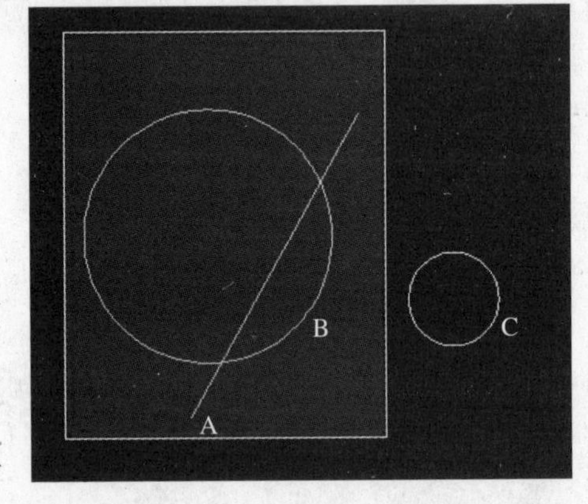

图 4-3 【窗口选择】方式选择对象示例

（4）不规则区域选择

当命令行提示“选择对象”时，输入“WP”后按 Enter 键，然后依次输入第一角点、第二角点……即可绘制出一个不规则的多边形区域，该区域内的对象将会被选中。

（5）折线方式

当命令行提示“选择对象”时，输入“F”后按 Enter 键，系统提示如下：

第一栏选点：(指定折线第一点)

指定直线的端点或[放弃（U)]：(指定多个点)

这些点会形成折线，与该折线相交的对象均被选中，如图 4-4（b）所示，而折线外的 R1 没有被选中。

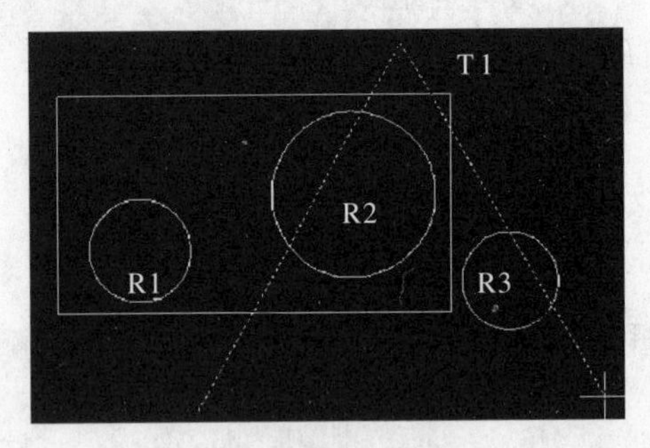

（a）围线选择对象

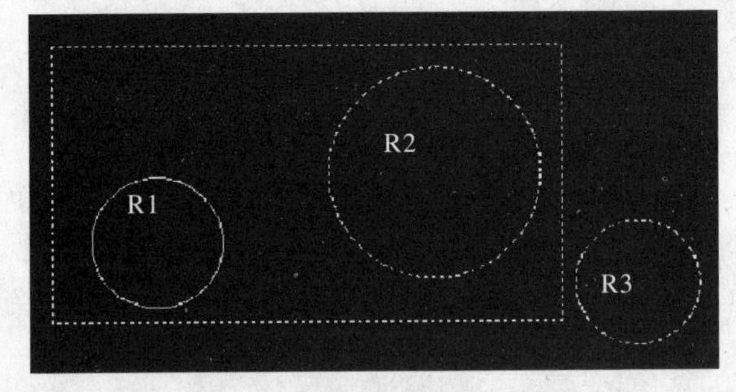

（b）被选对象

图 4-4 围线方式选择对象示例

（6）排除方式

如果选择了某个对象后又希望取消其选择状态，在“选择对象”提示下输入“R”并按 Enter 键，在提示“排除对象”时，可以选择要取消选择的对象，将其排除选择集。

（7）恢复选择

在排除方式下输入“A”并按 Enter 键，在“选择对象”提示后再次选择已取消的对象，即可恢复选择。

（8）取消

在提示“选择对象”时，输入“U”并按 Enter 键，可以取消最后的选择操作。

4.1.2　删除对象

1．删除对象

删除命令（ERASE）用于删除不需要的图形对象。对于一个已经删除的图形对象，在图形文件未被关闭之前，该对象仍然保留在图形数据库中，可以使用 UNDO 或 OOPS 命令予以恢复。

删除命令的具体操作步骤如下：

（1）通过下列任一方法激活该命令。

- 执行【修改】/【删除】命令。
- 单击【修改】工具栏上的删除按钮。
- 在命令行中输入 ERASE 或 E 后按 Enter 键。

（2）该命令执行后，命令行出现如下提示：

命令：_ERASE
选择对象：（选择要删除的对象）

（3）选择完要删除的对象后，按 Enter 键或右击确定，对象即被删除。

> 注意：选中要删除的对象，然后按 Del 键也可以将其删除。其他的修改命令，都可以先选择对象，然后单击要使用的操作命令，再继续其他操作。
> 在 CAD 的操作中，一般情况下，单击鼠标右键等同于按 Enter 键。
> 操作完成后，再按一次鼠标右键可重复上一次的操作。

2．恢复删除对象的方法

- 在命令行输入 OOPS 后按 Enter 键，可恢复最近一次删除的对象。
- 使用【标准】工具栏中的放弃按钮，可放弃已执行的删除操作，从而恢复刚被删除的对象；使用重做按钮可以恢复上一步放弃的操作。

4.1.3　复制对象

在 AutoCAD 中，复制、镜像、偏移和阵列都具有复制对象的功能。下面介绍它们的操作方法。

1．复制对象

复制命令可以为选择的对象复制一个副本，并将其放置在指定的位置上。

下面实例讲解如何把一个边长为 5 的正五边形复制在其右侧 10 单位处，如图 4-5 所示。

具体操作步骤如下：

（1）通过下列的任一种方法激活复制命令：

- 执行【修改】/【复制】命令。
- 单击【修改】工具栏上的复制按钮。
- 在命令行中输入 COPY 后按 Enter 键。

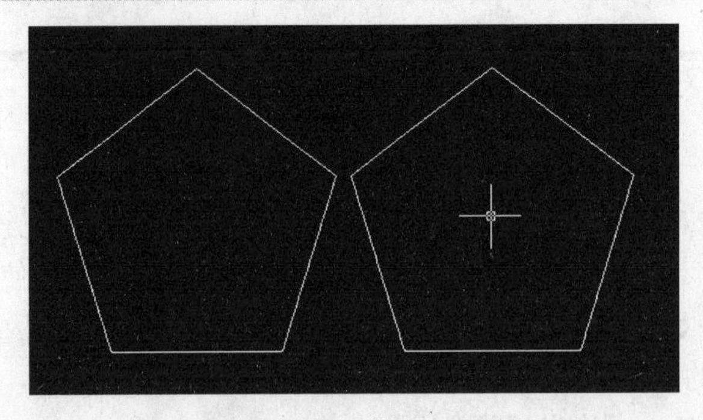

图 4-5　把边长为 5 的正五边形复制到右侧 10 单位处

(2) 该命令执行后，命令行将提示选择对象：

命令：_COPY
选择对象：(选择要复制的对象，即正五边形)

(3) 选择要复制的对象后，按 Enter 键确定，系统提示：

指定基点或位移：(输入 (10，0)，以使正五边形向右移动 10 个单位距离)

(4) 此时，可用鼠标或借助对象捕捉功能确定基点，或输入一个坐标值。在这里输入坐标 (10，0)，确定后系统提示为：

指定位移的第二点或<用第一点作位移>：

此时直接按 Enter 键确定，则对象被复制在右侧 10 单位处并结束命令。如果再指定第二个点 (X，Y)，则系统将把对象复制在矢量 (X−10，Y−0) 确定的方向和距离处 (而不是向右移动 10 个单位)。系统会继续提示：

指定位置的第二点：

如果用户再次指定一个点，系统将继续以 (10，0) 为基点把对象复制在两点矢量确定的位置，直到按 Enter 键确认或按 Esc 键退出。

2．镜像方式复制对象

镜像命令主要用来复制轴对称图形，以图 4-6 (a) 为例来进行说明。

操作步骤如下：

(1) 通过下列的任一种方法激活镜像复制命令：

- 执行【修改】/【镜像】命令。
- 单击【修改】工具栏上的镜像按钮。
- 在命令行中输入 MIRROR 后按 Enter 键。

(2) 该命令执行后，命令行将提示用户选择对象：

命令：_MIRROR
选择对象：(选择镜像操作对象)

(3) 对象选择完毕，按 Enter 键确定后，系统再提示：

指定镜像线的第一点：(打开捕捉功能，捕捉垂线的上端点作为对称轴线的第一个点)

指定镜像线的第二点：(捕捉垂线的下端点作为对称轴线的第二个点，如图 4-6（b）所示)

(4) 镜像复制完毕后，系统提示用户是否删除源对象：

是否删除源对象？[是 （Y）/否 （N)] < N >:(键入 Y 删除源对象，默认为不删除)

按 Enter 键确定，选择不删除源对象，则镜像的结果如图 4-6（c）所示。

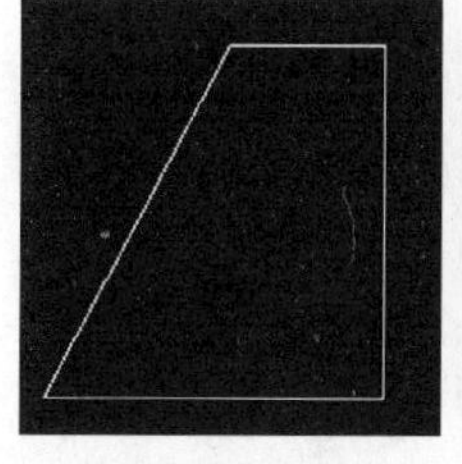
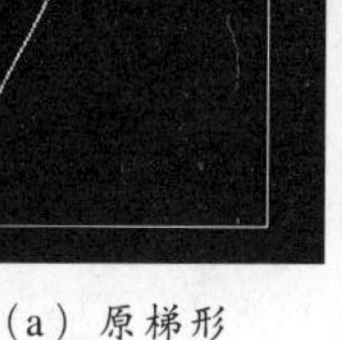

（a）原梯形　　（b）镜像操作　　（c）镜像结果

图 4-6　梯形的镜像

3. 偏移复制对象

偏移命令常用于创建同心圆、平行线和平行曲线。以图4-7 (a) 所示的图为例说明。

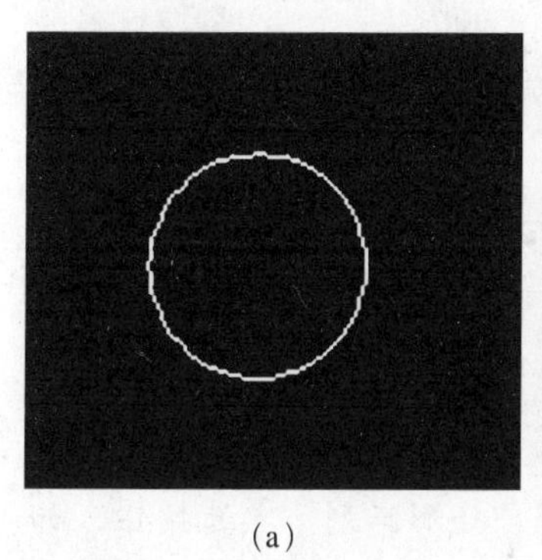
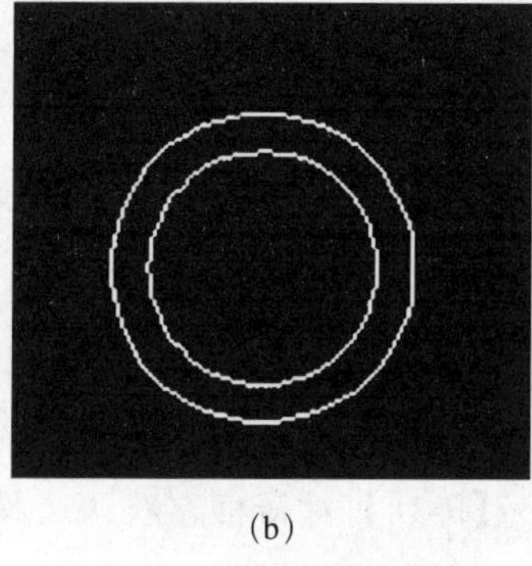
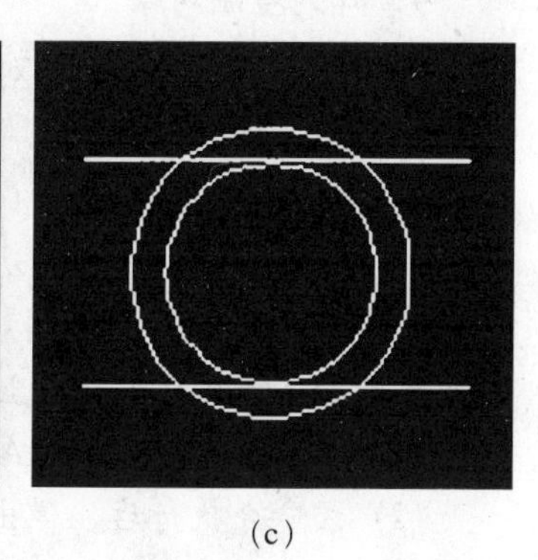

(a)　　(b)　　(c)

图 4-7　偏移复制

操作步骤如下：

(1) 通过下列的任一种方法激活偏移复制命令：

- 执行【修改】/【偏移】命令。
- 单击【修改】工具栏上的偏移按钮。
- 在命令行中输入 OFFSET 后按 Enter 键。

(2) 该命令执行后，系统要求指定是以偏移距离的方式，还是以通过指定点的方式创建偏移对象。

命令：_OFFSET

指定偏移距离或[通过 (T)](指定对象偏移的方式，输入 5 后按 Enter 键确定，指定偏移距离为 5)

(3) 确定偏移方式后，系统提示用户选择要偏移的对象或按 Enter 键结束命令并退出。

选择要偏移的对象或<退出>：(选择圆)

(4) 选择对象后，如果选择偏移距离的方式，系统提示用户指定偏移的方向（在希望偏移的一侧任选一点即可）：

指定点以确定偏移所在一侧：（在圆的外侧任选一点确定，偏移的结果如图 4-7（b）所示）

(5) 圆偏移复制结束后，系统提示用户是否继续进行下一个偏移操作：

选择要偏移的对象或<退出>：（在这里按 Enter 键退出该命令）

(6) 偏移水平线。操作步骤和偏移圆类似，命令执行过程如下（注意和上述操作不同）：

命令：OFFSET
指定偏移距离或[通过（T）] < 5.0000 >：T（输入 T 后按 Enter 键确定，选择通过点方式）
选择要偏移的对象或<退出>：（选择图 4-7（c）的水平线为偏移对象）
指定通过点：（打开捕捉功能，捕捉到直线段的上端点并单击鼠标，即被复制）
选择要偏移的对象或<退出>：（选择图 4-7（c）的水平线或上部刚复制的线段为偏移对象）
指定通过点：（捕捉到直线段的下端）

4．阵列复制对象

阵列命令可以对选中的对象用矩形或圆形的排列方式进行阵列复制操作，用于创建规则排列的阵列图形。

具体操作步骤如下（如图 4-8 所示）：

(1) 通过下列任一种方法激活阵列复制命令：

- 执行【修改】/【阵列】命令。
- 单击【修改】工具栏上的阵列按钮⊞。
- 在命令行中输入 ARRAY 后按 Enter 键。

(2) 该命令执行后，弹出【阵列】对话框，默认选择"矩形阵列"单选按钮，如图 4-9 所示。

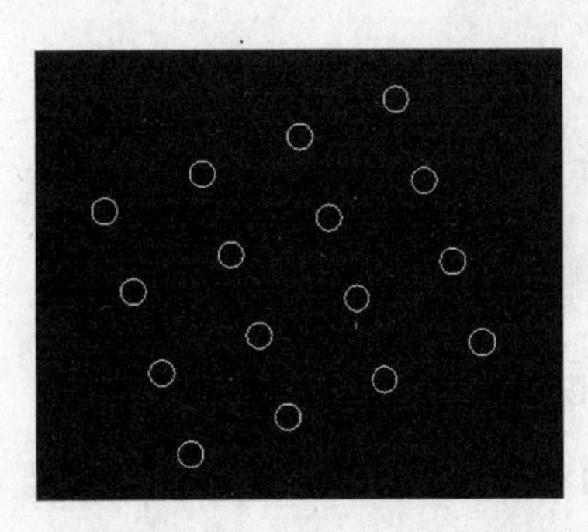

图 4-8 4 行及 4 列矩形阵列操作的结果

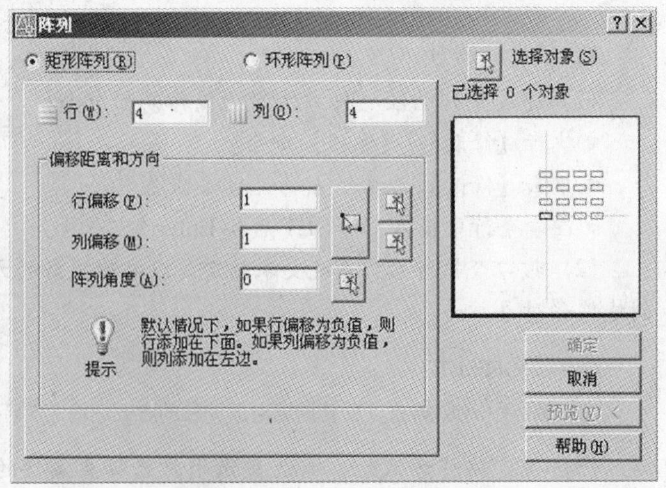

图 4-9 选择【阵列】对话框中的"矩形阵列"单选按钮

阵列对话框中各选项作用如下：

- 行：指定矩形阵列的行数。
- 列：指定矩形阵列的列数。
- 行偏移：指定矩形阵列中相邻两行的距离。
- 列偏移：指定矩形阵列中相邻两列的距离。
- 阵列角度：指定矩形阵列与当前基准角间的角度。

在该对话框中输入【行】为 5、【列】为 5、【行偏移】为 20、【列偏移】为 25、【阵列角度】为 20 后，单击【选择对象】按钮，系统返回绘图状态，以便选择阵列操作的对象。

(3) 此时，用鼠标选择在绘图区已经创建好的正五边形并确定后，系统再次弹出【阵列】对话框，不同的是，对话框中的【确定】和【预览】按钮变为有效，预览区域阵列图形变为用户设置的阵列结构，单击【确定】按钮，即完成阵列复制。

环形阵列的具体操作步骤如下（如图 4-10 所示）：

(1) 首先在绘图区域创建一个小圆、一个大圆和小圆的直径（与大圆垂直的直径）。然后用前述方法激活阵列命令。

(2) 在弹出的【阵列】话框中选择“环形阵列”单选按钮，如图 4-11 所示。

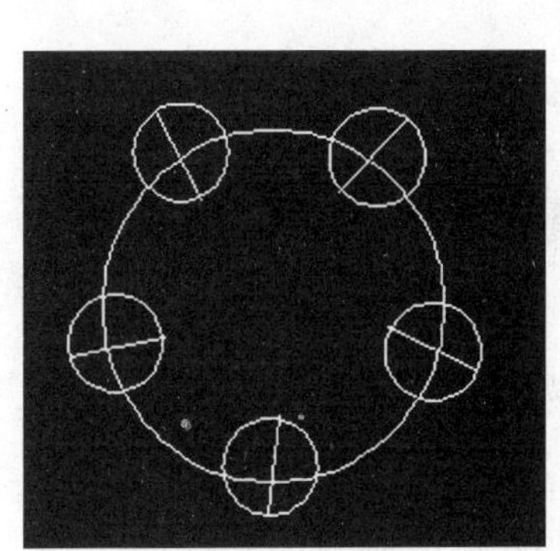

图 4-10　环形阵列

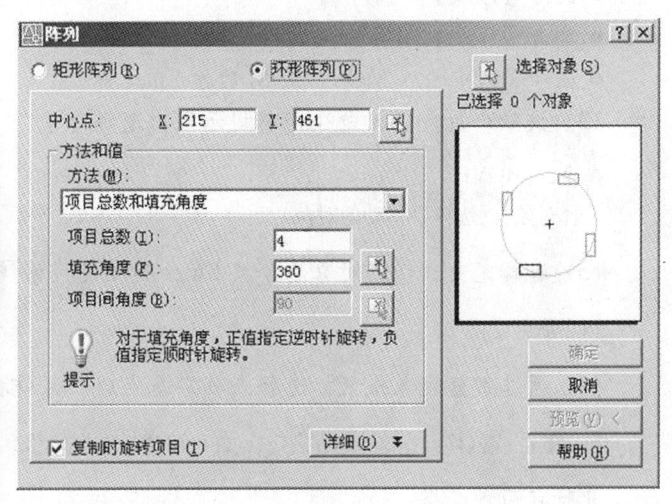

图 4-11　选择【阵列】对话框中的“环形阵列”单选按钮

该对话框中的各选项作用如下：

- 中心点：指定环形阵列的中心点。
- 方法：指定项目总数、填充角度及项目间的角度。用户指定其中任意两项即可确定一种阵列的操作方法，共有 3 种阵列的方法供选择。
- 项目总数：源对象加上副本对象的总数目。
- 填充角度：指定全部项目分布的角度范围，该范围是以阵列中心点为圆心，阵列中心到源对象基点间的距离为圆上的一段圆弧，中心点到源对象基点的连线为填充角的一条边。
- 项目间角度：两相邻项目间的夹角，即任意两相邻项目的基点与阵列中心点的连

线而成的夹角。

● 复制时旋转项目：选择该复选框，则阵列操作所生成的副本图形上的每一点都旋转；否则，生成的副本图形的方向和源对象相同，只改变位置。

(3) 在状态栏上打开捕捉功能，单击图4-11中的拾取中心点按钮，在绘图区捕捉到大圆的中心点作为环形阵列的中心点，系统返回【阵列】对话框。

(4) 在【方法】下拉列表中选择“项目总数和填充角度”，并指定【项目总数】为4、【填充角度】为360。

(5) 单击【选择对象】按钮，选择小圆和垂直线为对象，确定后系统返回【阵列】对话框，对话框中的【确定】和【预览】按钮变为有效，单击【确定】按钮，即得到最终的环形阵列。

也可以先选择对象再进行其他操作。

4.1.4 移动对象

移动工具可将对象移动到指定位置。

具体操作步骤如下：

(1) 通过下列任一种方法激活移动命令：

● 执行【修改】/【移动】命令。

● 单击【修改】工具栏上的移动按钮。

● 在命令行中输入MOVE或M后按Enter键。

(2) 该命令执行后，命令行将提示用户选择对象：

```
命令：_MOVE
选择对象：(选择要移动的对象)
```

(3) 选择完要移动的对象后，按Enter键确定。系统进一步提示：

```
指定基点或位移：
```

(4) 通过键盘输入或鼠标选择来确定基点后。系统提示为：

```
指定基点或位移：指定位移的第二点或<用第一点作位移>：
```

此时有两种选择：

● 指定第二点：选定对象的移动距离和移动方向，由基点到第二点的距离和方向确定，即移动的结果只与两点间的相对位置有关，与点的绝对坐标无关。

● 用第一点作位移（直接按Enter键）：选定对象的移动距离和移动方向，由基点的坐标值（X、Y、Z）确定，该位移矢量确定了对象相对于X轴、Y轴、Z轴的移动值，因此，基点不能随意确定。

图4-12显示了图形移动时的效果。

4.1.5 旋转对象

该功能可以将对象绕基点按指定的角度进行旋转。

具体操作步骤如下：

(1) 通过下列任一种方法激活旋转命令：

● 执行【修改】/【旋转】命令。

● 单击【修改】工具栏上的移动按钮。

● 在命令行中输入 ROTATE 后按 Enter 键。

(2) 该命令执行后，命令行将提示用户选择对象：

命令：_ROTATE
UCS 当前的正角方向：ANGDIR= 逆时针 ANGBASE=0
选择对象：(选择要旋转的对象)

(3) 选择完要移动的对象后，按 Enter 键确定。系统提示：

指定基点：(指定对象旋转时围绕的中心点)

(4) 通过键盘输入或鼠标选择确定基点后，系统提示为：

指定旋转角度或[参照 (R)]：

有两种指定旋转角度：

● 旋转角度：在命令行输入角度值，系统将所选对象按指定的角度值来旋转。也可以用鼠标直接拖动对象旋转。

● 参照角：在命令行输入 R 后按 Enter 键，系统提示用户指定一个参照角，然后再指定以参照角作为基准的新角度。

指定参照角＜0＞：(输入参考方向的角度值)
指定新角度：(输入相对于参考方向的角度值)

旋转时的效果如图 4-13 所示。

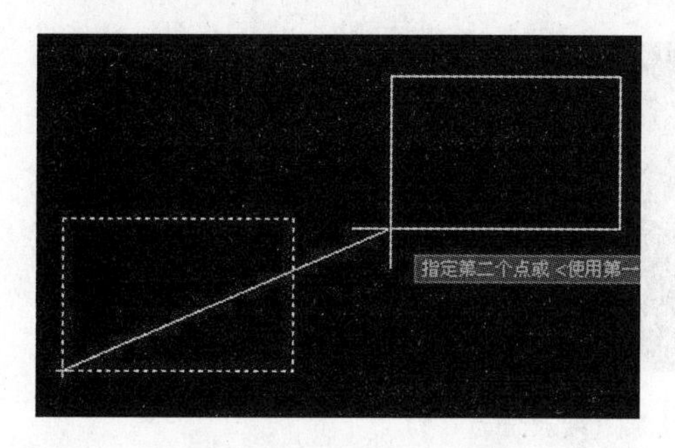

图 4-12　移动对象示例

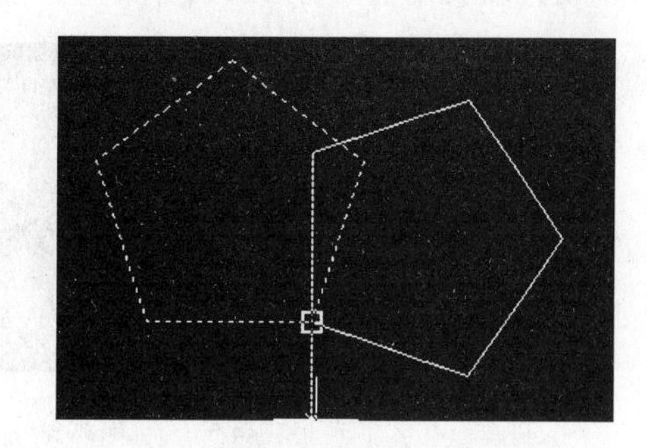

图 4-13　旋转时的效果

4.1.6　对象的缩放、拉伸和拉长

缩放、拉伸和拉长命令用于将对象进行变形操作，以改变对象的尺寸大小或基本形状。

1. 缩放对象

该功能可以将对象按比例进行放大或缩小。

对象缩放的具体操作步骤如下：

(1) 通过下列任一种方法激活缩放命令。

● 执行【修改】/【缩放】命令。

● 单击【修改】工具栏上的缩放按钮。
● 在命令行中输入SCALE后按Enter键。
(2) 该命令执行后，系统将提示：

命令：_SCALE
选择对象：(选择要缩放的对象)

(3) 确定要缩放的对象，按Enter键确定后，系统会继续提示用户：

指定基点：
指定比例因子或[参照(R)]：

先要指定一个基点(基点表示选定对象的大小发生改变时位置保持不变的点，拖动鼠标光标时，图像将按移动光标的幅度放大或缩小)，而后指定比例因子。其中两个选项的含义如下。

● 比例因子：为默认选项。直接输入比例因子，系统将按比例因子缩放对象的尺寸。比例因子大于1将放大对象，比例因子在0~1之间将缩小对象。

● 参照：将选择的对象按参照的方式缩放。在命令行输入R并按Enter键确定后，系统提示用户：

指定参照长度<1>：(输入参照长度的值)
指定新长度：(输入新参照长度的值)

上述操作执行后，系统会以新长度和参照长度的比值作为缩放系数将所选对象缩放。

使用缩放命令的前后比较如图4-14所示。

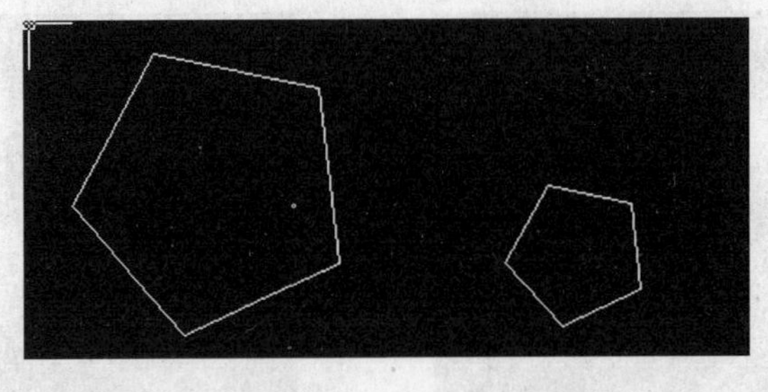

图4-14 缩放命令的效果(缩放值为0.5)

提示：注意区分缩放对象和缩放视图的不同。缩放对象改变对象的实际尺寸大小，而缩放视图仅仅改变显示区域的大小，不改变视图中图形对象的实际尺寸。

2. 拉伸对象

该功能可以将对象进行拉伸或移动。执行该命令必须使用窗口方式选择对象。整个对象位于窗口内时，执行结果是移动对象；当对象与选择窗口相交时，执行结果则是拉伸或压缩对象。我们以如图4-15 (a) 所示的示例来说明。

具体操作步骤如下：

(1) 通过下列任一种方法激活拉伸命令：

- 执行【修改】/【拉伸】命令。
- 单击【修改】工具栏上的拉伸按钮。
- 在命令行中输入 STRETCH 后按 Enter 键。

(2) 该命令执行后，AutoCAD 2008提示以交叉窗口或交叉多边形的方式选择对象：

命令：_STRETCH
以交叉窗口或交叉多边形选择要拉伸的对象
选择对象：(选择要拉伸的对象)

(3) 拖动光标，用交叉窗口的方式选择对象（如图 4-15 (b)）后，被选中的3个对象均变为虚线显示，右击鼠标确定，此时系统依次提示为：

选择对象：
指定对角点：找到 3 个
选择对象：(按 Enter 键确认选择拉伸的对象)

(4) 上述操作完成后，系统继续提示（括号内为操作方法的描述）：

指定基点或位移：(打开对象捕捉功能，用光标捕捉直线段右端点为基点)
指定位移的第二个点或<用第一个点作位移>：(拖动光标垂直基点向上移动 150 个单位或输入(@0，150) 后，按 Enter 键确认，效果如图 4-15（c）所示)

最后操作的拉伸效果如图 4-15（d）所示。

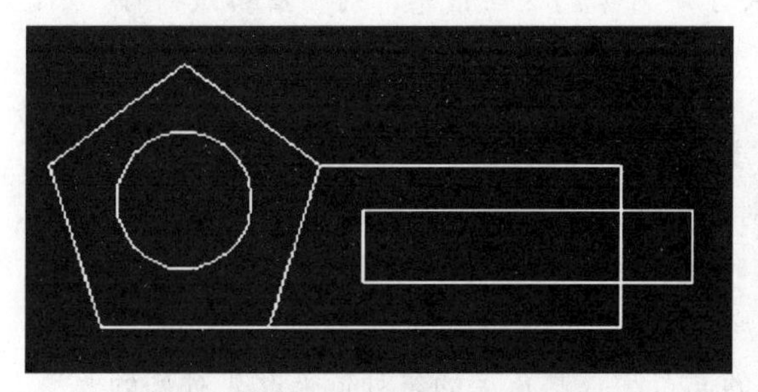
（a）原图

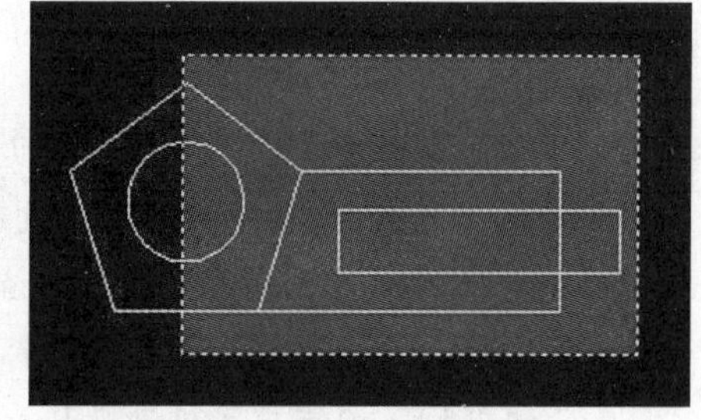
（b）以交叉窗口方式选择对象

（c）用鼠标沿基点垂直向上拉伸对象

（d）拉伸后的效果

图 4-15　拉伸命令的操作过程

注意：在执行拉伸命令时，如果被选对象有一端在窗口内，则有以下规则：
(1) 对于线段、区域填充图形、圆弧、多线段，窗口内的端点移动，窗口外的端

点不动；另外，圆弧的弦高不变，而多线段两端切线方向和曲线拟合信息都不改变。

(2) 对于圆、块、文本和属性定义，如果其定义点在选取框内，则对象移动；否则对象不动，也就无法拉伸。

3. 拉长对象

拉长命令用来改变圆弧的角度，或非闭合对象的长度，可用于拉长命令的对象有直线、圆弧、椭圆弧、非闭合多线段和非闭合样条曲线等。

以图4-16 (a) 的圆弧作为要拉长的对象为例说明如下。

具体操作步骤如下：

(1) 通过下列任一种方法激活拉长命令：

- 执行【修改】/【拉长】命令。
- 单击【修改】工具栏中的拉长按钮。
- 在命令行中输入LENGTHEN后按Enter键。

(2) 该命令执行后，系统将提示选择对象：

命令：_LENGTHEN

选择对象或[增量 (DE) / 百分比 (P) / 全部 (T) / 动态 (DY)]：(选择要拉长的对象)

(3) 当用户选择了要拉长的对象后，系统将显示该对象的长度和包含角，见下面的提示（如果对象有包含角）；如果不需要了解对象的这些信息，则可省略该操作。

当前长度：4450.7089，包含角：326

另外4个选项给出了改变对象长度或角度的不同方法，作用如下：

- 增量 (DE)：以指定的增量修改对象的长度或圆弧的角度，该增量从距离选择点最近的端点处开始测量。增量值为正值时扩展对象，为负值时修剪对象。
- 百分数 (P)：通过指定对象总长度或总角度的百分比来改变对象的长度或角度。
- 全部 (T)：通过指定对象修改后的总长度或总角度的绝对值来改变对象的长度。
- 动态 (DY)：通过拖动所选对象的一个端点来动态改变对象的长度，其他端点不动。

(4) 输入T，并以指定总长度的方式改变对象长度，总角度为270°，且使选择点距圆弧的上侧端点较近，这些操作的过程如下：

选择对象或[增量 (DE) / 百分比 (P) / 全部 (T) / 动态 (DY)]：T（输入T后按Enter键确定）

指定总长度或[角度 (A)] < 1.0000 >：A（输入A，指定总角度方式，按Enter键确定）

指定总角度< 57 >：270（指定总角度270°）

选择要修改的对象或[放弃 (U)]：(将鼠标光标移动到圆弧上并距离上侧端点较近处后单击)

选择要修改的对象或[放弃 (U)]：(操作完后按Enter键或Esc键退出该命令，使系统不再出现该提示)

操作的结果如图4-16 (b) 所示。如果选择点距圆弧下侧端点近，则操作结果如图4-16 (c) 所示。

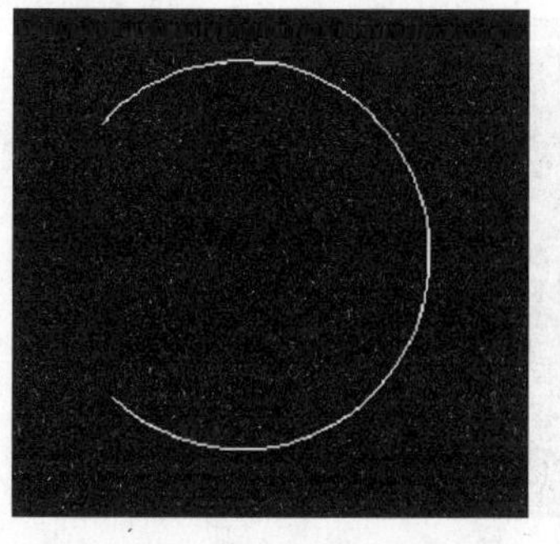

(a) 原图

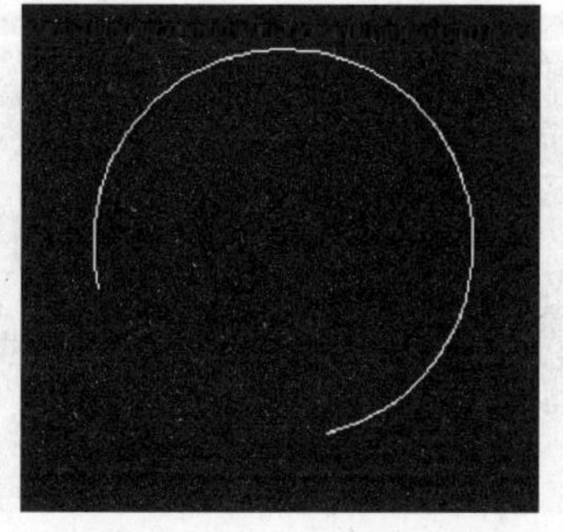

(b) 选择点距上侧端点近

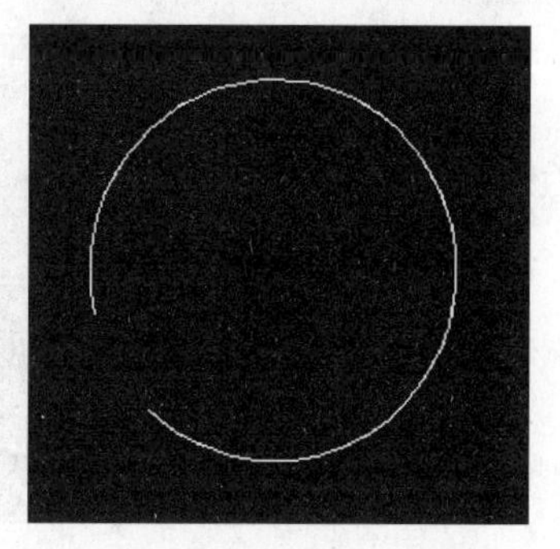

(c) 选择点距下侧端点近

图 4-16　执行拉长命令后的圆弧

4.1.7　修改对象的命令

修改对象的命令有修剪、延伸、打断和打断于点等命令。其中修剪和延伸在 CAD 中的使用频率最高。下面分别介绍它们的用法。

1. 修剪命令

该功能可以将对象修剪到指定边界。可以修剪相交或不相交的二维图形对象，也可以修剪三维对象；剪切边可以是直线，也可以是曲线。

以将图 4-17（a）的原图修改为图 4-17（d）所示的图形为例说明。

具体操作步骤如下：

(1) 通过下列任一种方法激活修剪命令：

- 执行【修改】/【修剪】命令。
- 单击【修改】工具栏上的修剪按钮。
- 在命令行中输入 TRIM 后按 Enter 键。

(2) 该命令执行后，AutoCAD 2008 在显示修剪命令的当前设置后提示选择修剪边界：

命令：_TRIM
当前设置：投影 =UCS，边 = 无
选择剪切边
选择对象：(选择 2 条长线段为修剪边界，如图 4-17（b）)

(3) 修剪的边界确定后，系统给出下一步操作提示：

选择要修剪的对象，或按住 Shift 键选择要延伸的对象，或[投影（P）/边（E）/放弃（U）]：

用鼠标选取要修剪的对象后，被修剪对象上位于修剪边界选取点一侧的部分被剪除，此时，系统将继续给出提示（是否还要修剪其他对象）。连续选取如图 4-17（c）所示的 4 个修剪对象，得到图 4-17（d）所示的最终结果，最后按 Enter 键或 Esc 键结束并退出该命令。

在命令提示行中，系统提供了两种选择对象的方法。

- 选择要修剪的对象：为默认选项。直接用鼠标选取要修剪的对象，系统将把被修剪对象上位于修剪边界选取点一侧的部分剪除。

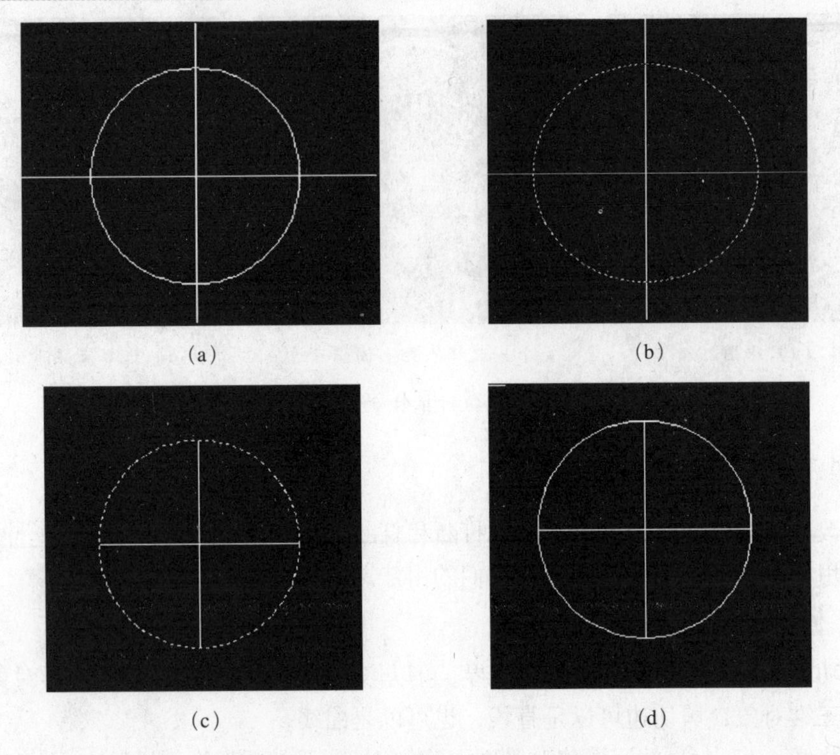

图 4-17　修剪命令的执行过程

● 按住Shift键选择要延伸的对象：此时可作为延伸命令使用。选择的修剪边界成为延伸边界。

命令提示行中其他选项的意义如下：

● 投影（P）：修剪对象时是否使用投影模式，选择该选项时，系统将提示：

输入投影选项[无（N）UCS（U）/视图（V）]<UCS>:

其中：

无（N）：指定无投影。只修剪在三维空间中与剪切边相交的对象。

UCS（U）：指定在当前用户坐标系XOY平面上的投影。修剪在三维空间中不与剪切边相交的对象。

视图（V）：指定沿当前视图方向的投影。修剪当前视图中与边界相交的对象。

● 边（E）：确定修剪对象时是否使用隐含边延伸模式，系统提示为：

输入隐含边延伸模式[延伸（E）/不延伸（N）]<不延伸>：

当用户指定的剪切边界没有和被剪切边相交，若选择“延伸（E）”选项，则系统将剪切边隐含延长后修剪；若选择“不延伸（N）”选项，则系统不能进行修剪操作。

在修剪图案填充时，不要将“边”设置为“延伸”。否则，即使将允许的间隙设置为正确的值，修剪图案填充时也不能填补修剪边界中的间隙。

● 放弃（U）：撤销由修剪命令所做的最近一次修改。

2. 延伸命令

该功能可以将对象延伸到指定的边界。

具体操作步骤如下：

(1) 通过下列任一种方法激活延伸命令：

- 执行【修改】/【延伸】命令。
- 执行【修改】工具栏上的延伸按钮。
- 在命令行中输入 EXTEND 后按 Enter 键。

(2) 该命令执行后，系统在显示延伸命令的当前设置后，提示用户选择延伸边界：

命令：_EXTEND

当前设置：投影 =UCS，边 = 无

选择边界的边

选择对象：(选择圆弧为延伸边界，按 Enter 键或右击鼠标确定)

(3) 延伸边界确定后，系统给出下一步操作提示：

选择要延伸的对象，或按住 Shift 键选择要修剪的对象，或[投影 (P) / 边 (E) / 放弃 (U)]：(主提示行)

由于三条线段分别不与圆弧相交，所以输入 E 后确定以选择“边 (E)”选项，此时系统提示：

输入隐含边延伸模式[延伸 (E) / 不延伸 (N)] <不延伸>：(输入 E 选择延伸模式，按 Enter 键确定)

(4) 用户指定延伸模式后，系统返回主提示行，提示用户选择要延伸的对象。此时，用鼠标分别选取图中的三条线段，线段被延伸到圆弧，如图 4-18 (b) 所示。最后按 Enter 键或 Esc 键结束，并退出该命令。

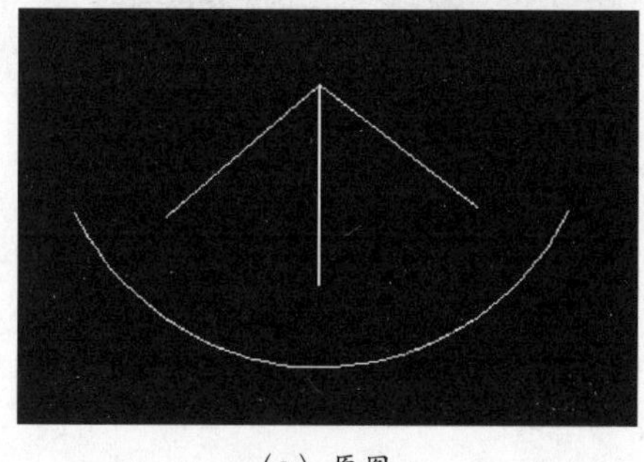

(a) 原图

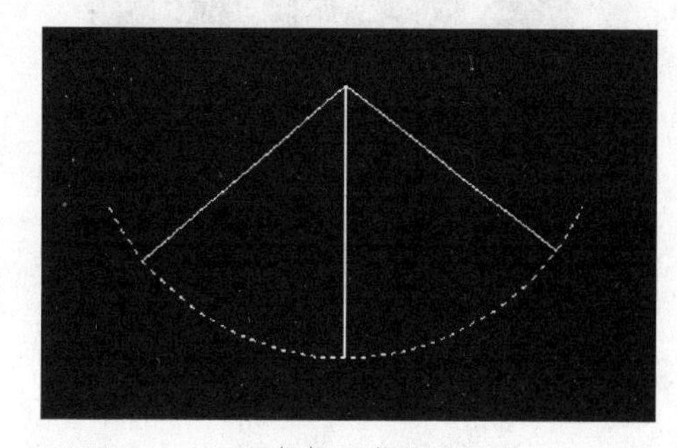

(b) 延伸后

图 4-18　延伸命令

3．打断对象

该功能可以删除对象上的某一部分或把对象分成两部分。如图 4-19 所示是执行打断命令的结果。

具体操作步骤如下：

(1) 通过下列任一种方法激活打断命令：

- 执行【修改】/【打断】命令。
- 单击【修改】工具栏上的打断按钮。

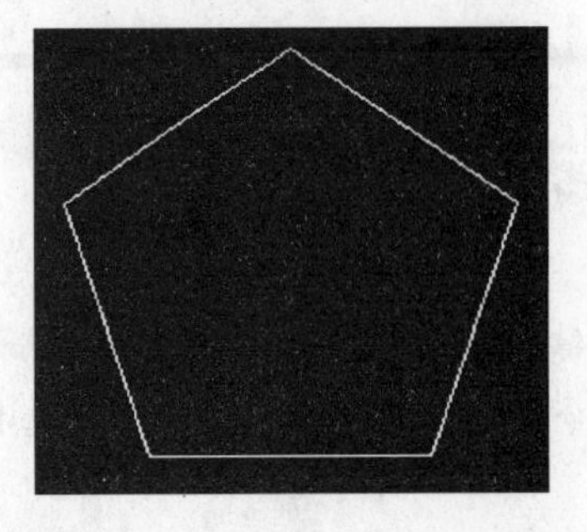

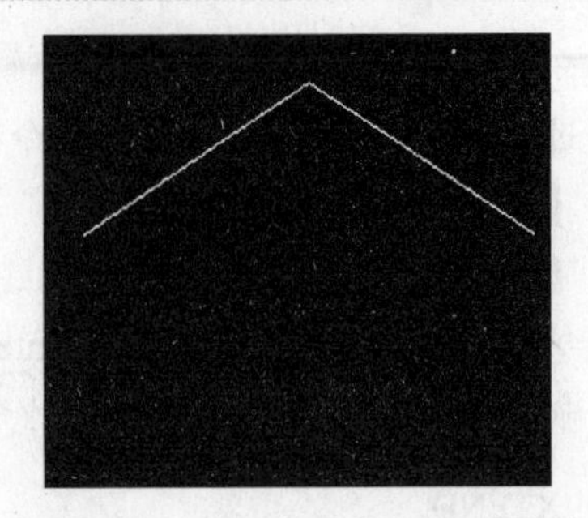

图 4-19 执行打断命令

● 在命令行中输入 BREAK 后按 Enter 键。

(2) 该命令执行后，系统提示：

命令：_BREAK

选择对象：(选择对象上的一个点，该点是第 1 个打断点)

(3) 选择对象后，系统提示用户指定第 2 个打断点：

指定第二个打断点或[第一点 (F)]：(选择第 2 点)

如果第 2 个点不在对象上，则 AutoCAD 将选择对象上与之距离最近的点。

若使用“第一点 (F)”选项，则执行“打断于点”命令。

4．打断于点

打断于点命令将对象在某一选定点处断开为两个对象。下面以图 4-20 (a) 所示为例说明。

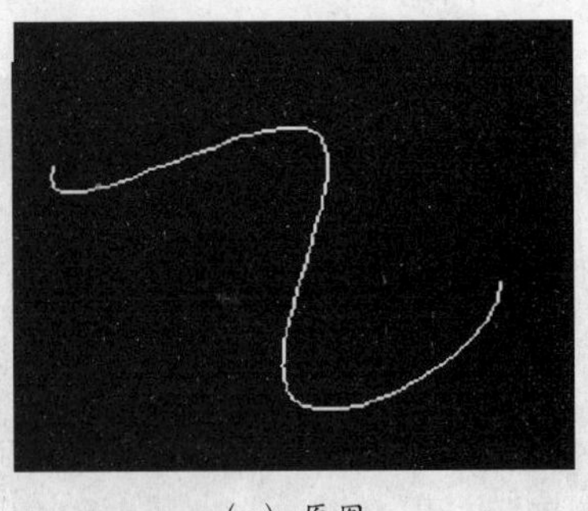

(a) 原图

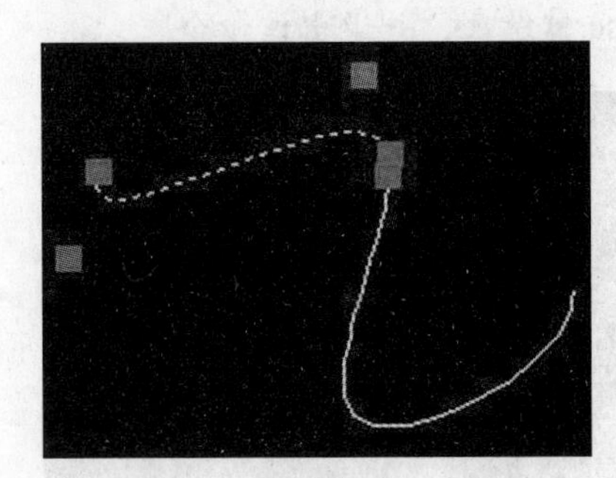

(b) 打断后被选择的线段

图 4-20 执行打断于点命令

具体操作步骤如下：

(1) 单击【修改】工具栏上打断于点按钮□。

(2) 该命令执行后，系统提示：

命令：_BREAK

选择对象：(在样条曲线上任一点单击，选择曲线)

(3) 选择对象后，系统提示用户指定第一个打断点：

指定第二个打断点或[第一点 (F)]：_f

指定第一个打断点：(捕捉曲线的中点作为打断点)

(4) 选择对象上的中点，则该曲线被打断为两个等长的曲线。选中上侧的曲线，其效果如图 4-20 (b) 所示。系统显示下列提示后退出命令：

指定第二个打断点：@

如果选择的点不在对象上，则 AutoCAD 将选择对象上距离与之最近的点作为打断点。

4.1.8 倒角

该功能可以对两条相交直线或多段线等对象做倒角。如图 4-21 所示的图形是执行【倒角】命令的结果。

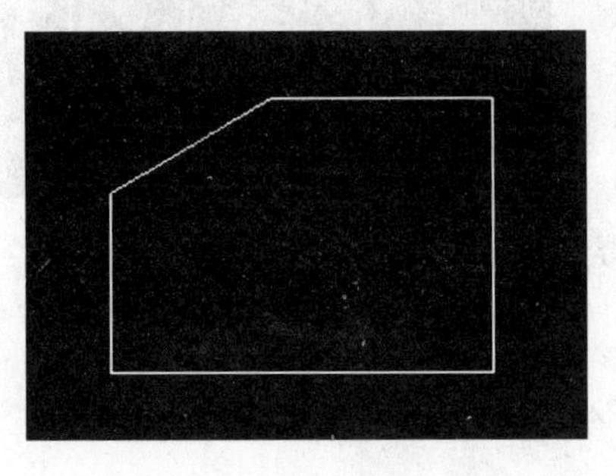

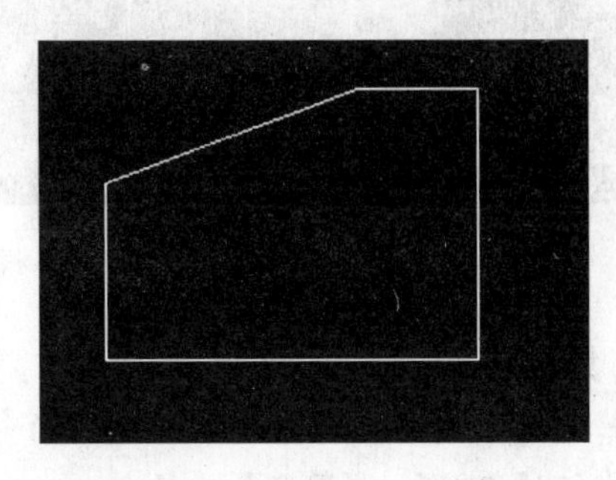

图 4-21　指定距离方式倒角示例

具体操作步骤如下：

(1) 通过下列任一种方法激活倒角命令：

- 执行【修改】/【倒角】命令。
- 单击【修改】工具栏上的倒角按钮。
- 在命令行中输入 CHAMFER 后按 Enter 键。

(2) 该命令执行后，系统显示当前倒角模式并提示用户选择一个操作对象：

命令：_CHAMFER

("修剪"模式) 当前倒角距离 1=1.0000，距离 2=1.0000

选择第一条直线或[多段线 (P) /距离 (D) /角度 (A) /修剪 (T) 方式 (M) /多个 (U)]：(主提示行)

该提示行中各选项含义如下：

- 多线段 (P)：对整个多线段倒角。
- 距离 (D)：确定倒角距离。
- 角度 (A)：设置一个倒角距离和一个角度进行倒角。
- 修剪 (T)：选择倒角时是否将选定边修剪到倒角线端点。
- 方式 (M)：选择倒角的方式，是使用距离 (D) 方式还是角度 (A) 方式，以确定倒角操作的方式。如果使用过"距离 (D)"选项或"角度 (A)"选项，则系统自动将使用过的选项设置为当前模式。
- 多个 (U)：给多个对象集添加倒角。AutoCAD 将重复显示主提示和"选择第二

个对象”提示，直到按Enter键结束命令。单击【放弃】按钮时，所有用该选项创建的倒角将被删除。

在执行选项D、A、T、M时，在确定后，系统会存储相关设置并返回主提示行。

(3) 选择对象结束，系统将显示操作结果。

4.1.9 倒圆角

该功能可以为两个对象倒圆角。如图4-22所示的图形是执行【圆角】命令的结果。

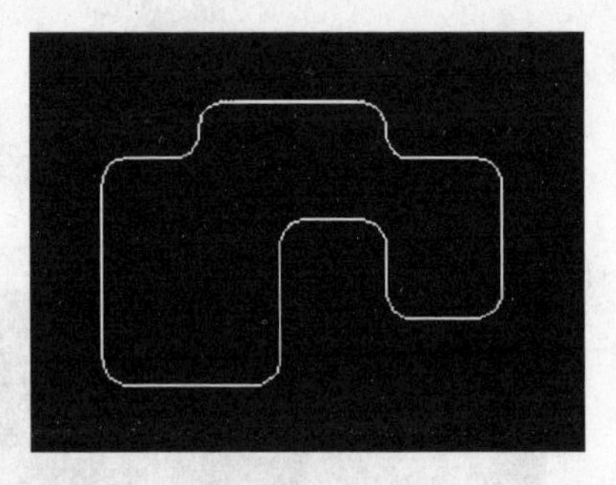

图4-22 多线段倒圆角示例

其具体操作步骤如下：

(1) 通过下列任一种方法激活倒圆角命令：

- 执行【修改】/【圆角】命令。
- 单击【修改】工具栏上的圆角按钮。
- 在命令行中输入FILLET后按Enter键。

(2) 该命令执行后，系统显示当前倒角模式并提示选择一个操作对象：

当前设置：模式＝修剪，半径＝1.0000

选择第一个对象或[多线段（P）/半径（R）/修剪（T）/多个（U)]：(主提示行)

该提示行中各选项含义如下：

- 多线段（P)：对整个多线段倒圆角。
- 半径（R)：确定倒圆角的圆角半径。
- 修剪（T)：选择倒圆角时是否修剪边界。
- 多个（U)：给多个对象集添加倒圆角，含义与倒角类似。

在执行选项R、T时，确定后，系统存储相关设置并返回主提示行。

(3) 选择对象结束，系统将显示操作结果。

注意：在倒角和倒圆角操作过程中，如果对象不全是外轮廓线，则当对象选择顺序不同时，操作的结果也不相同。

4.1.10 分解对象

矩形、多线段、块、尺寸、填充等操作结果均为一个整体。在编辑时，命令常常无法执行，如果把它们分解开来，编辑操作就变得简单多了。

具体操作步骤如下：

(1) 通过下列任一种方法激活分解命令：

- 执行【修改】/【分解】命令。
- 单击【修改】工具栏上的分解按钮。
- 在命令行中输入 EXPLODE 后按 Enter 键。

(2) 该命令执行后，系统提示选择分解对象：

选择对象：(选择要分解的对象)

选择完所有要分解的对象后，按 Enter 键确定即可。如图 4-23 所示显示了五边形被分解前后的对比。

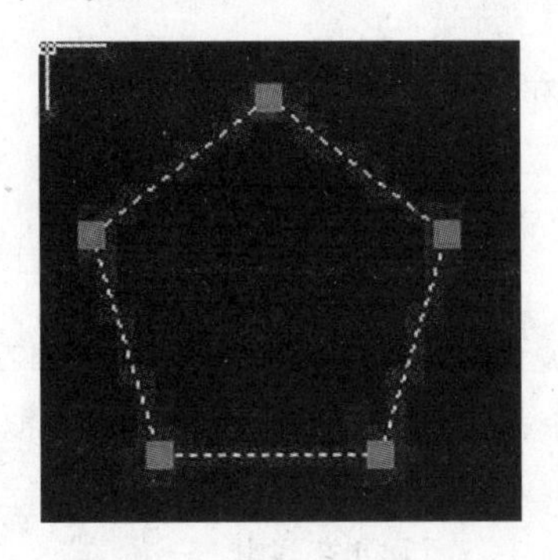
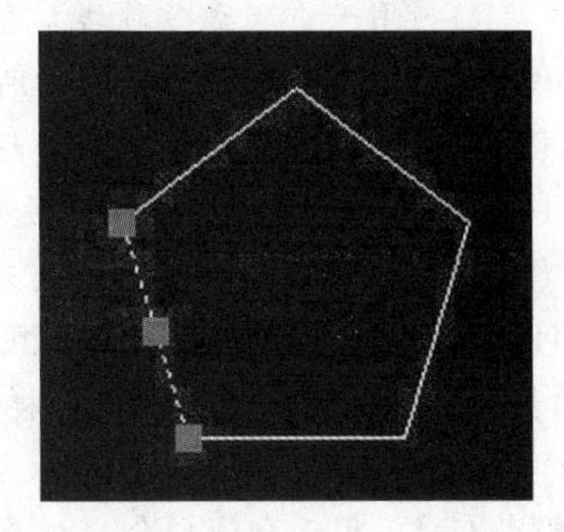

图 4-23　一个五边形分解的前后对比

4.1.11　编辑多段线

编辑多段线具体操作步骤如下：

(1) 通过下述任一方法激活该命令：

- 执行【修改】/【对象】/【多段线】命令。
- 单击按钮。
- 在命令行输入 PEDIT 命令。

(2) 该命令执行后，命令行将提示选择对象：

命令：_PEDIT
选择多段线或[多条（M)]：(选择要编辑的多段线)

(3) 选择完毕后，系统将依次提示：

输入选项[打开（O）/合并（J）/宽度（W）/编辑顶点（E）/拟合（F）/样条曲线（S）/非曲线化（D）/线型生成（L）/放弃（U)]：(选项)

该命令提示中的选项的作用说明如下：

- 打开（O)：如果该多段线本身是闭合的，则提示为“打开”。选择打开，则将最后一条封闭该段线的线条删除，形成不封口的多段线。如果选择的多段线是打开的，则提示为“闭合（C)”。选择了闭合，则首尾相连形成封闭的多段线。
- 合并（J)：用于将和多段线端点精确相连的其他直线或曲线合并成一条多段线，该多段线必须是不封闭的。

● 宽度（W）：用于设置多段线的全程宽度。

● 编辑顶点（E）：用于对多段线的各个顶点进行单独编辑。选择该项后，提示如下。

[下一个（N）/上一个（P）/打断（B）/插入（I）/移动（M）/重生成（R）/拉直（S）/切向（T）/宽度（W）/退出（X）]＜n＞：（选项）。各选项的作用如下：

➢下一个（N）：用于选择下一个顶点。

➢上一个（P）：用于选择上一个顶点。

➢打断（B）：用于将多段线一分为二。

➢插入（I）：用于在标记处插入一个顶点。

➢移动（M）：用于将顶点移动到新的位置。

➢重生成（R）：用于重生成多段线。

➢拉直（S）：用于删除所选顶点间的所有顶点，用一条直线来代替。

➢切向（T）：用于在当前标记顶点处设置切线方向来控制曲线拟合。

➢宽度（W）：用于设置各个独立线段的宽度。

➢退出（X）：用于退出顶点编辑状态。

● 拟合（F）：用于产生通过各顶点并且彼此相切的光滑曲线，如图4-24所示。

● 样条曲线（S）：用于对多段线进行样条拟合，图4-24（a）中图形拟合后的效果如图4-24（c）所示。

● 非曲线化（D）：用于取消拟合或样条曲线，返回直线状态。

● 线型生成（L）：用于控制多段线在顶点处的线型。

● 放弃（U）：用于取消最后的编辑。

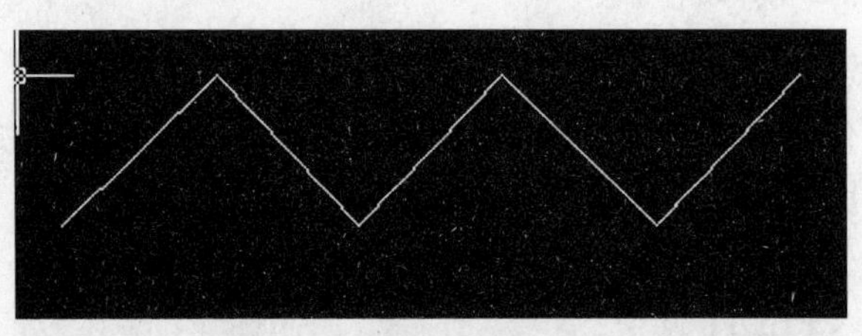

（a）多段线拟合前

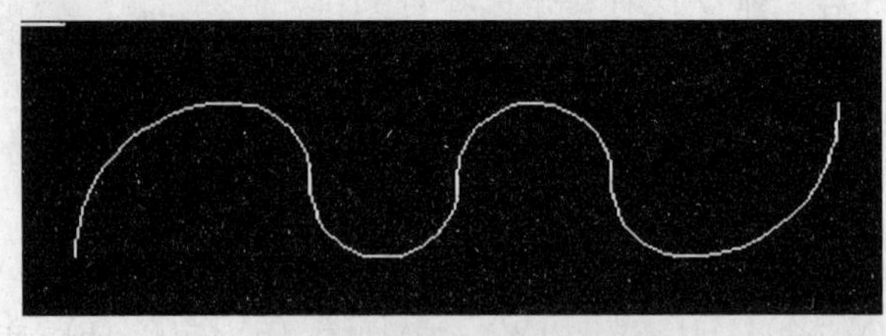

（b）多段线拟合后

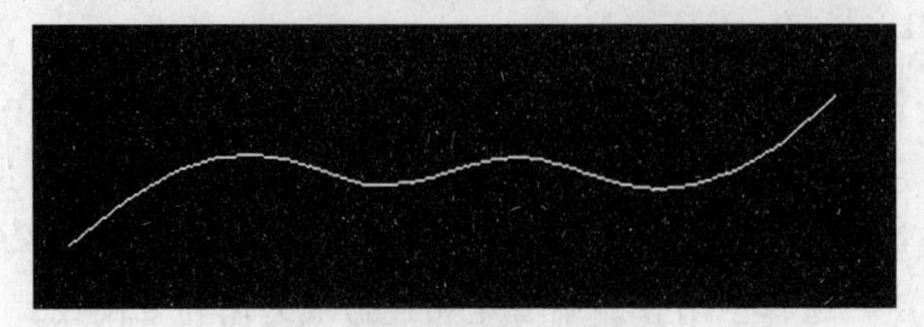

（c）多段线拟合样条曲线

图4-24　多段线拟合示例

4.1.12　编辑多线

该功能可以控制多线之间相交时的连接方式。

具体操作步骤如下：

(1) 通过下述任一种方法激活该命令：

● 执行【修改】/【对象】/【多线】命令。

● 在命令行输入 MLEDIT 命令。

(2) 该命令执行后，系统将打开如图 4-25 所示的对话框。选择其中一种图标后，单击【确定】按钮，系统提示如下：

选择第一条多线：(选择第一条多线)

选择第二条多线或放弃（U）：(选择第二条多线)

选择第一条多线或放弃（U）：(继续选择或按 Enter 键)

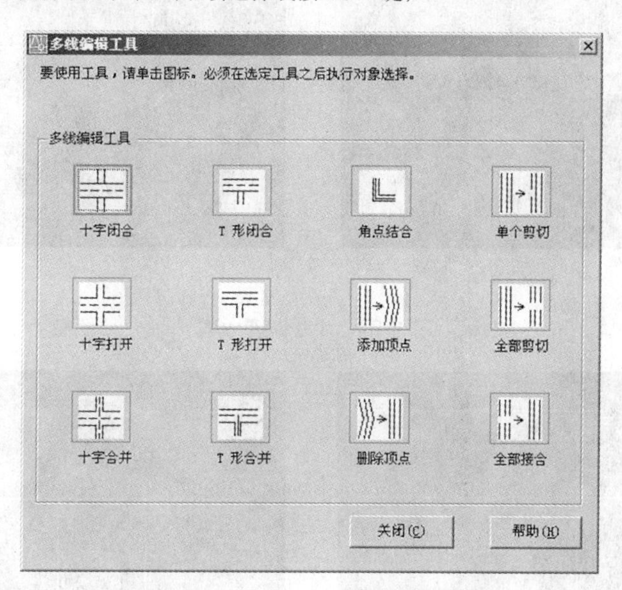

图 4-25　【多线编辑工具】对话框

"多线编辑工具"对话框中的各选项功能如下。

● 十字闭合图标：由两条线相交形成一个封闭的十字交叉口。第一条多线在交叉点处被第二条多线断开，第二条多线保持原状，如图 4-26 所示。

● 十字打开图标：由两条多线相交形成一个开放的十字交叉口。第一条多线在交点处全部断开；第二条多线的外边线被第一条多线断开，而内部的线保持原状，如图 4-27 所示。

● 十字合并图标：由两条多线相交形成一个汇合的十字交叉口。两条多线的外边直线在交点处断开，其内部的线保持原状。

● T 形闭合图标：由两条多线相交形成一个封闭的 T 形口交叉口。第一条直线在交点处全部断开，第二条多线保持原状，如图 4-28 所示。

● T 形打开图标：由两条多线相交形成一个开放的 T 形交叉口。第一条直线在交点处全部断开，第二条多线外边线被断开，其内部的线保持原状，如图 4-29 所示。

（a）编辑前

（b）编辑后

图 4-26 十字闭合方式

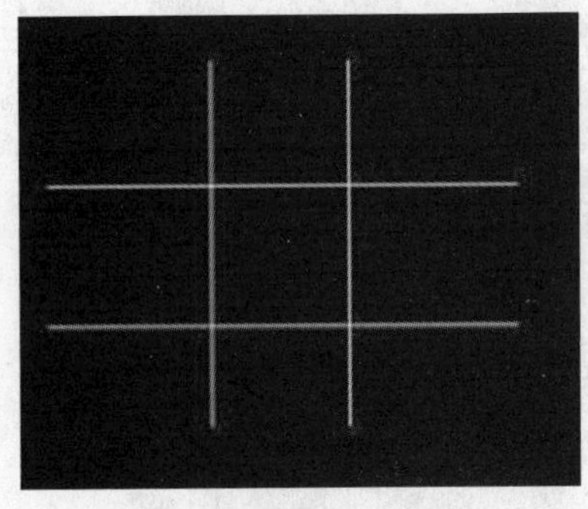

（a）编辑前

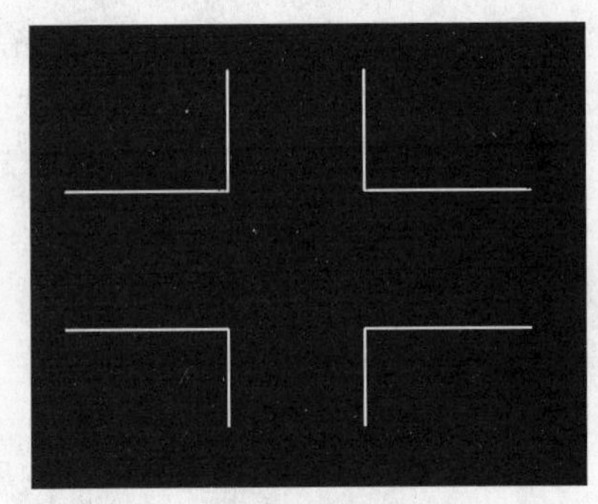

（b）编辑后

图 4-27 十字打开方式

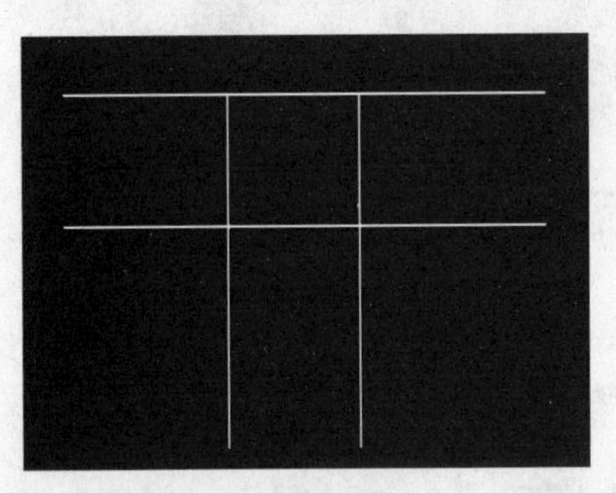

（a）编辑前

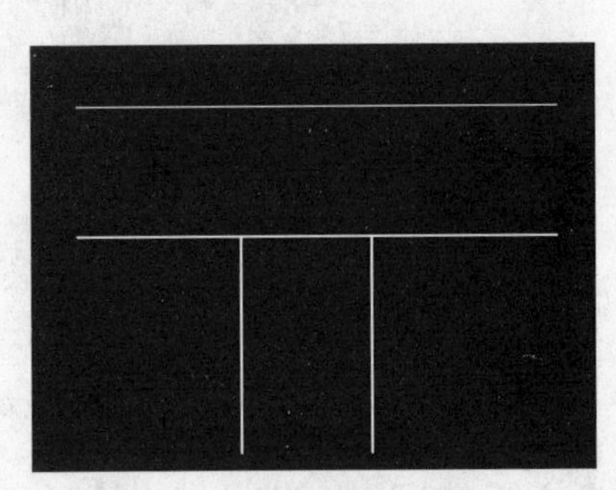

（b）编辑后

图 4-28 T形闭合方式

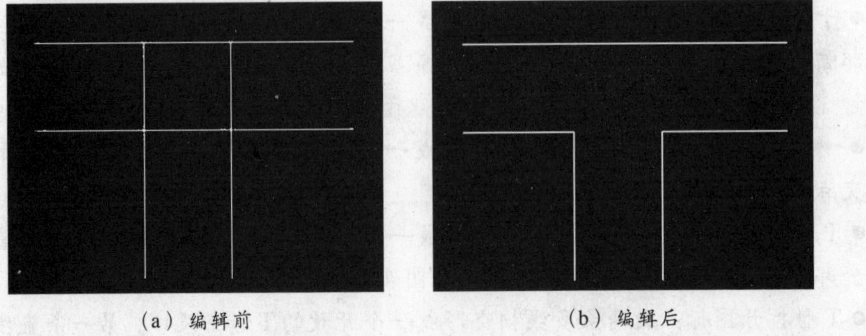

（a）编辑前

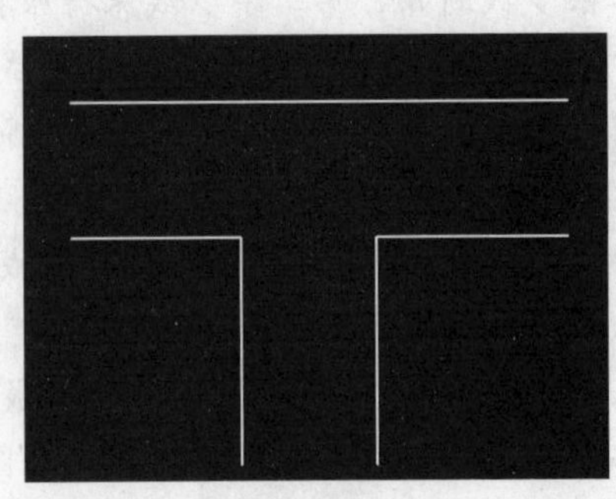

（b）编辑后

图 4-29 T形打开方式

● T形合并图标：由两条多线相交，形成一个汇合的T形交叉口。两条线除最内侧的线保持不变外，其余各条线都被断开。

● 角点结合图标：由两条线相交，形成一个角连接，如图 4-30 所示。

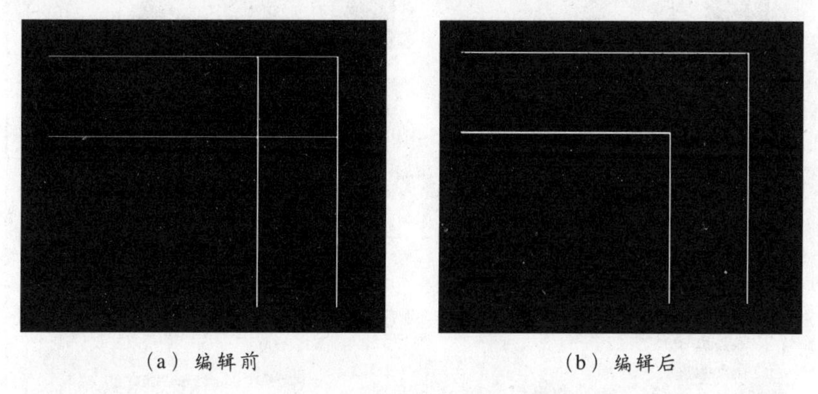

（a）编辑前　　（b）编辑后

图 4-30　角点结合方式

4.2　使用夹点功能编辑对象

如果启用了夹点，在非编辑状态下用光标选择对象时，AutoCAD将用夹点标记选中的对象；当光标经过夹点时，系统自动将光标与夹点对齐，可得到图形的精确位置。选中对象的夹点后，可对选择的对象进行一些编辑操作。

4.2.1　夹点功能的设置

具体操作步骤如下：

(1) 用下述方法之一打开如图 4-31 所示的【选择集】选项卡。

● 执行【工具】/【选项】命令，在弹出的【选项】对话框中单击选择【选择集】选项卡。

● 在命令行输入 DDGRIPS 命令。

(2) 在【选择】选项卡的【夹点】选项组进行设置。

其各选项功能如下：

● 夹点大小：用来调整特征点的大小。

● 未选中夹点颜色：用来设置未选中的特征点方格的颜色。

● 选中夹点颜色：用于设置选中的特征点方格的颜色。

● 悬停夹点颜色：当未选中基点时，鼠标停在特征点方格上方时的颜色。

● 启用夹点：在选择对象后是否显示夹点。

● 在块中启用夹点：如果选中此项，系统将显示块中每个对象的所有夹点；否则，只在块的插入点处显示一个夹点。

4.2.2　用夹点编辑对象

使用夹点编辑模式，首先要开启夹点，并在编辑前选好编辑对象，然后进行操作。可选的夹点编辑模式包括移动、镜像、旋转、缩放和拉伸。

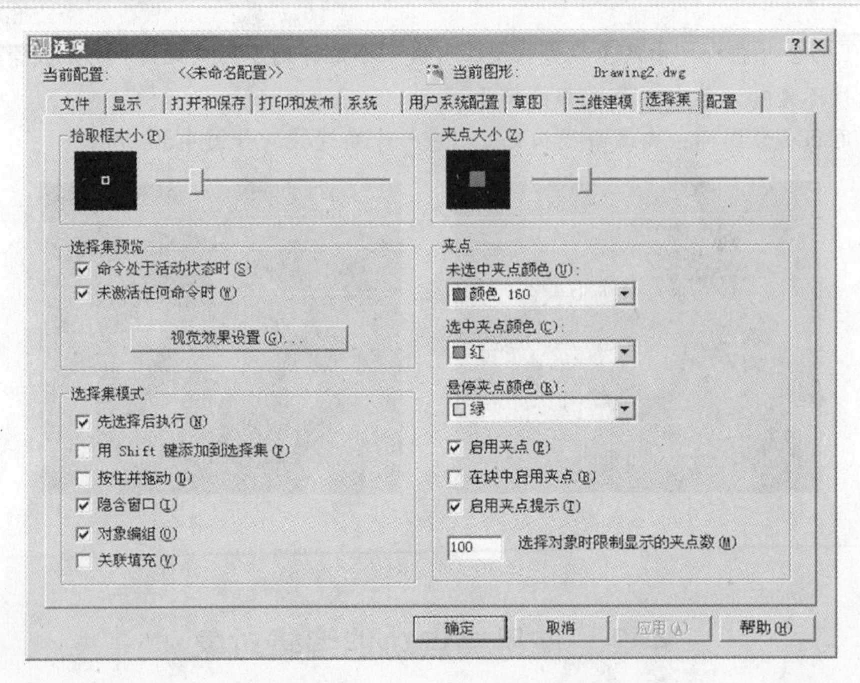

图 4-31 【选项】对话框中的【选择集】选项卡

用夹点拉伸对象

具体操作步骤如下：

(1) 选择要拉伸的对象，如图 4-32 (a) 所示。

(2) 在对象中选择夹点，此时夹点随鼠标的移动而移动，如图 4-32 (b) 所示。

命令：

指定拉伸点或[基点 (B) /复制 (C) /放弃 (U) /退出 (X)]：(夹点编辑的默认模式为拉伸模式)

各选项的功能如下：

- 指定拉伸点：用于指定拉伸的目标。
- 基点 (B)：用于指定拉伸的基点。
- 复制 (C)：在拉伸对象的同时复制对象。
- 放弃 (U)：用于取消上次的操作。
- 退出 (X)：退出夹点拉伸对象的操作。

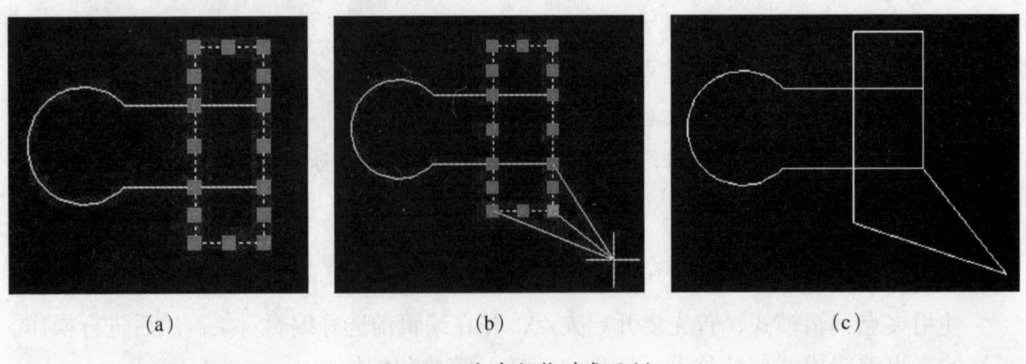

(a) (b) (c)

图 4-32 夹点拉伸对象示例

(3) 移动到目标位置时，单击即可把夹点拉伸到需要位置，如图 4-32 (c) 所示。

4.2.3 用夹点移动对象

具体操作步骤如下：

(1) 选择移动对象。

(2) 指定一个夹点作为基点，如图 4-33 (a) 所示。

系统提示："拉伸"（按 Enter 键）

系统提示："移动"

指定移动点或[基点（B）/复制（C）/放弃（U）/退出（X）]：(指定移动点或选项)

(3) 指定目标位置后，完成夹点移动对象，如图 4-33 (b) 所示。

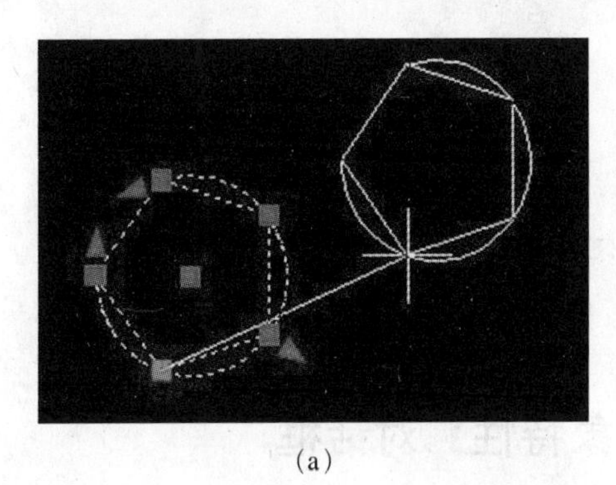

(a)

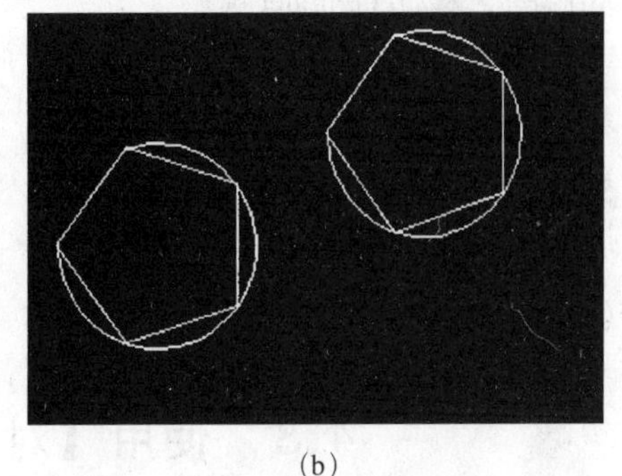

(b)

图 4-33　夹点移动对象示例

4.2.4 用夹点旋转对象

具体操作步骤如下：

(1) 选择要旋转的对象。

(2) 指定一个夹点作为基点

系统提示：拉伸（按 Enter 键）

系统提示：移动（按 Enter 键）

系统提示：旋转

指定旋转角度或[基点（B）/复制（C）/放弃（U）/参照（R）/退出（X）]：

(3) 在命令行输入旋转角度，完成夹点旋转对象。

4.2.5 用夹点缩放对象

具体操作步骤如下：

(1) 选择要缩放对象。

(2) 指定一个夹点作为基点。

系统提示：拉伸（按 Enter 键）

系统提示：移动（按 Enter 键）

系统提示：旋转（按 Enter 键）

系统提示：缩放

指定比例因子或[基点（B）/复制（C）/放弃（U）/参照（R）/退出（X）]：

(3) 在命令行输入缩放比例后，按 Enter 键实现缩放。

4.2.6 用夹点镜像对象

具体操作步骤如下：

(1) 选择要镜像的对象。

(2) 指定一个夹点作为基点。

系统提示：拉伸（按 Enter 键）

系统提示：移动（按 Enter 键）

系统提示：旋转（按 Enter 键）

系统提示：缩放（按 Enter 键）

系统提示：镜像

指定第二点或[基点（B）/复制（C）/放弃（U）/退出（X）]：

(3) 指定第二点（基点为第一点）后，对象沿两点所确定的直线完成镜像。

4.3 使用【对象特性】对话框

对象特性包括颜色、图层、线型等通用特性，以及各种几何信息，还有与具体对象有关的附加信息，如文字内容、样式等。

使用【对象特性】对话框的具体操作步骤如下：

(1) 选择要编辑的图形对象。

(2) 用下述任一种方法激活 PROPERTIES 命令。

- 执行【修改】/【特性】命令。
- 单击【修改】工具栏上的对象特性图标。
- 在命令行输入 PROPERTIES 后按 Enter 键确定。
- 在绘图区右击，在弹出的快捷菜单中选择【特性】命令。
- 双击绘图区绘制的线条或图形。

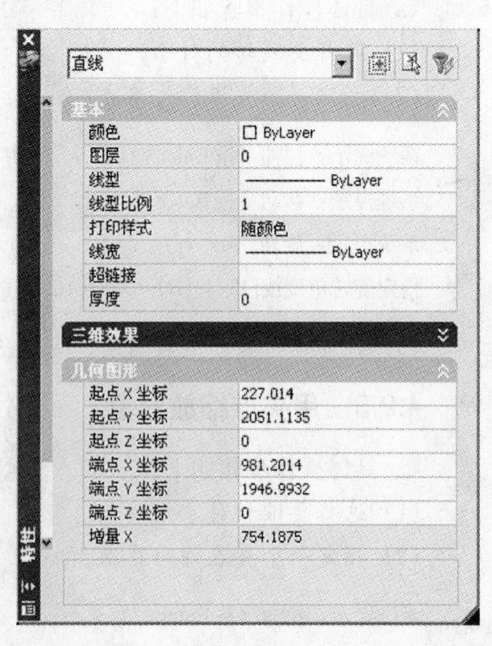

图 4-34 【对象特性】对话框

该命令执行后，系统将弹出类似于图 4-34 所示的【对象特性】对话框，它显示了对象的当前属性。对不同的实体对象，该对话框的内容不同；若选取多个对象，则在对话框上部的对象名称列表框中显示全部实体对象的数目，相同的实体为一组。单从下拉列表中可选择不同的实体对象进行编辑。在用该方式编辑时，相同的实体对象只能选中一个。

也可以先激活 PROPERTIES 命令，弹出【对象特性】对话框后用鼠标选取对象，则对话框自动加载该对象的属性。

下面以修改一个圆的属性为例，来说明该对话框的用法。

具体操作步骤如下：

(1) 用前面的任意一种方法来激活 PROPERTIES 命令，弹出【对象特性】对话框。

(2) 用鼠标选取一条线段，再选取外圆，如图 4-35 (a) 所示。单击【对象特性】对话框上部的对象名称下拉列表框，在下拉列表中选择“圆 (1)”，则显示为图 4-35 (b) 所示结果。如果选择了两个圆，则显示的将是“圆 (2)”，此时无法编辑。

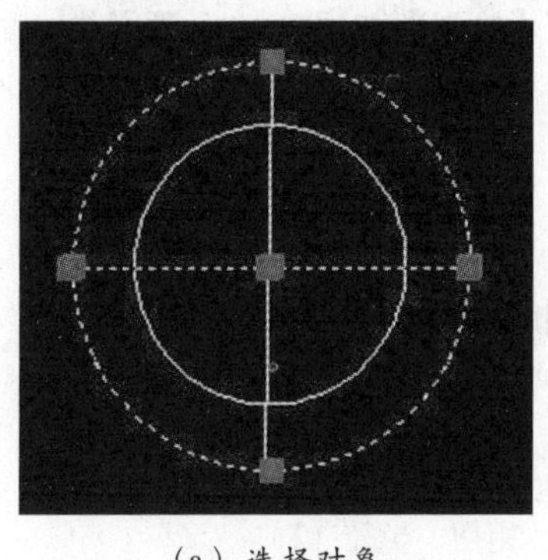

(a) 选择对象

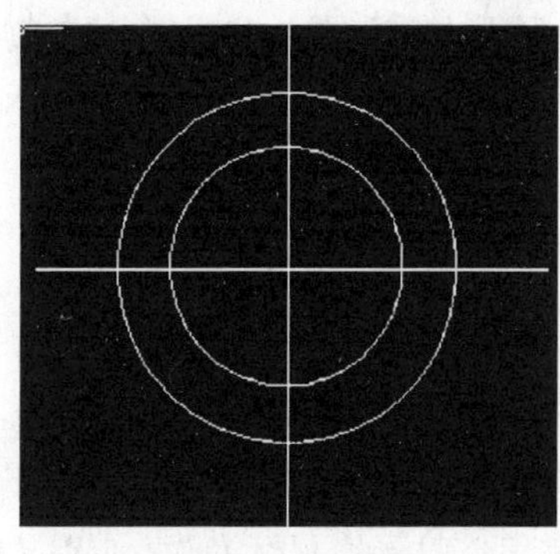

(b) 修改结果

图 4-35　用【对象特性】对话框编辑外圆

(3) 在【对象特性】对话框中，在“几何图形”选项区中的“半径”文本框中，将原半径 50 修改为 40 后按 Enter 键确定，外圆即被修改。

【对象特性】对话框的各选项说明如下。

(1)【基本】选项组：该选项组针对不同的对象，选项大致相同，它们的作用是：

● 颜色、图层、线型和线宽：双击这些文本框后，通过弹出的下拉列表可修改对象的颜色、图层、线型和线宽属性。

● 线型比例和宽度：指定对象的线型比例和厚度。在相应的文本框中输入新数值即可。

● 打印样式：通过该选项可设置对象的打印样式。

● 超链接：将超链接附着到图形对象上。该选项适用于计算机联网环境。

(2)【几何图形】选项组：通过下面的选项可精确修改对象的几何属性。对于不同的实体对象，该部分的选项不同。对于直线段，显示的是起点坐标和终点坐标，以及由这两点确定的用户不可修改的参数（如长度和角度等）。对圆而言，选项如下：

● 圆心 X 坐标、圆心 Y 坐标、圆心 Z 坐标：用户可直接在文本框中修改圆心坐标，也可以单击左上部的选择对象按钮，在绘图区域中选取。

● 半径、直径、周长、面积：用户在确定圆心坐标后，可以选择这些参数之一，在相应的文本框中输入期望的值后，可修改选择的圆。

● 法向 X 坐标、法向 Y 坐标、法向 Z 坐标：这几个选项用户不能修改，与用户的设

置有关。

4.4 上机操作

下面通过镜像操作来绘制图形。

操作步骤如下：

(1) 新建并保存文件

首先新建一个文件，在【选择样板】对话框中选择 acadiso 模板项，然后选择适当路径和文件名保存该文件。

(2) 绘制花

花的图形是由圆和圆弧组成的。首先单击【绘图】工具栏中的圆按钮，或单击【绘制】/【圆】菜单命令，或在命令行中输入命令 circle，都可以启动圆绘制命令来绘制同心的两个圆。命令行的提示如下：

命令：circle
指定圆的圆心或[三点（3P/ 两点（2P）/ 相切、相切、半径（T）]：
指定圆的半径或[直径（D）]：50

命令：circle
指定圆的圆心或[三点（3P）/ 两点（2P）/ 相切、相切、半径（T）]
指定圆的半径或[直径（D）] <50>：25

下面继续绘制圆，圆心为刚才所绘制圆的 1/4 圆弧点，可以采用绘制辅助线的方法，以圆心为端点，利用极坐标来绘制。单击【绘制】工具栏中的直线按钮，或单击【绘图】/【直线】菜单命令，或在命令行中输入命令 line，都可以启动直线绘制命令来绘制直线。命令行方式的执行过程和参数设定如下：

命令：line
指定第一点：_cen 于
指定下一点或[放弃（U）]：@60<45
指定下一点或[放弃（U）]：

再以直线与圆的交点为圆心，绘制半径为 30 的圆，并删除辅助直线。然后利用剪切命令对所绘制的图形进行剪切，最后的效果如图 4-36 所示。

下面利用镜像命令在圆的其他 3 个位置绘制圆弧，并分别以圆的上下、左右的顶点为镜像线的端点，效果如图 4-37 所示。单击【修改】工具栏中的镜像按钮，或单击【修改】/【镜像】菜单命令，或在命令行中输入命令 mirror，都可以启动镜像命令来绘制圆弧。命令行提示如下：

命令：_mirror
选择对象：找一个
选择对象：
指定镜像线的第一点：_qua 于

指定镜像线的第二点：_qua 于

是否删除源对象？[是（Y）/（N）] <N>:

命令：mirror

选择对象：

指定对角点：找到第 2 个

选择对象：_que 于

指定镜像线的第一点：que 于

指定镜像线的第二点：que 于

是否删除源对象？[是（Y）/否（N）]

最后再次利用剪切命令 trim 剪切掉圆弧所包含的圆部分，完成绘制。

最终效果如图 4-38 所示。

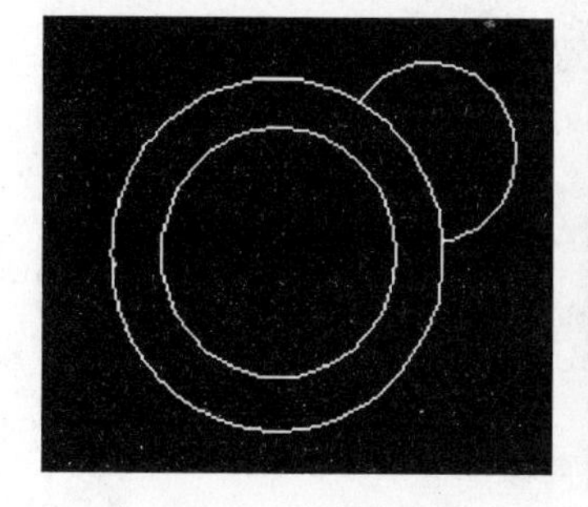

图 4-36　绘制圆

图 4-37　镜像圆弧

图 4-38　最终效果

4.5　课后练习题

1．填空题

（1）通过________，然后转换成________，可以非常简单地编辑一个或多个对象。

（2）使用 AutoCAD 可以轻松地修改对象的位置、角度、大小和形状等各种属性，这些基本操作包括________、________、________、________、________、________、________和________。

（3）在夹点编辑模式中，可以________、________、________、________或________。

（4）要拉伸对象，首先为拉伸指定________，然后指定________。

（5）选择对象时，通过对所创建的选择集使用一个________，可以限制哪些对象将被选择。

2．选择题

（1）在命令行输入（　　），启动编辑样条曲线命令。

A．SPLINEDIT　　B．EDIT　　C．MLEDIT　　D．SEDIT

（2）【多线编辑工具】对话框提供了（　　）个编辑多线的选项。

A．4　　　　B．10　　　　C．12　　　　D．8

(3) 使用（　）可以编辑多线的交点，修改多线的顶点，剪切或缝合多线。

A．PEDIT 命令　B．EDIT 命令　C．MLEDIT 命令　D．MEDIT 命令

3．上机题

应用倒角和圆角命令绘出如图 4-39 所示的酒瓶。

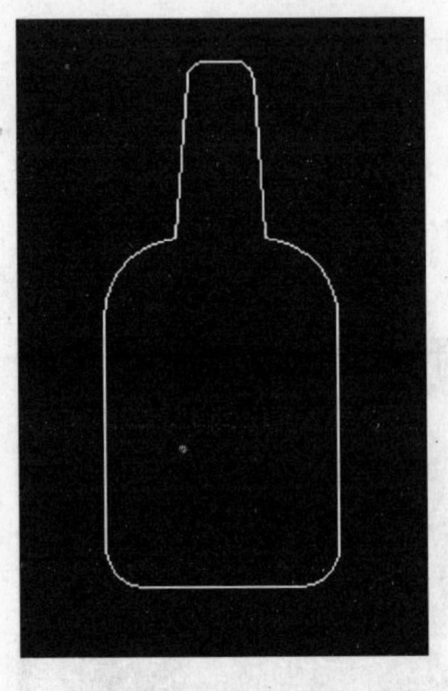

图 4-39　酒瓶

第5章 精确绘图

本章要点：

- 使用坐标系
- WCS和UCS坐标系的区别和应用
- 使用捕捉、栅格和正交
- 捕捉对象上的几何点
- 使用对象自动追踪
- 查询距离、面积和坐标

5.1 使用坐标系

坐标系是定位图形的最基本手段，任何物体在空间的位置都是通过一个坐标系来定位的。因此，要想精确地绘制图形，首先必须正确地掌握坐标系的概念以及坐标点的输入方法。

在AutoCAD 2008中有两个坐标系统，分别为世界坐标系（WCS）和用户坐标系（UCS）。系统默认为世界坐标系。

5.2 WCS和UCS坐标系的区别和应用

1．世界坐标系

在世界坐标系中，X轴是水平的，Y轴是垂直的。如果在3D空间工作，还包括Z轴。在XY轴交汇处显示一“口”形标记，但坐标原点并不在坐标轴的交汇点，而是位于图形窗口的左下角，如图5-1所示，所有的位移都是相对于坐标原点进行计算的，并且规定沿X轴正向及Y轴正向为正方向。

2．用户坐标系

为了能够更方便地绘图，用户经常要改变坐标系的原点及方向，这时坐标就变成了用户坐标系。用户坐标系的原点及X、Y、Z轴的方向都可以移动和旋转，甚至可以依赖于图形中某个特定的对象而变化。尽管用户坐标系中3个轴仍然是相互垂直的关系，但是在方向及位置上有更大的灵活性。此外，用户坐标系坐标轴交汇处没有“口”形标记，如图5-2所示。

3．控制坐标的显示

在绘图窗口中移动十字光标时，状态栏上会显示指针的坐标。在中文版AutoCAD

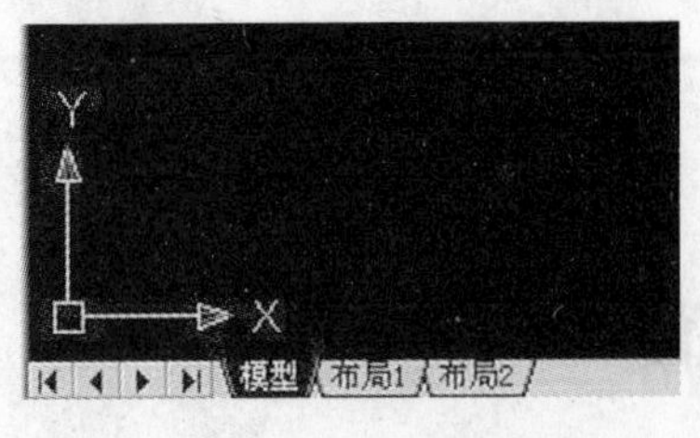

图 5-1 默认情况下世界坐标系位于窗口的左下角

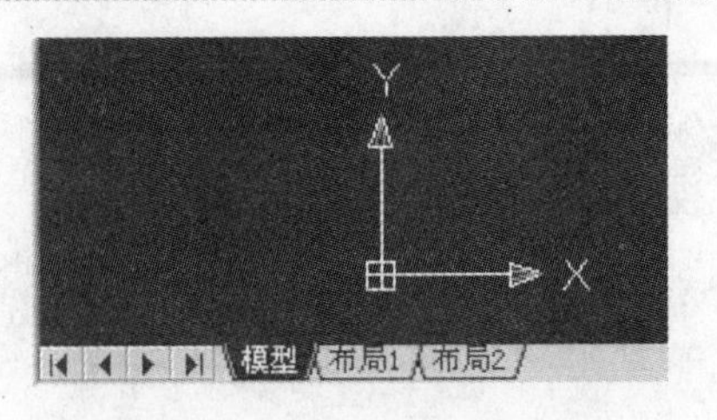

图 5-2 移动后的用户坐标系

2008 中，坐标显示取决于所选择的模式和程序中运行的命令。共有以下 3 种方式：

● 关：显示一个拾取点的坐标。此时指针坐标不能动态更新，只有拾取一个新点时，显示才会更新。但是从键盘输入一个新点坐标时，不会改变该显示方式。

● 绝对：显示光标的绝对坐标，该值是动态更新的。默认情况下，该显示方式是打开的。

● 相对：显示一个相对极坐标。当选择该方式时，如果当前处在拾取点状态系统，将显示光标所在位置相对于上一个点的极坐标。而离开拾取点状态时，系统将恢复到【绝对】模式。

在实际绘图中，用户可根据需要按下 F6 键、Ctrl+D 键或单击状态栏的坐标显示区域，可以在这 3 种方式间切换，如图 5-3 所示。

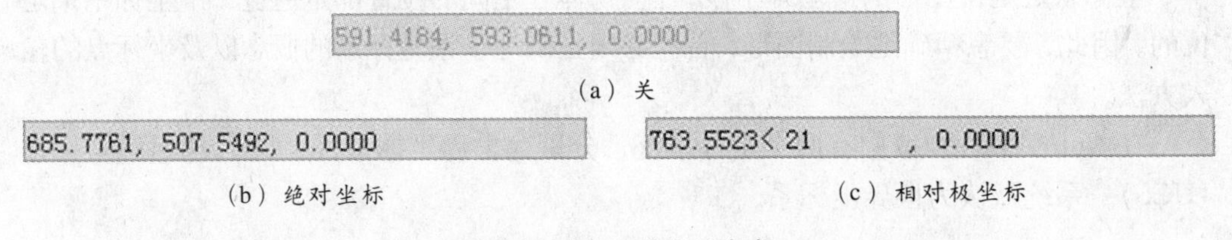

（a）关

（b）绝对坐标

（c）相对极坐标

图 5-3 坐标 3 种显示方式

4. 编辑用户坐标系

使用【工具】菜单或 UCS 工具栏中的各种命令，可以命名、正交、移动与创建用户坐标系。

（1）命名 UCS。选择【工具】/【命名 UCS】命令，可打开 UCS 对话框。在对话框中选择【命名 UCS】选项卡，此时在【当前 UCS】列表中将显示“世界”选项，如图 5-4 所示。如果列表中存在多个 UCS 选项，用户可以单击【置为当前】按钮，将其设置为当前坐标系，这时在该 UCS 前面将显示▶标记。

在【当前 UCS】列表中的坐标选项上右击，将弹出一个快捷菜单。利用快捷菜单中的命令可以重命名坐标系、删除坐标或将坐标系置为当前坐标系。也可以单击【详细信息】按钮，在弹出的【UCS 详细信息】对话框中查看坐标系的详细信息，如图 5-5 所示。

（2）正交 UCS。在 UCS 对话框中选择【正交 UCS】选项卡，可以从中选择相对于 WCS 预设的正交 UCS，如【俯视】、【仰视】、【左视】、【右视】、【主视】和【后视】等，如图 5-6 所示。

（3）移动 UCS。可以通过平移当前 UCS 的原点或修改其 Z 轴深度来重新定义 UCS，但保持其 XY 平面的方向不变。修改 Z 轴的深度将使 UCS 相对于当前原点沿自身 Z 轴

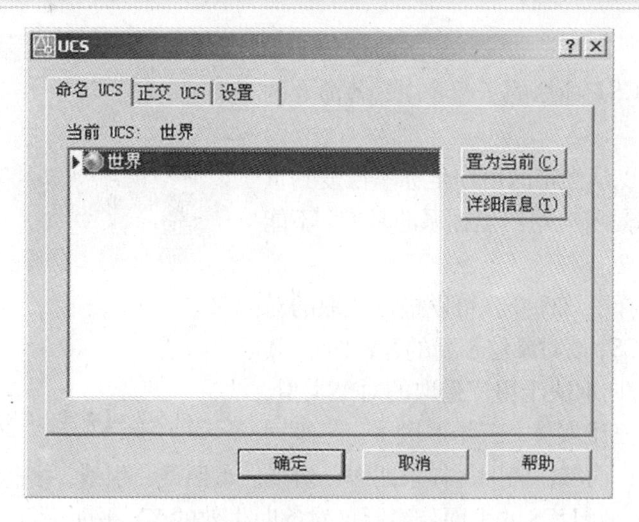

图 5-4　UCS 对话框的【命名 UCS】选项卡

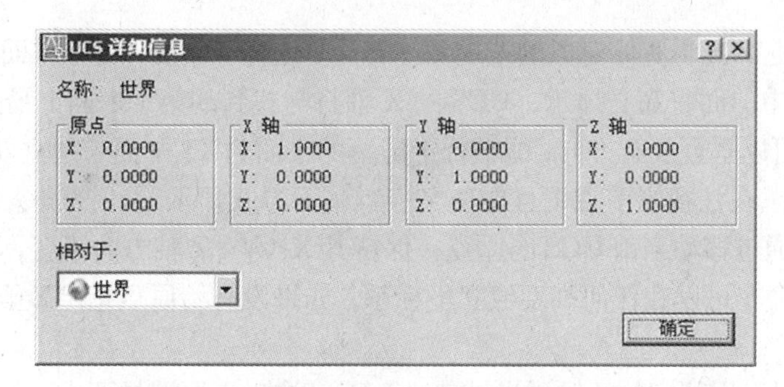

图 5-5　【UCS 详细信息】对话框

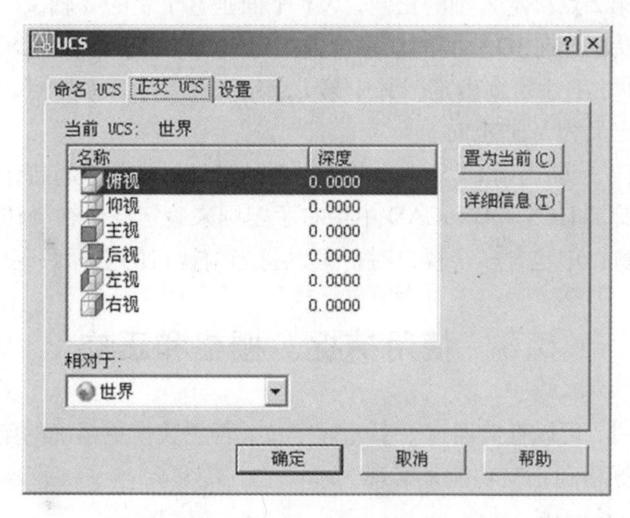

图 5-6　UCS 对话框的【正交 UCS】选项卡

的正方向或负方向移动。

在绘制图形时，移动 UCS 可以简化作图过程，特别是在绘制三维图形时，灵活地移动坐标系可以快速定位点的坐标。

（4）新建 UCS。选择【工具】/【新建 UCS】命令，利用其子命令可以方便地创建

UCS，如图5-7所示。

在【新建UCS】命令的子命令中，各命令的意义如下：

● 世界：可以从当前的用户坐标系恢复到世界坐标系。WCS是所有用户坐标系的基准，不能被重新定义。

● 对象：选择了该命令，可以根据选取的对象快速地建立UCS，该对象位于新的XY平面，其中，X、Y轴的方向取决于用户选取的对象类型。该命令不能用于三维实体、三维多段线、三维网格、视口、多线、面域、椭圆、样条曲线、射线、参照线、引线、多行文字等对象。对非三维面的对象，新UCS的平面与绘制该对象时生效的XY平面平行，但X、Y轴可作不同的旋转。

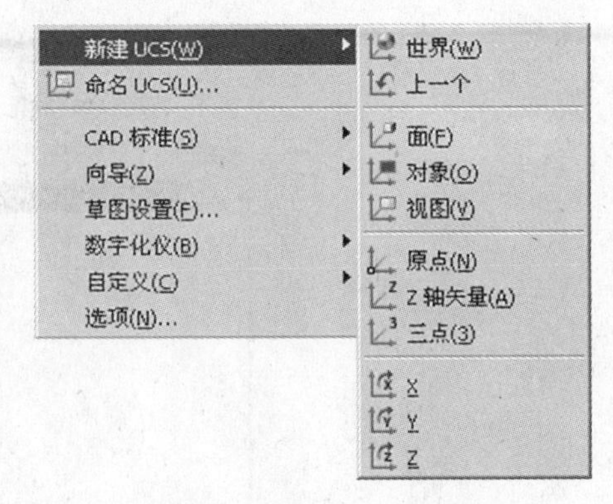

图5-7 【新建UCS】命令的子命令

● 面：可使UCS与实体对象的选定面平行。要选择一个面，可在该面的边界内或边上单击，被选中的面将高亮显示，UCS的X轴将与找到的第1个面上最近的边对齐。

● 视图：可以垂直观察方向，即平行于屏幕的平面为XY平面来建立新坐标系。UCS原点保持不变。在注视当前视图且要使文字以平面方式显示时，该命令十分有用。

● 原点：通过移动当前UCS的原点，保持其X、Y、Z轴方向不变，从而定义新的UCS。选择该命令可以在任何高度建立坐标系。如果没有给原点指定Z坐标值，将使用当前标高。

● Z轴矢量：用特定的Z轴正半轴定义UCS。这时需要选择两点，第1点被称作新的坐标系原点，第2点决定Z轴的正向，XY平面垂直于新的Z轴。

● 三点：可以通过在3D空间的任意位置指定3点，来确定新UCS的原点及其X和Y轴正方向，Z轴由右手定则确定。其中第1点定义为新坐标系原点，第2点定义为X轴正向，第3点定义为Y轴正向。

● X/Y/Z：可以旋转当前UCS的轴来建立新的UCS。在命令行提示中，可以输入正的或负的角度以旋转UCS。AutoCAD中用右手定则来确定绕该轴绕转的正方向。

● 应用：当窗口中包含多个视口时，可以将当前视口的坐标系应用于其他视口。

5.3 使用捕捉、栅格和正交

在绘制图形时，可以直接通过十字光标定位。若想获得更精确的定位，可以通过系统提供的捕捉、栅格和正交功能来实现。

1. 设置捕捉和栅格

【捕捉】用于设定鼠标指针移动的间距。【栅格】是一些标定间距的小点，其作用类似坐标纸，可提供直观的距离和位置参照。使用【捕捉】和【栅格】功能可提高绘图效率。打开或关闭【捕捉】、【栅格】功能可使用以下方法。

(1) 在CAD程序窗口状态栏中，单击【捕捉】(快捷键为F9) 和【栅格】按钮 (快捷键为F7)。

(2) 利用【草图设置】对话框中的【捕捉和栅格】选项卡，可以设置捕捉和栅格的相关参数。选择【工具】/【草图设置】命令，即可打开【草图设置】对话框的【捕捉和栅格】选项卡，如图 5-8 所示。

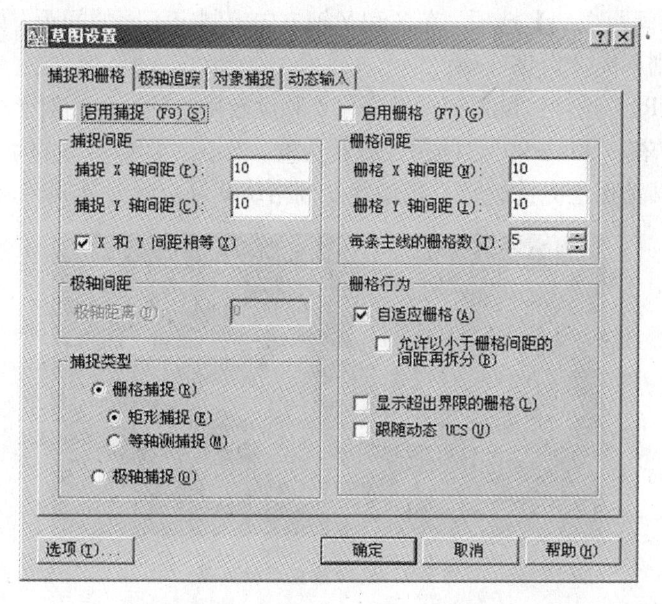

图 5-8　【草图设置】对话框的【捕捉和栅格】选项卡

各选项功能如下：

- 【启用捕捉】复选框：用于打开或关闭捕捉功能。
- 【启用栅格】复选框：用于打开或关闭栅格显示。
- 【捕捉间距】选项组：用于设置捕捉 X、Y 轴间距。
- 【栅格间距】选项组：用于设置栅格的 X、Y 轴间距。如果栅格的 X、Y 轴间距值为 0，则栅格采用捕捉 X、Y 轴间距的值。
- 【捕捉类型】选项组：设置捕捉类型是【栅格捕捉】还是【极轴捕捉】。

选择【栅格捕捉】单选按钮，设置捕捉样式为“栅格捕捉”。当选择【矩形捕捉】单选按钮时，可将捕捉样式设置为标准捕捉模式，光标可以捕捉一个矩形栅格；当选择【等轴测捕捉】单选按钮时，可将捕捉样式设置为等轴测捕捉模式，光标将捕捉到一个等轴测栅格。

如果选择【极轴捕捉】单选按钮，设置捕捉类型为“极轴捕捉”，此时，在启用了极轴追踪或对象捕捉追踪情况下指定点，光标将沿极轴角或对象捕捉追踪角度进行捕捉，这些角度是相对最后指定的点或最后获取的对象捕捉点计算的，并且在左侧的【极轴间距】选项组中的【极轴距离】文本框中可设置极轴间距。

2. 用 SNAP 命令设置捕捉和栅格

在 AutoCAD 的命令行中输入 SNAP 命令，也可以打开或关闭捕捉模式，可以设置捕捉间距、旋转及样式等。其命令行提示如下：

指定捕捉间距或[开（ON）/关（OFF）/纵横向间距（A）/旋转（R）/样式（S）/类型（T）] < 10.0000 >：

一般情况下都需要指定捕捉间距。各选项的含义如下。

●【开（ON)】选项：用当前栅格的分辨率、旋转角和样式激活【捕捉】模式。

●【关（OFF)】选项：关闭SNAP模式，但保留当前设置。

●【纵横向间距（A)】选项：在X和Y轴方向上制定不同的间距。如果当前捕捉模式为等轴测，则不能使用该选项。

●【旋转（R)】选项：设置捕捉栅格原点和旋转角。旋转角相对于当前用户坐标系进行度量，可以在－90°～90°之间指定旋转角度。当不会影响UCS的原点和方向时，正角度是栅格绕其基点逆时针旋转，负角度使栅格绕其基点顺时针旋转，如图5-9所示。

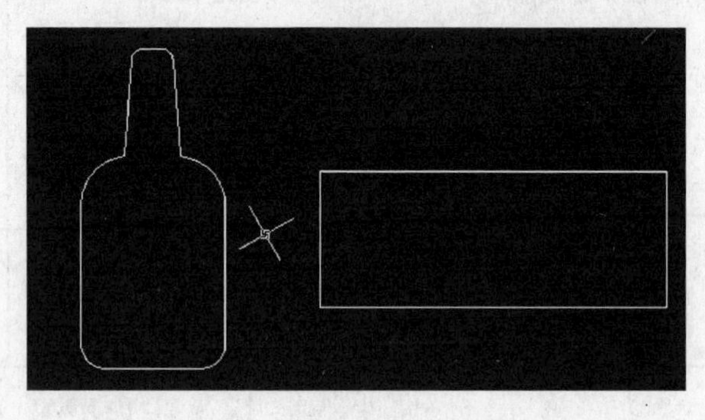

图5-9　旋转捕捉后的效果

●【样式（S)】选项：用于设置【捕捉】栅格的样式为【标准】或【等轴测】。【标准】样式显示与当前UCS的XY平面平行的矩形栅格，X间距与Y间距可能不同；【等轴测】样式显示等轴测栅格，栅格点初始化为30°和150°角，另外，等轴测包括上等轴测平面（30°和150°）和左等轴测平面（90°和150°）。

●【类型（T)】选项：用于指定捕捉类型为极轴或栅格。

3．使用正交模式

使用ORTHO命令，可以打开正交模式，它用于控制是否以正交模式绘图。在该模式下，用户可以方便地绘制出与当前X轴或Y轴平行的线段。

要打开或关闭正交模式可执行操作：在AutoCAD程序窗口的状态栏上单击【正交】按钮（快捷键为F8)。

打开正交功能后，输入的第一点是任意的，但当移动光标准备指向第二点时，引入的橡皮筋线已不再是这两点间的连线，而是起点到光标十字线的垂线中的最长的一段线，此时单击鼠标，该橡皮筋线就变成所绘直线。

4．使用对象捕捉

在绘图过程中，经常需要指定一些点，而这些点是已存在的对象上的点，例如端点、圆心、两个对象的交点等，这时如果只是凭用户的观察来拾取它们，无论多么小心，都不可能准确地找到。为此，AutoCAD提供了对象捕捉功能，可以帮助用户迅速准确地捕捉到某些特殊点，从而能够准确地绘制图形。

(1）使用【选项】对话框设置自动捕捉。选择【工具】/【选项】命令，打开【选项】对话框，在【草图】选项卡的【自动捕捉设置】选项组中可以设置自动捕捉方式，如图5-10所示。

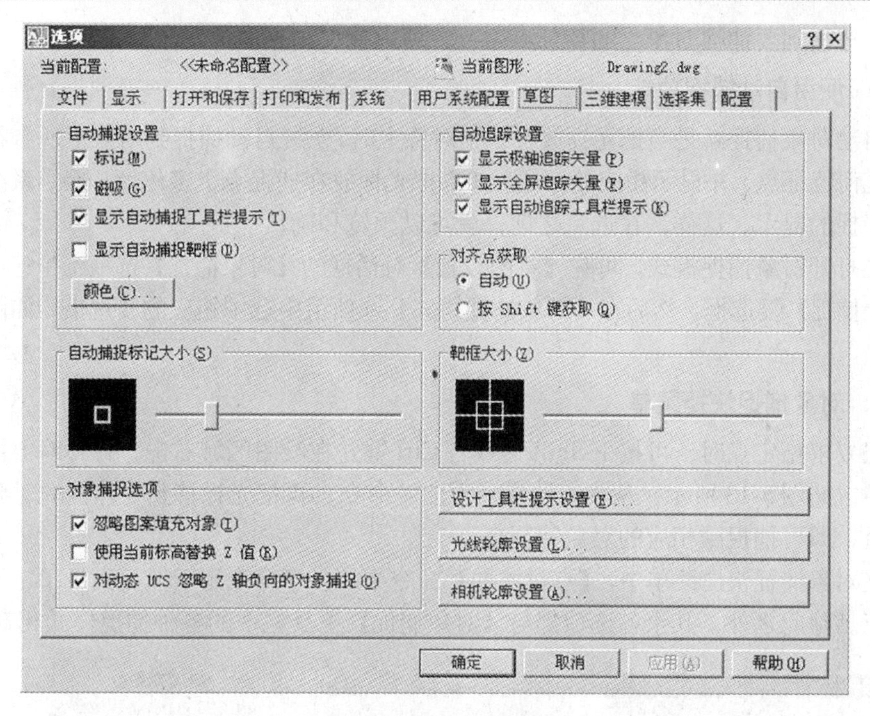

图 5-10　自动捕捉设置

【自动捕捉设置】选项组中的主要选项功能如下。

● 【标记】复选框：用于设置在自动捕捉到特征点时是否显示特征编辑框。

● 【磁吸】复选框：用于设置在自动捕捉到特征点时是否像磁铁一样将光标吸到特征点上。

● 【显示自动捕捉工具栏提示】复选框：用于设置在自动捕捉到特征点时是否显示【对象捕捉】工具栏上相应按钮的提示文字。

● 【显示自动捕捉靶框】复选框：用于设置是否捕捉靶框。该框是一个比捕捉标记大两倍的矩形框。

此外，在【自动捕捉标记大小】选项组中，拖动滑块可以设置自动捕捉标记的尺寸大小。

(2) 使用【对象捕捉】工具栏或【草图设置】对话框，都可以调用对象捕捉功能。【对象捕捉】工具栏如图 5-11 所示。

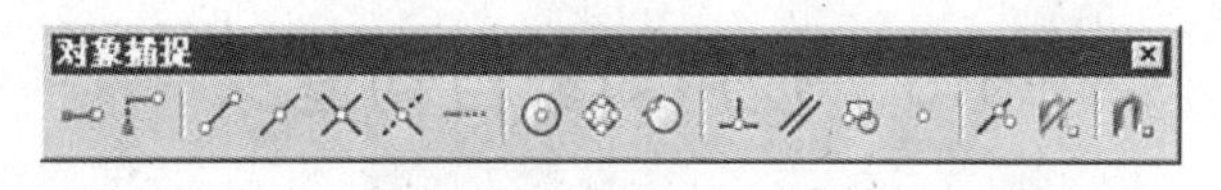

图 5-11　【对象捕捉】工具栏

5.4　捕捉对象上的几何点

1. 使用【对象捕捉】工具栏

在绘图过程中，当要求指定点时，单击【对象捕捉】工具栏中相应的特征点按钮，

再把光标移到要捕捉对象上的特征点附近，即可捕捉到相应的对象特征点。

2．使用自动捕捉功能

自动对象捕捉就是当把光标放在一个对象上时，系统自动捕捉到对象上所有符合条件的几何特征点，并显示相应的标记。如果把光标放在捕捉点上多停留一会，系统还会显示捕捉的提示。这样，在选点之前，就可以预览和确认捕捉点。

要打开对象捕捉模式，可在【草图设置】对话框的【对象捕捉】选项卡中选中【启用对象捕捉】复选框，然后在【对象捕捉模式】选项组中选中相应的复选框，如图5-12所示。

3．对象捕捉快捷菜单

当要求指定点时，可按下Shift键或者Ctrl键并在绘图区域右击，打开对象捕捉快捷菜单，如图5-13所示，从中可选择需要的子命令。再把光标移到要捕捉的对象特征点附近，即可捕捉到相应的对象特征点。

在对象捕捉快捷菜单中，【点过滤器】命令中的各子命令用于捕捉满足指定坐标条件的点。除此之外，其余各选项都与【对象捕捉】工具栏中的各种捕捉模式相对应。

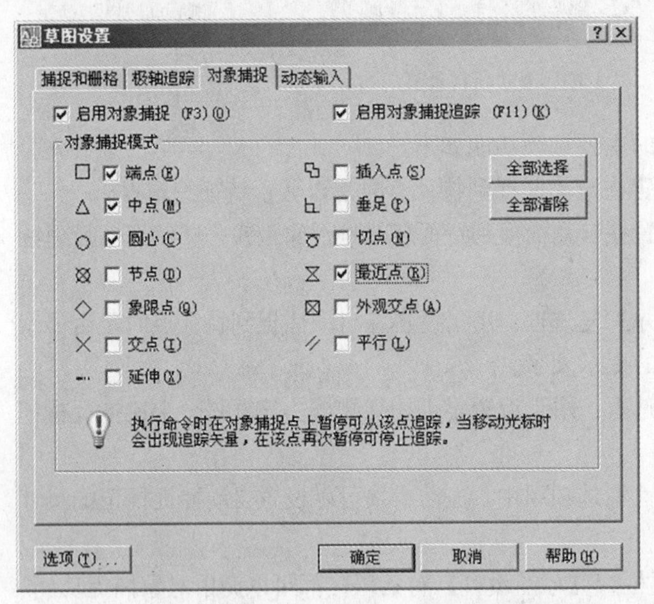

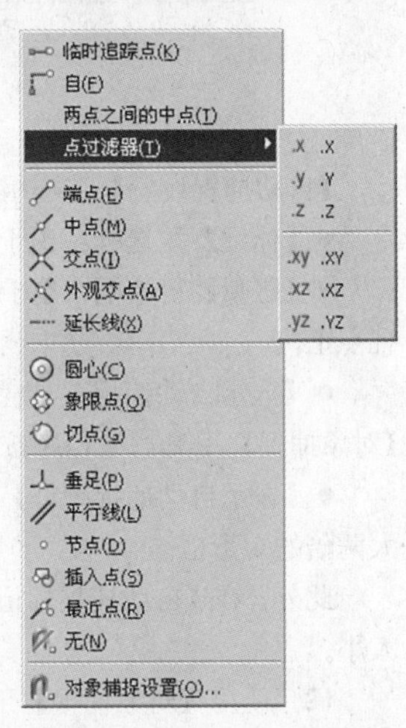

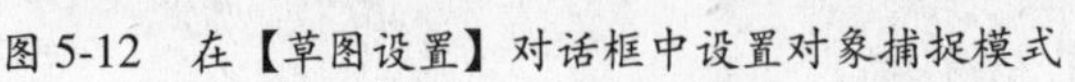
图5-12 在【草图设置】对话框中设置对象捕捉模式

图5-13 对象捕捉快捷菜单

5.5 使用对象自动追踪

在AutoCAD中，自动追踪可按指定角度绘制对象，或者绘制与其他对象有特定关系的对象。

1．极轴追踪与对象捕捉追踪

极轴追踪是按事先给定的角度增量来追踪特征点。而对象捕捉追踪是按与对象的某种特定关系来追踪，这种特定的关系确定了一个未知的角度。换言之，若知道要追踪的方向（角度），则用极轴追踪；若不知道方向，但知道与其他对象的某种关系（如正交），

则用对象捕捉追踪。极轴追踪与对象捕捉追踪可以同时使用。

极轴追踪功能可以在系统要求指定一个点时，按事先设置的角度增量显示一条无限延伸的辅助线，这时可以沿辅助线追踪得到光标点。可在【草图设置】对话框的【极轴追踪】选项卡中对极轴追踪和对象捕捉追踪进行设置，如图 5-14 所示。

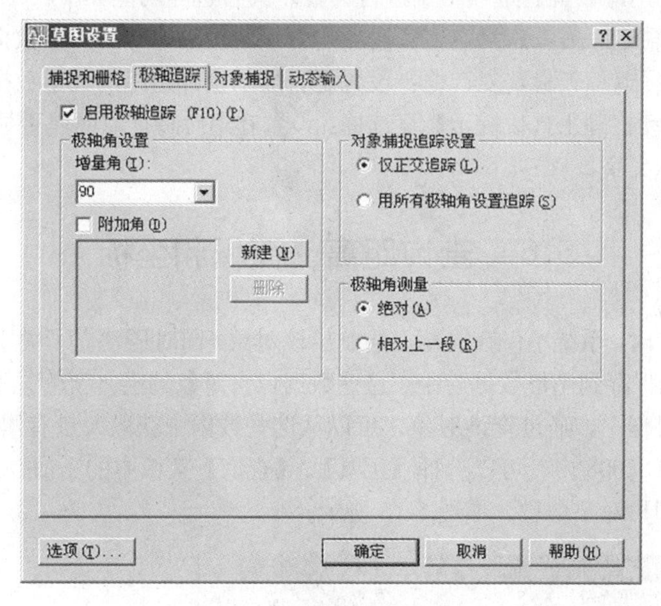

图 5-14 【极轴追踪】选项卡

【极轴追踪】选项卡中各选项的作用如下。

- 【启用极轴追踪】复选框：打开或关闭极轴追踪。也可以使用自动捕捉系统变量或按下 F10 键，打开或关闭极轴追踪。
- 【极轴角设置】选项组：设置极轴角度。在【增量角】下拉列表框中可以选择系统预设的角度。若该下拉列表框中的角度不能满足需求，可选中【附加角】复选框，然后单击【新建】按钮，在【附加角】列表中增加新角度。
- 【对象捕捉追踪设置】选项组：设置对象捕捉追踪。选中【仅正交追踪】单选按钮，在启用对象捕捉追踪时，只显示获取的对象捕捉点的正交（水平/垂直）对象捕捉追踪路径；选中【用所有极轴角设置追踪】单选按钮，可以将极轴追踪设置应用到对象捕捉追踪。当用对象捕捉追踪时，光标将从获取的对象捕捉点起沿极轴对齐角度进行追踪。
- 【极轴角测量】选项组：设置极轴追踪对齐角度的测量基准。其中，选中【绝对】单选按钮，可以基于当前用户坐标系（UCS）确定极轴追踪角度；选中【相对上一段】单选按钮，可以基于最后绘制的线段确定极轴追踪角度。

2．使用临时追踪点和捕捉自动功能

在【对象捕捉】工具栏中，有【临时追踪点】和【捕捉自】两个对象捕捉工具。

- 【临时追踪点】工具：可在一次操作中创建多条追踪线，并根据这些追踪线确定所要定位的点。
- 【捕捉自】工具：在使用相对坐标指定下一个应用点时，【捕捉自】工具可以提示输入基点，并将该点作为临时参照点，这与通过输入前缀 @ 并使用最后一个点作为参

照点类似。它不是对象捕捉模式，但经常与对象捕捉一起使用。

3．使用自动追踪功能绘图

在 AutoCAD 2008 中，要设置自动追踪功能，可打开【选项】对话框，在【草图】选项卡的【自动追踪设置】选项组中进行设置。其各选项功能如下：

- 【显示极轴追踪矢量】复选框：设置是否显示极轴追踪的矢量数据。
- 【显示全屏追踪矢量】复选框：设置是否显示全屏追踪的矢量数据。
- 【显示自动追踪工具栏提示】复选框：设置在追踪特征点时是否显示工具栏上的相应按钮的提示文字。

5.6　查询距离、面积和坐标

在创建图形时，系统不仅在屏幕上绘制出该对象，同时还建立了关于该对象的一组数据，并将它们保存到图形数据库中。这些数据包含对象的层、颜色、线型和坐标值等属性。在绘图过程中，通过查询对象，可以从这些数据中获取大量有用的信息。

在 AutoCAD 2008 中，可以选择【工具】/【查询】菜单中的子命令或使用【查询】工具栏来查询图形对象信息，如图 5-15 所示。

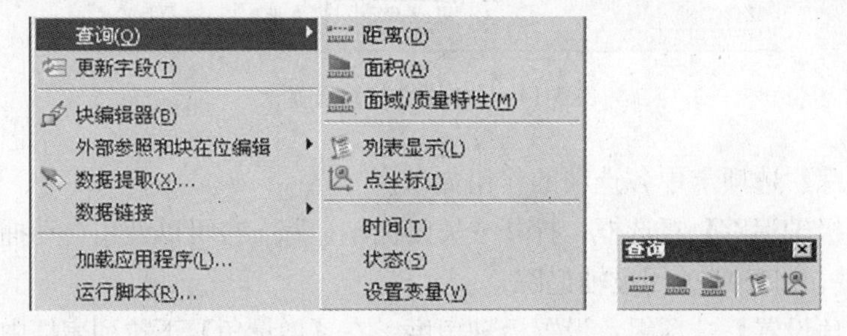

图 5-15　【查询】菜单的子命令和【查询】工具栏

1．查询距离

AutoCAD 提供了对象上两点之间距离和角度的查询命令 DIST。当在屏幕上拾取两个点时，DIST 命令可以返回两点之间的距离和在 XY 平面上的夹角。输入两点可使用任意精确输入法。当用 DIST 命令查询对象的长度时，查询的是三维空间的距离。使用 DIST 命令查询的最后一个距离值保存到系统变量中。如果要查看该系统变量的当前值，可在命令行输入 DISTANCE 命令。

例如，要查询坐标（20，80）和（90，120）之间的距离，可选择【工具】/【查询】/【距离】命令或【查询】工具栏上的【距离】按钮，然后在命令提示下依次输入第一点坐标（20，80）和第二点坐标（90，120），系统命令行显示刚刚输入的两点之间的距离和在 XY 平面中的仰角角度，如图 5-16 所示。

2．查询面积

选择【工具】/【查询】/【面积】命令（命令为 AREA），或在【查询】工具栏中单击【面积】按钮，即可查询图形的面积。

例如，要查询一个半径为 20 的圆的面积，可选择【工具】/【查询】/【面积】命令，

```
命令: '_dist 指定第一点: 20,80
 指定第二点: 90,120
距离 = 80.6226, XY 平面中的倾角 = 29°45', 与 XY 平面的夹角 = 0
X 增量 = 70.0000,    Y 增量 = 40.0000,    Z 增量 = 0.0000

命令:
```

图 5-16　显示两点之间的距离

然后在“指定第一个角点或[对象（O）/加（A）减（S）]：”提示下输入O，并选择该圆，将显示该圆的面积和周长，如图 5-17 所示。

```
命令: _area
指定第一个角点或 [对象(O)/加(A)/减(S)]: O
选择对象:
面积 = 1256.6371, 圆周长 = 125.6637

命令:
```

图 5-17　查询面积

3. 显示当前点的坐标值

选择【工具】/【查询】/【点坐标】命令（命令为ID），可以显示图形中特定点的坐标值，也可以通过指定其坐标值来定位一个点。ID 命令的功能是，在屏幕上拾取一点，在命令行按X、Y、Z 形式显示所拾取的最后一点。

5.7　课后练习题

1. 填空题

（1）绘制图形时，精确地定位输入点的坐标是绘图的关键，经常采用的坐标精确定位方法有 4 种，即________、________、________和________。

（2）模型空间和图纸空间的区别主要在于：前者是针对________的空间，而后者则是针对________而言的。

2. 选择题

（1）捕捉圆、圆环或弧在整个圆周上的四分点，该捕捉叫（　）。

A．交点捕捉　B．垂足捕捉　C．象限点捕捉　D．节点捕捉

（2）设置绘图界限的命令是（　）。

A．LIMITS　B．LINE　C．COPY　D．TYPE

3. 上机题

过如图 5-18 所示四边形上下延长线交点，作四边形右边的平行线。

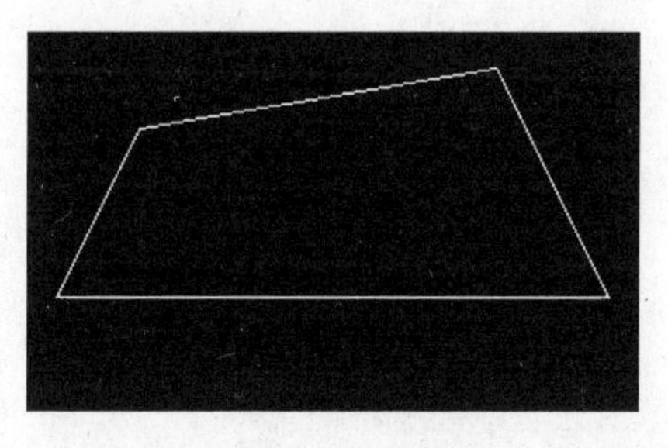

图 5-18　四边形

第6章　文字的标注

本章要点：

- 文字样式的设置
- 标注单行文字
- 标注多行文字
- 编辑文字

实际进行工程制图时，经常需要输入各种各样的文字。这些文字添加到图纸中后，为了获得特殊的样式，或者为了使用户能够方便地浏览图纸，通常还需要设置适当的文字样式，或者对文字进行适当的标注。文字的标注通常分为单行文字的标注和多行文字的标注，这两种类型标注的操作方法比较相似。

6.1　文字样式

文字样式的设置通常包括字体设置、高度和宽度设置、大小设置及效果设置等。所有这些操作都可以通过【文字样式】对话框来实现。

6.1.1　设置文字样式

具体操作步骤如下：

(1) 通过下述任一种方法激活文字样式设置命令：

- 执行【格式】/【文字样式】命令。
- 单击工具栏上的A按钮。
- 在命令行中输入STYLE命令。

(2) 执行该命令后，将弹出【文字样式】对话框，如图6-1所示。进行适当选项设置后，单击【应用】按钮，即可完成文字样式的设置。

下面说明对话框中各个选项的作用。

- 【样式】列表框：可以从中选择一种字体样式。文字的默认样式为Standard。
- 【预览】区域：可以提前预览所选文字样式的标注效果。
- 【字体】选项组：用于确定样式的字体类型。
- 【大小】选项组：用于设置字体高度，以及是否对字体进行注释等。此处设置字体高度后，使用DTEXT命令标注文字时，将无法设置字体的高度。
- 【效果】选项组：用于设置字体的显示效果。下面以图6-2 (a) 中字体为例进行

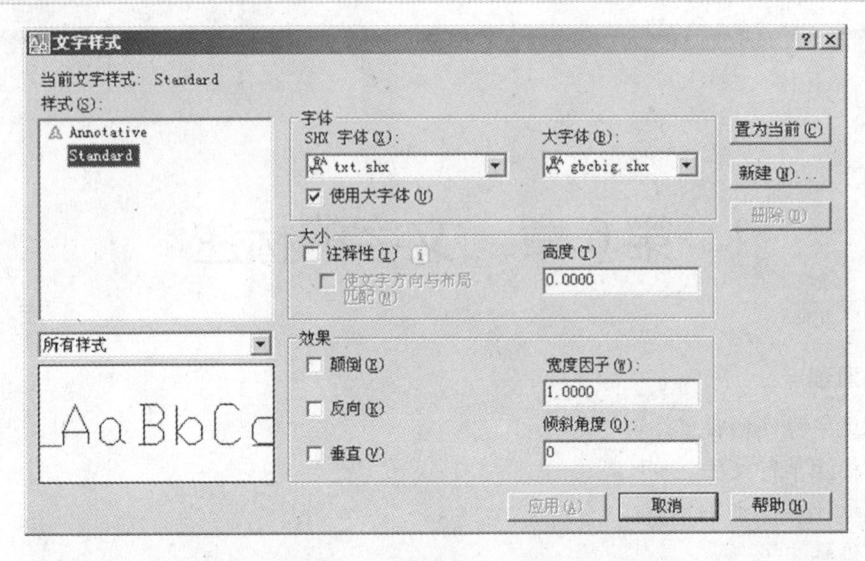

图 6-1 【文字样式】对话框

说明。

➢【颠倒】复选框：使字体上下颠倒，如图 6-2（b）所示。

➢【反向】复选框：使字体反向排列，如图 6-2（c）所示。

➢【垂直】复选框：使字体垂直排列。

➢【宽度因子】文本框：用于确定字体的宽度与高度的比值。

➢【倾斜角度】文本框：用于设置字体的倾斜角度。角度为正值时，字体向右倾斜，如图 6-2（d）所示；角度为负值时，字体则向左倾斜，如图 6-2（e）所示。

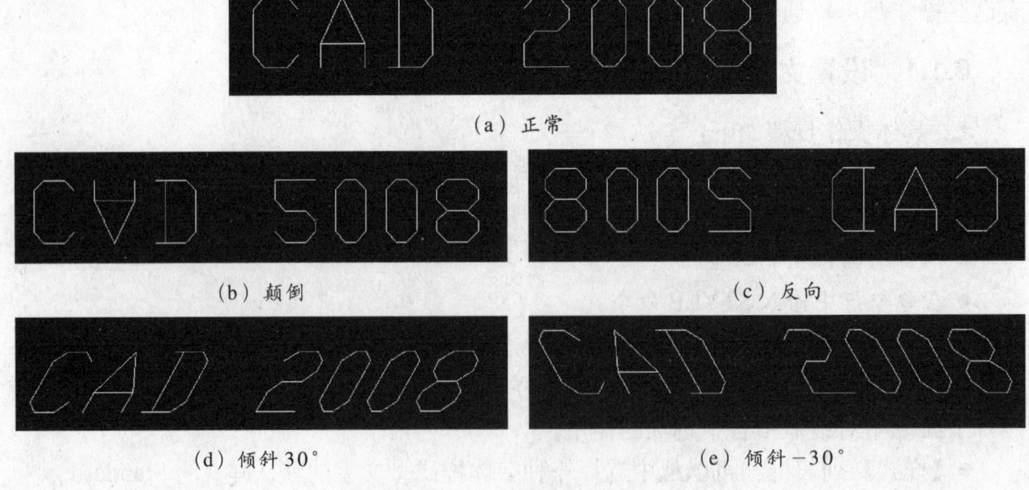

（a）正常

（b）颠倒

（c）反向

（d）倾斜 30°

（e）倾斜 −30°

图 6-2 文字效果示例

● 【置为当前】按钮：将【样式】列表框中选择的样式设定为当前样式。

● 【新建】按钮：用于创建新的文字样式。单击该按钮，会打开【新建文字样式】对话框，如图 6-3 所示。

● 【删除】按钮：用于删除在列表框中被选中的文字样式。

●【应用】按钮：用于将当前的设置保存到当前选择的样式中。

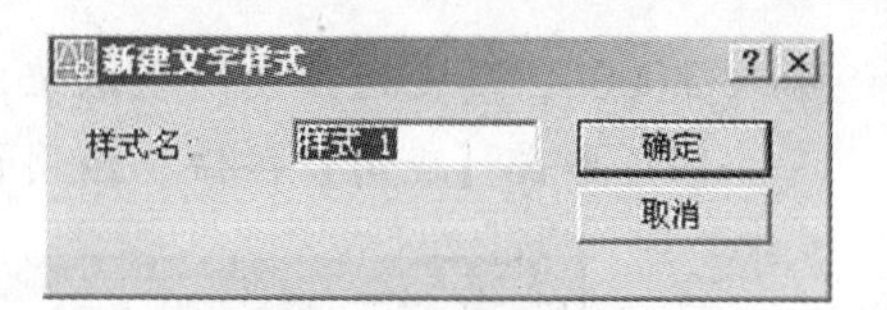

图 6-3 【新建文字样式】对话框

6.1.2 创建文字样式实例

1.【图样文字】文字样式的创建

【图样文字】文字样式在工程图中是比较常用的，主要用于注写符合国家制图技术标准的汉字。

具体操作步骤如下：

(1) 在命令行中输入文字样式命令STYLE，会弹出【文字样式】对话框。

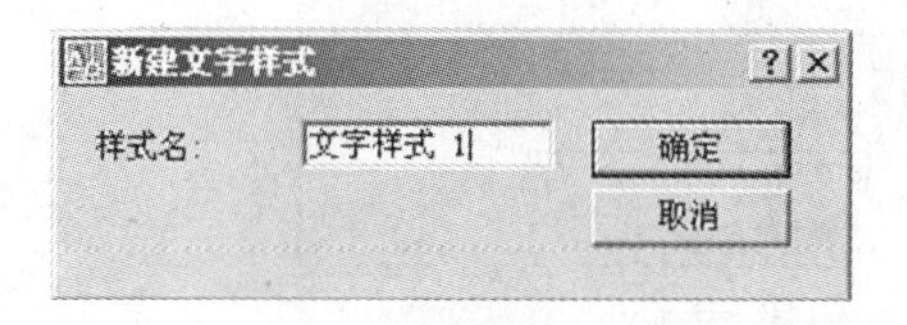

图 6-4　设置样式名

(2) 单击【新建】按钮，打开【新建文字样式】对话框，如图 6-4 所示。设置文字样式名为“文字样式 1”，单击【确定】按钮进行确认。

(3) 从【SHX 字体】下拉列表框中选择“txt.shx”字体，在【高度】文本框中输入“2.0000”；在【宽度因子】文本框中输入“1.0000”，如图 6-5 所示。

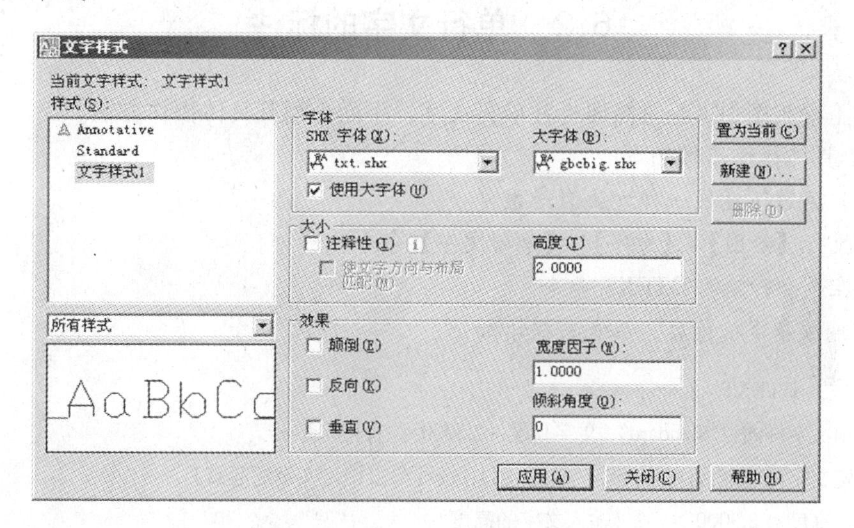

图 6-5　设置文字样式

(4) 单击【应用】按钮，应用设置。最终单击【关闭】按钮，结束操作。

2.【图样尺寸】文字样式的创建

【图样尺寸】文字样式主要用于绘制符合国家技术制图标准的工程图中的数字与字母。

具体操作步骤如下：

(1) 按照前面的方法打开【文字样式】对话框。

(2) 单击【新建】按钮，弹出【新建文字样式】对话框，设置文字样式名为“图样尺寸”，再单击【确定】按钮进行确认。

(3) 在【字体名】下拉列表框中选择“isoct2.shx”字体，在【宽度因子】文本框中

输入 2.0000，其他选项使用默认值，如图 6-6 所示。

(4) 单击【应用】按钮，应用设置。最终单击【关闭】按钮，结束操作。

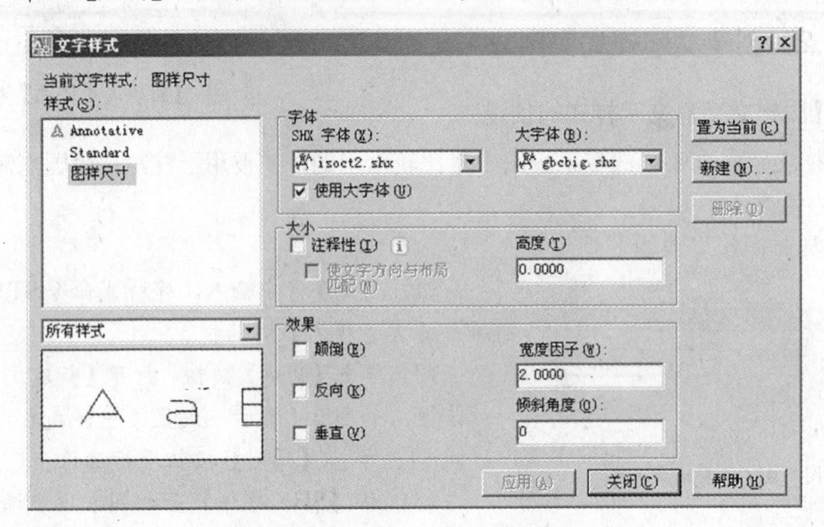

图 6-6 【图样尺寸】文字样式的设置

6.2 单行文字的标注

在工程制图中，经常需要标注单行文字，下面介绍其具体操作方法。

具体操作步骤如下：

(1) 通过下述任一种方法激活该命令。

- 执行【绘图】/【文字】/【单行文字】命令。
- 在命令行输入 DTEXT 命令。

(2) 该命令执行后，系统将提示如下：

命令：_DTEXT

当前文字样式："Standard" 文字高度：2.5000 注释性: 否

指定文字的起点或[对正 (J) / 样式 (S)]：(可单击指定文字的起点)

指定高度 < 2.5000 >：2 (输入文字的高度)

指定文字的旋转角度 < 0 >：20 (输入文字的旋转角度)

(接下来可以输入要标注文字的内容，按 Enter 键确认)

下面介绍各个选项的作用。

- "指定文字的起点"：指定文字标注的起点，可以通过单击确定起点，也可以直接在命令行中输入起点值。
- "对正"：指定文字的对齐方式。在命令行中选择 J，按 Enter 键确认后，系统提示："输入选项 [对齐(A)/ 调整(F)/ 中心(C)/ 中间(M)/ 右(R)/ 左上(TL)/ 中上(TC)/ 右上(TR)/ 左中(ML)/ 正中(MC)/ 右中(MR)/ 左下(BL)/ 中下(BC)/ 右下(BR)]："，其中：

➢ 对齐：设置文字基线的起点和终点，使文字的高度和宽度都可以自动调整，文字将会均匀分布在两点之间。此时在命令提示后输入 A，字体高度设置为 20，则得到的文字如图 6-7 所示。

图 6-7　文字样式的“对齐”方式

➢ 调整：指定文字基线的起点和终点，此时文字的高度保持不变，但是可以自由调整文字的宽度，使文字均匀分布在两点之间。此时在命令提示后输入F，字体高度设置为 20，则得到的文字如图 6-8 所示。

图 6-8　文字样式的“调整”方式

➢ 中心：用于指定文字基线的中点，可以设置字体的高度及旋转的角度。

➢ 中间：可以指定一点作为文字的中心，然后可以设置字体的高度和旋转的角度。

➢ 右：可以使文字右对齐，然后指定文字基线的终点，并设置字体的高度和旋转的角度。

➢ 左上：设置文字行顶线的起点。

➢ 中上：设置文字行顶线的中点。

➢ 右上：设置文字行顶线的终点。

➢ 左中：设置文字行中线的起点。

➢ 正中：设置文字行中线的中点。

➢ 右中：设置文字行中线的终点。

➢ 左下：设置文字行底线的起点。

➢ 中下：设置文字行底线的中点。

➢ 右下：设置文字行底线的终点。

6.3　多行文字的标注

在实际工作中，仅仅对单行文字标注是远远不够的，经常还需要对多行文字进行标注。多行文字标注与单行文字标注有很多相似之处。下面介绍具体的用法。

1．创建多行文字标注

具体操作步骤如下：

(1) 通过下述任一种方法激活该命令：

- 执行【绘图】/【文字】/【多行文字】命令。
- 在工具栏中单击 A 按钮。

● 在命令行输入 MTEXT。

(2) 执行该命令后，系统提示如下：

命令：_MTEXT

当前文字样式："Standard"　文字高度：10.0000 注释性: 否

指定第一角点:

指定对角点或 [高度(H)/ 对正(J)/ 行距(L)/ 旋转(R)/ 样式(S)/ 宽度(W)/ 栏(C)]:

下面介绍命令提示行中各个选项的作用。

● 指定第一角点：单击来确定多行文字所在矩形区域第一个顶点的位置。

● 指定对角点：可以拖动鼠标到一定位置后再单击，来确定多行文字所在矩形区域的对角点，也可以选择其他选项对应的字母来确定矩形区域的对角点。此时会显示出【文字格式编辑器】，如图 6-9 所示，然后可以编辑多行文字的内容。

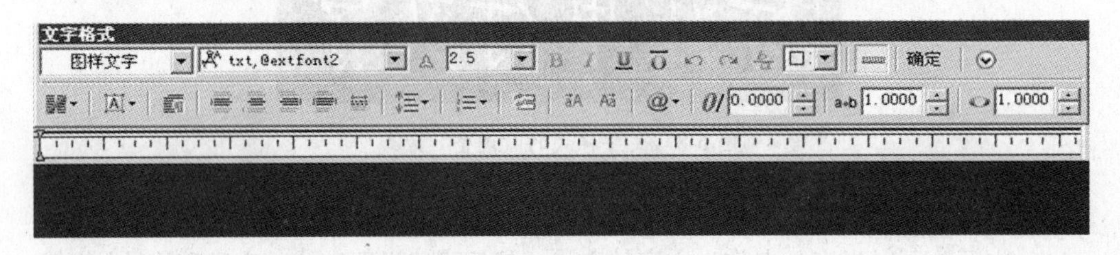

图 6-9　文字格式编辑器

● 高度：可以设置文字的高度。

● 对正：确定标注多行文字的排列对齐形式。

● 行距：确定多行文字的行间距。

● 旋转：确定多行文字的旋转角度。

● 样式：确定多行文字的样式。

● 宽度：确定多行文字的宽度。输入 W 后，会打开【文字格式编辑器】，可以直接拖动标尺来改变多行文字的宽度。

2．文字格式编辑器

下面简单介绍【文字格式编辑器】中各选项的作用。

●【文字样式】下拉列表框：可以从中选择系统提供的文字样式，然后应用到选择的多行文字中。

●【字体】下拉列表框：设置或改变多行文字的字体。

●【字高】下拉列表框：指定多行文字的字体高度。

●【粗体】按钮：确定多行文字的字体是否以粗体形式标注。

●【斜体】按钮：确定多行文字的字体是否以斜体形式标注。

●【下划线】按钮：确定多行文字的字体是否加下划线标注。

●【取消】按钮：取消上一次的操作。

●【重做】按钮：恢复已经被取消的操作。

●【堆叠】按钮：确定多行文字的字体是否以堆叠形式进行标注，可以利用“/”、“∧”、“#”等符号表示分数。在分子、分母中间输入“/”，可以得到一个标准分式；在分子、分母中间输入“#”，则可以得到一个被“/”分开的分式；在分子、分母中间输入“∧”，可以得到左边对齐的公差值。默认情况下，该按钮是不可用的。只有选择文字后才变为可用。

● 【颜色】下拉列表框：用于设置多行文字的颜色。

● 【确定】按钮：确认已经进行的文字编辑及设置操作。

6.4　样式的修改及文字的查找和替换

实际工作中，随着时间的推移，已经标注好的文字样式可能无法满足实际需要，就要对这些文字样式进行适当修改，此时可以通过文字样式编辑命令来实现。另外，如果文字很多，可以通过查找与替换命令来帮助快速实现文字的编辑修改。

6.4.1　修改文字样式

通过使用文字编辑命令来打开【编辑文字】对话框，可以实现对文字样式的修改。

具体操作步骤如下：

(1) 通过下述任一种方法激活文字样式修改命令：

● 执行【修改】/【对象】/【文字】/【编辑】命令。

● 在命令行输入 DDEDIT 命令。

● 在工具栏中单击按钮。

(2) 执行该命令后，系统将进行以下提示：

```
命令：_DDEDIT
选择注释对象或[放弃（U)]:
```

此时可以用鼠标选择要修改的文字。这些文字可以是单行文字，也可以是多行文字，即分别是使用DTEXT或MTEXT命令标注的文字。此时会打开【文字格式编辑器】，进行适当地修改后，单击【确定】按钮结束编辑。

注意：对单行文字进行编辑时，不能改变文字的高度和对齐方式，这些修改需要使用【修改】/【对象】/【文字】命令中的【比例】和【对正】命令实现。

6.4.2　查找与替换文字

文字的查找与替换，可以通过相应的命令打开【查找和替换】对话框来实现。

具体操作步骤如下：

(1) 通过下述任一种方法激活对应命令：

● 执行【编辑】/【查找】命令。

● 在命令行输入 FIND 命令。

(2) 执行命令后，会打开【查找和替换】对话框，如图 6-10 所示。在【查找字符串】下拉列表框中输入将要被查找或替换的字符，在【改为】下拉列表框中输入替换的内容，然后在【搜索范围】下拉列表中选择文字搜索的范围，再单击【查找】按钮或【替换】按钮，即可完成查找及替换的操作，也可以通过其他按钮实现快速操作。

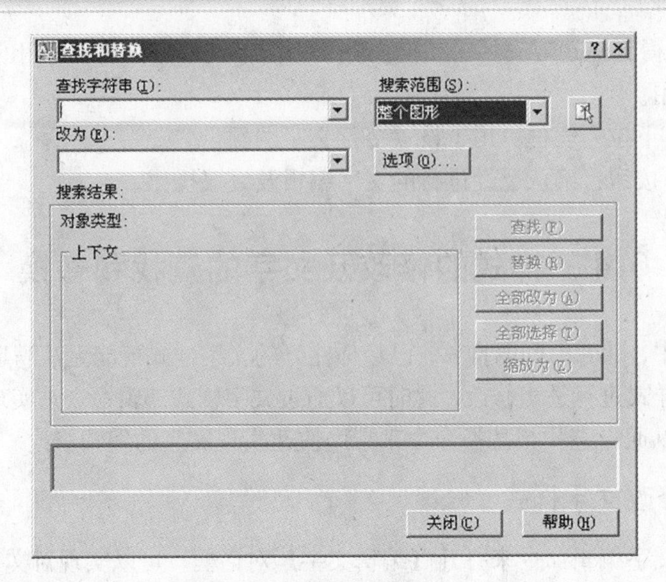

图 6-10 【查找和替换】对话框

下面介绍对话框中各个选项的作用。

● 【查找字符串】下拉列表框：设置要查找或替换的字符。如果以前搜索过的对应字符，可以从下拉列表框中选择。

● 【改为】下拉列表框：设置将要替换成的字符。也可以从下拉列表中选择字符。

● 【搜索范围】下拉列表框：包括“整个图形”和“当前选择”两个选择范围，可以从中选择一个选项。也可以通过单击右边的【选择】按钮，然后从屏幕上选择要被查找及替换的文字。

● 【选项】按钮：单击该按钮，会打开【查找和替换选项】对话框，如图 6-11 所示，可以对查找或替换的内容进行更加详细的设置。

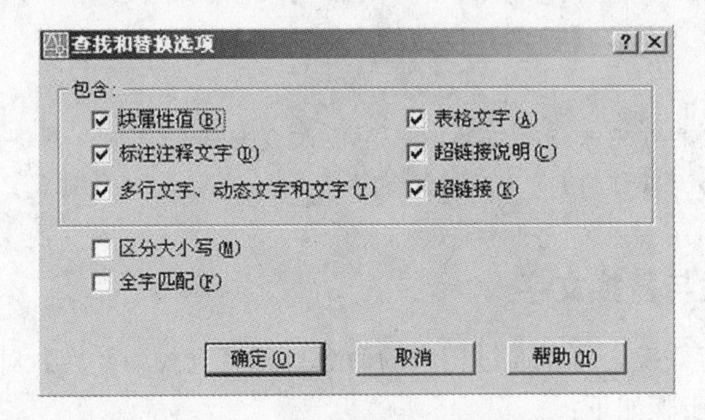

图 6-11 【查找和替换选项】对话框

● 【查找】按钮：单击该按钮，即在限定范围内开始查找符合条件的文字。可以反复单击该按钮继续进行查找。

● 【替换】按钮：单击该按钮，新的内容将替换选择的内容。

● 【全部改为】按钮：限定范围内所有符合条件的字符串都会一起被替换。

● 【全部选择】按钮：可以快速查找并选中限定范围内所有符合条件的字符串。

● 【缩放为】按钮：在绘图区显示出含有被查找字符的区域。

● 【搜索结果】标签框：显示查找及替换的结果。

完成查找和替换操作后，可单击【确定】按钮结束操作。

6.4.3　快速显示文字

如果一个图形中的文字非常多，此时要将查找的文字全部显示出来，可能速度比较慢。AutoCAD 提供了一个 QTEXT 命令，可以使用矩形框来表示文字的范围，而不显示文字内容，这样可以大大提高显示速度。

具体操作步骤如下：

在命令行中输入命令 QTEXT，此时系统提示如下：

命令：QTEXT

输入模式[开（ON）/ 关（OFF）] <关>: ON

在命令提示后输入 ON 后，将打开快速显示功能。此时如果选择【视图】/【重生成】命令，然后显示文字，可以看到选择的文字被一个矩形框替代，如图 6-12 所示。

（a）快速显示之前

（b）快速显示之后

图 6-12　快速显示文字

要恢复到文字的正常显示状态，可以在 QTEXT 命令的提示后输入 OFF，关闭快速显示文字的功能。此时再执行【视图】/【重生成】命令，将可以恢复正常的显示状态。

6.5　课后练习题

1．填空题

（1）在命令行中输入 _______ 命令可以创建多行文字字段。

（2）为了便于用户查找文字，AutoCAD 提供了 _______ 命令。

2．选择题

（1）可以创建文字的命令有（　）。

A．TEXT　　B．DTEXT　　C．MTEXT　　D　以上命令均可以

（2）创建单行文字时，系统默认的文字对正方式是（　）。

A．左　　B．右　　C．左上　　D．以上均不是

（3）通过使用（　）命令，可以快速查找及替换文字。

A．SPELL　　B．FIND　　C．MTEDIT　　D．以上均不是

3．上机题

绘制如图 6-13 所示的图形，并进行文字标注。

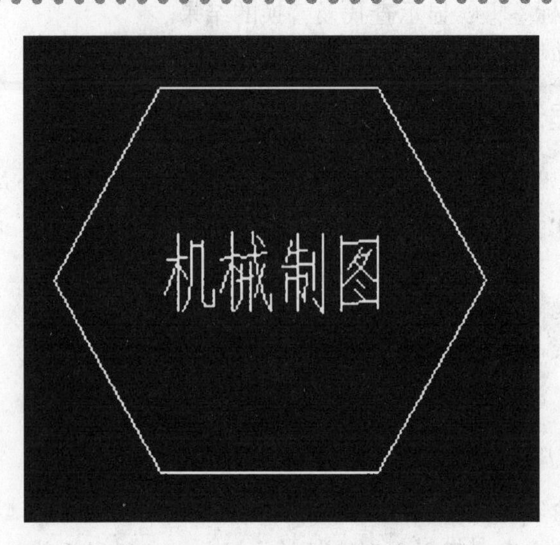

图 6-13　绘制图形并标注文字

第7章 尺寸标注

本章要点：

- 尺寸标注的基础知识
- 创建尺寸标注
- 标注多个对象
- 编辑尺寸标注
- 创建引线和注释
- 创建标注样式
- 管理标注样式
- 添加形位公差

7.1 尺寸标注的基础知识

工程图的尺寸标注用于描述零件的几何尺寸。因此，在工程制图中，尺寸标注是一项基本的、重要的内容。

一个完整的尺寸是由尺寸数字、尺寸线、尺寸界线、尺寸线的终端及符号等组成，如图7-1所示。其中尺寸数字表达了两尺寸界线之间的距离或角度；尺寸界线指定了尺寸线的起始点和结束点，该尺寸界线应从图形的轮廓线、轴线、对称中心线引出，同时轮廓线、轴线、对称中心线也可以作为尺寸界线；尺寸线的终端有两种形式，分别为箭头与斜线，机械制图中一般采用箭头形式。

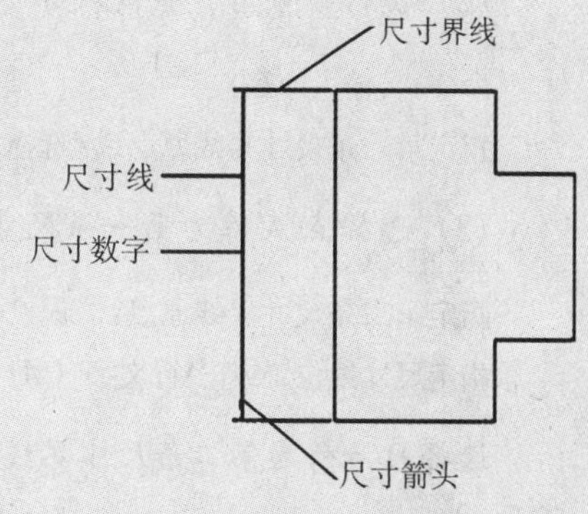

图7-1 尺寸

在同一张工程图纸上，尺寸数字的字体高度保持一致，当尺寸数字与图线重叠时，需将图线断开。尺寸线与尺寸界线采用细实线绘制。尺寸线箭头的尖端应与尺寸界线接触。当采用箭头时，在位置不够的情况下，允许用圆点或斜线代替箭头。标注尺寸要清晰，遵守国标规定，尺寸线要尽量避免与其他图线相交，尺寸排列要整齐，小尺寸靠近图形，大尺寸应标注在小尺寸的外侧等。图纸上的尺寸以毫米为单位时，不需要标注计量单位的代号或名称。如果采用其他单位，则必须注明相应的计量单位的代号或名称，如45°。

在AutoCAD 2008中，系统默认将尺寸设置为一个图块，即尺寸数字、尺寸线、尺寸界线、尺寸箭头等在尺寸中不是相互独立的实体，而是作为一个整体构成一图块。例

如修改尺寸数字的标注位置时，系统会自动改变尺寸的其他组成部分，例如尺寸箭头与尺寸线的位置、尺寸界线的长短等。

7.2　创建尺寸标注

通常可以将尺寸标注分为线性尺寸标注、角度尺寸标注、直径尺寸标注、半径尺寸标注以及坐标尺寸标注等。

7.2.1　创建线性尺寸标注

线性尺寸标注可以标注各个实体，它是指在两点之间的一组标注，这两点可以是端点、交点、圆弧线端点或用户能识别的任意两点。线性尺寸标注又可以分为水平线性尺寸标注、垂直线性尺寸标注、对齐线性尺寸标注、旋转线性尺寸标注等。

水平线性尺寸标注比较简单，可以直接选取实体，也可以指定实体的两个端点。在进行垂直线性尺寸标注时，可以指定实体的两个端点，也可以直接选取实体，其具体方法与水平线性尺寸标注相同，而操作过程有一些变化，即系统提示用户选取尺寸线的位置或选择某个选项时，用户可以直接单击来指定尺寸线的位置；也可以输入字母V来指定垂直线性尺寸标注。

水平线性尺寸标注的具体操作步骤如下：

(1) 通过下述任一种方法激活该命令：

- 执行【标注】/【线性】命令。
- 在命令行输入DIMLINEAR命令。

(2) 执行命令后，系统提示如下：

命令：(输入命令)
指定第一条尺寸界线原点或<选择对象>：

(3) 选择点A作为第一条尺寸界线的起始点，在命令行出现提示：

指定第二条尺寸界线原点：
指定尺寸线位置或[多行文字 (M) / 文字 (T) / 角度 (A) / 水平 (H) / 垂直 (V) / 旋转 (R)]：

选择B点作为第二条尺寸界线的起始点。此时，移动鼠标，尺寸也在移动，如图7-2所示。

(4) 选择了两条尺寸界线的两个起始点，直接单击指定尺寸线的位置，完成水平线性尺寸的标注，如图7-3所示。

> **提示**：此时，也可以在提示行“[多行文字 (M) / 文字 (T) / 角度 (A) / 水平 (H) / 垂直 (V) / 旋转 (R)]：”后输入字母“H”来指定水平线性尺寸标注。

当需要标注斜线、斜面的尺寸时，可以采用对齐线性尺寸标注，此时标注出来的尺寸线与斜线、斜面相互平行。在进行对齐线性尺寸标注时，可以指定实体的两个端点，也可以直接选取实体。

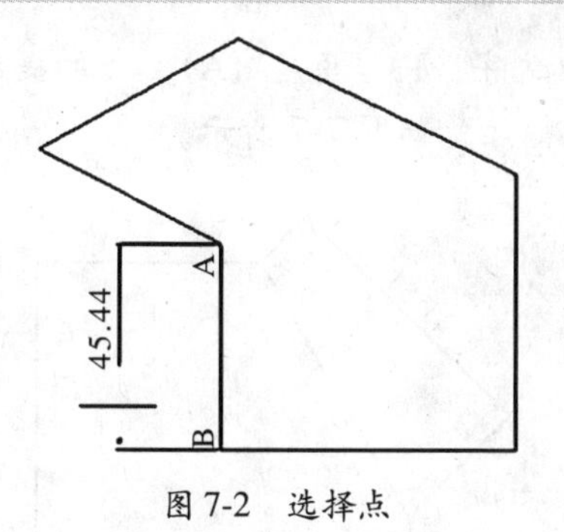

图 7-2　选择点

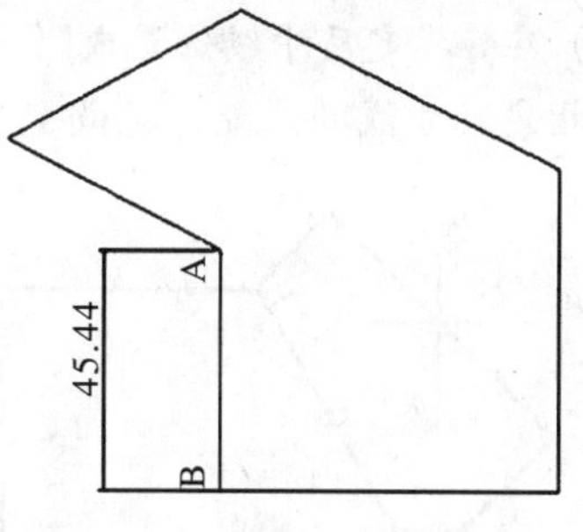

图 7-3　水平线性尺寸的标注

旋转线性尺寸标注可以旋转尺寸线。在进行旋转线性尺寸标注时，可以指定实体的两个端点，也可以直接选取实体，其具体方法与水平线性尺寸标注相同，而操作过程有一点变化，即系统在命令行提示选取尺寸线的位置或选择某个选项时，需要在其后输入字母“R”，按 Enter 键，然后输入尺寸线的旋转角度即可。

对齐线性尺寸标注的具体操作步骤如下：

(1) 执行【标注】/【对齐】命令，根据提示“指定第一条尺寸界线原点或<选择对象>：”，选择点 A 作为第一条尺寸界线的起始点，如图 7-4 所示。

(2) 在“指定第二条尺寸界线原点：”提示下选择点 B 作为第二条尺寸界线的起始点。

(3) 在“指定尺寸线位置或[多行文字（M）/文字（T）/角度（A)]：”的提示下直接单击指定尺寸线的位置，完成对齐线性尺寸的标注，如图 7-5 所示。

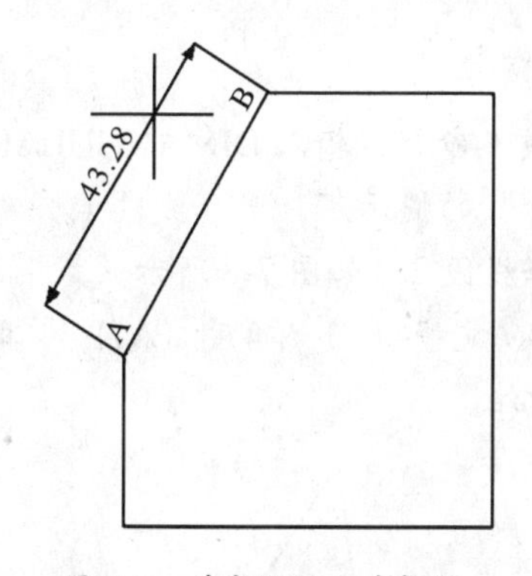

图 7-4　对齐线性尺寸标注

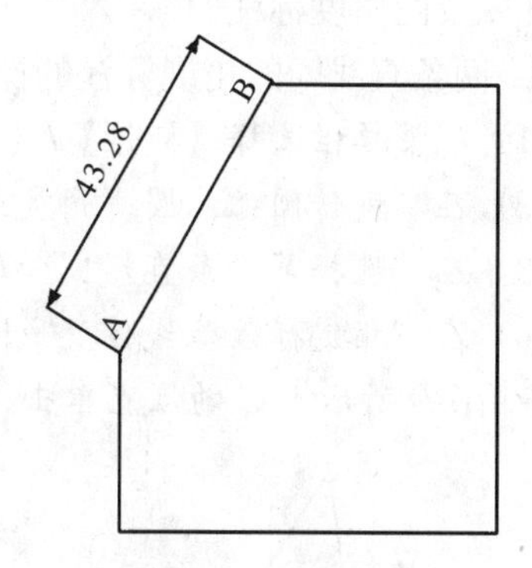

图 7-5　对齐线性尺寸

提示：指定尺寸线位置前，在绘图区移动鼠标，尺寸线总是平行于直线 AB。

旋转线性尺寸标注的操作步骤如下：

(1) 执行【标注】/【线性】命令，根据提示“指定第一条尺寸界线原点或<选择对象>：”，选择点 A 作为第一条尺寸界线的起始点，如图 7-6 所示。

(2) 在“指定第二条尺寸界线原点：”提示下选择点 B 作为第二条尺寸界线的起始点。

(3) 在提示“多行文字（M）/文字（T）/角度（A）/水平（H）/垂直（V）/旋转（R)：”后输入“R”，再在提示“指定尺寸线的角度<0>：”后输入 30，按 Enter 键。

(4) 在“指定尺寸线位置或[多行文字（M）/文字（T）/角度（A）]：”的提示下直接单击指定尺寸线的位置，完成旋转线性尺寸的标注，如图 7-7 所示。

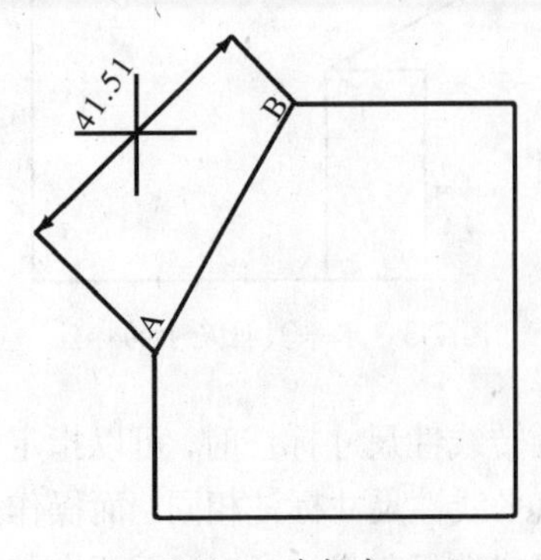

图 7-6　选择点

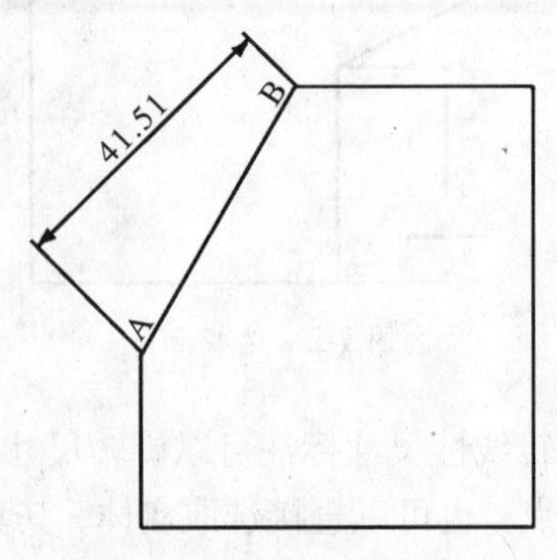

图 7-7　旋转线性尺寸

提示：指定尺寸线位置前，在绘图区移动鼠标，另外有一个与图中成 90°的尺寸线存在。

7.2.2　创建角度尺寸标注

工程图中常常需要标注两条直线或三个点之间的夹角，此时用户可以采用角度尺寸标注。角度尺寸标注可以归纳为两条直线间的角度标注、三点之间的角度标注、圆弧角度标注以及圆角度标注。

两条直线间的角度标注的操作如下：

(1) 从菜单栏选择【标注】/【角度】命令，或在命令行输入 DIMANGULAR。

(2) 在“旋转圆弧、圆、角度或<指定顶点>：”的提示下，选择线段 1。

(3) 在“选择第二条直线：”的提示下，选择线段 2，如图 7-8 所示。

(4) 在“指定标注弧线位置或[多行文字（M）/文字（T）/角度（A）]：”的提示下，在图 7-9 所示点 C 的位置单击，完成尺寸的标注。

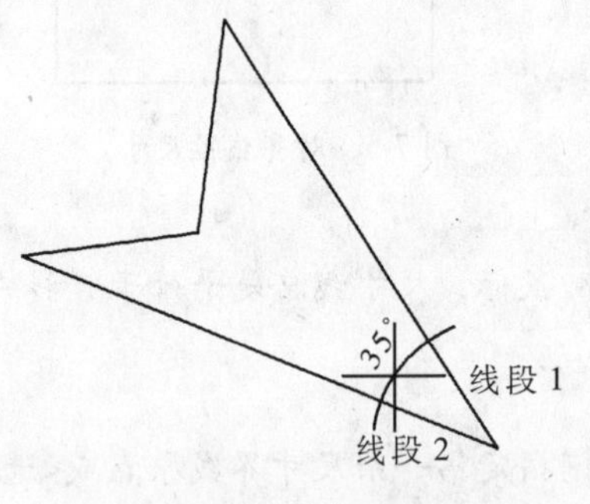

图 7-8　选择线段

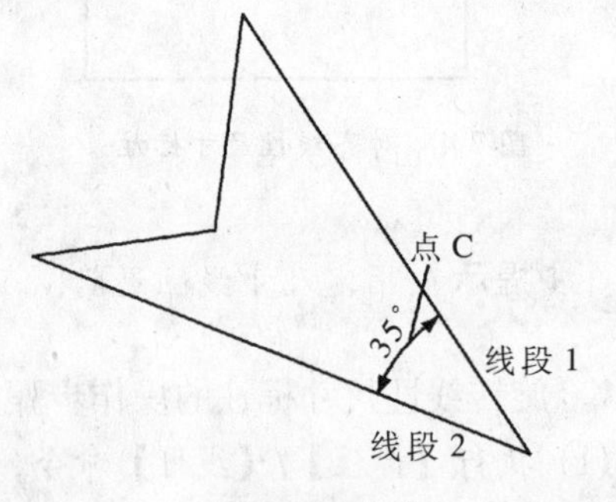

图 7-9　选择点

三点之间的角度标注的操作步骤如下：

(1) 执行【标注】/【角度】命令。

(2) 在“选择圆弧、圆、直线或<指定顶点>”的提示下，按 Enter 键。

(3) 在“指定角的顶点：”的提示下，选择点 A。

(4) 在“指定角的第一个端点：”的提示下，选择点B。

(5) 在“指定角的第二个端点：”的提示下，选择点C，如图7-10所示。

(6) 在“指定标注弧线位置或[多行文字 (M) / 文字 (T) / 角度 (A)]：”的提示下，选择点D，完成三点之间的角度的标注，如图7-11所示。

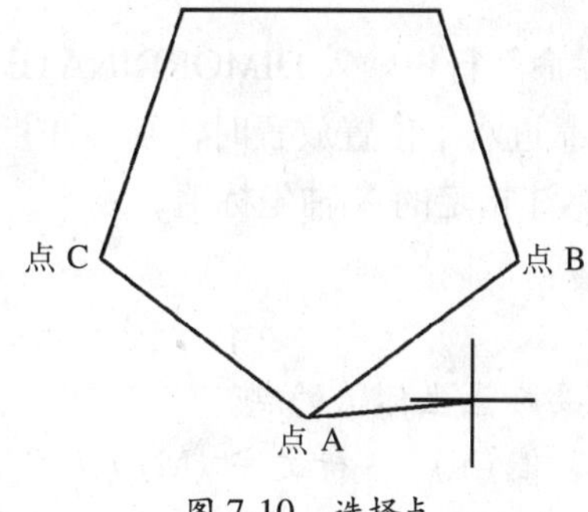

图7-10　选择点

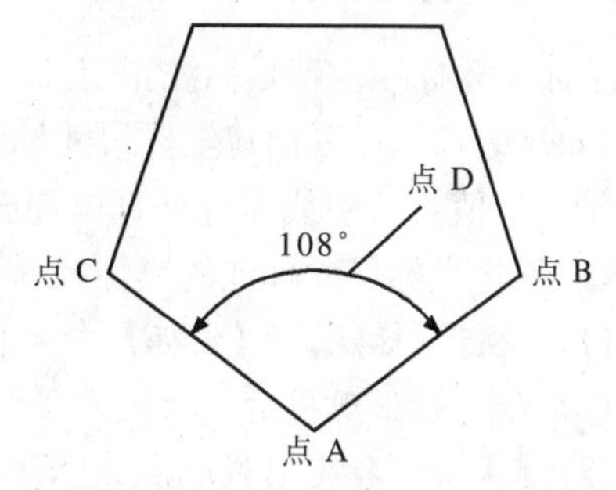

图7-11　角度标注

圆弧角度标注的具体操作步骤如下：

(1) 执行【标注】/【角度】命令。

(2) 在“选择圆弧、圆、直线或<指定顶点>：”的提示下，选择圆弧。

(3) 在“指定标注弧线位置或[多行文字 (M) / 文字 (T) / 角度 (A)]：”的提示下，单击确定尺寸线的位置，完成圆弧角度的标注，如图7-12所示。

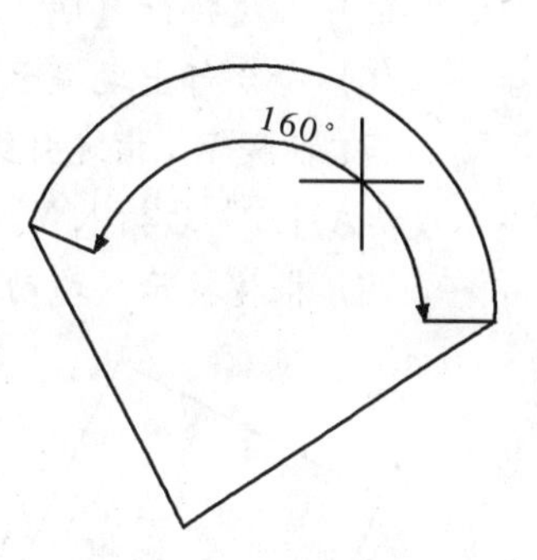

图7-12　圆弧角度标注

7.2.3　创建直径和半径尺寸标注

直径、半径尺寸标注常用于圆弧、圆等。

直径尺寸标注的操作步骤如下：

(1) 执行【标注】/【直径】命令。

(2) 在“选择圆弧和圆：”提示下，在绘图区内选择要标注尺寸的圆弧或圆。

(3) 接着命令行中出现“指定尺寸线位置或[多行文字 (M) / 文字 (T) / 角度 (A)]：”的提示，此时拖动鼠标并单击来确定尺寸线的位置，完成操作，如图7-13所示。

半径尺寸标注的操作步骤如下：

(1) 执行【标注】/【半径】命令。

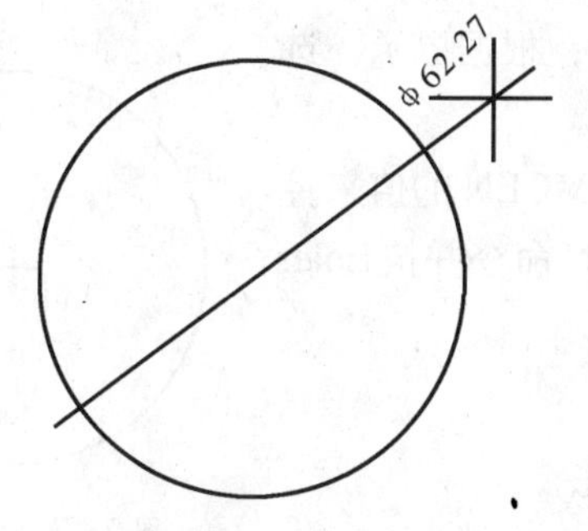

图7-13　直径尺寸标注

图7-14　半径尺寸标注

（2）命令行中出现提示“选择圆弧或圆：”，然后选择要标注半径尺寸的圆弧或圆。

（3）命令行中出现提示“指定尺寸线位置或[多行文字（M）/文字（T）/角度（A）]：”，拖动鼠标并单击来确定尺寸线的位置，完成操作，如图 7-14 所示。

7.2.4 创建坐标尺寸标注

坐标尺寸标注，就是标注指定点的坐标值。在命令行中输入 DIMORDINATE 命令并按 Enter 键，就可以创建坐标尺寸标注。若引线靠近水平位置放置时，则标注指定点的 Y 轴坐标值；若引线靠近垂直位置放置时，则标注指定的 X 轴坐标值。

创建坐标尺寸标注的具体操作步骤如下：

（1）执行【标注】/【坐标】命令。

（2）命令行出现提示“指定点坐标：”，选取要标注坐标值的点。

（3）在提示“指定引线端点或[X 基准（X）/Y 基准（Y）/多行文字（M）/文字（T）/角度（A）]：”后输入 X，按 Enter 键。

（4）根据提示，拖动鼠标并单击即可确定引线的位置，如图 7-15 所示。

（5）再次执行【标注】/【坐标】命令。

（6）命令行出现提示“指定点坐标：”，选取要标注坐标值的点。

（7）在提示“指定引线端点或[X 基准（X）/Y 基准（Y）/多行文字（M）/文字（T）/角度（A）]：”后输入 Y，按 Enter 键。

（8）根据提示，拖动鼠标并单击即可确定引线的位置，如图 7-16 所示。

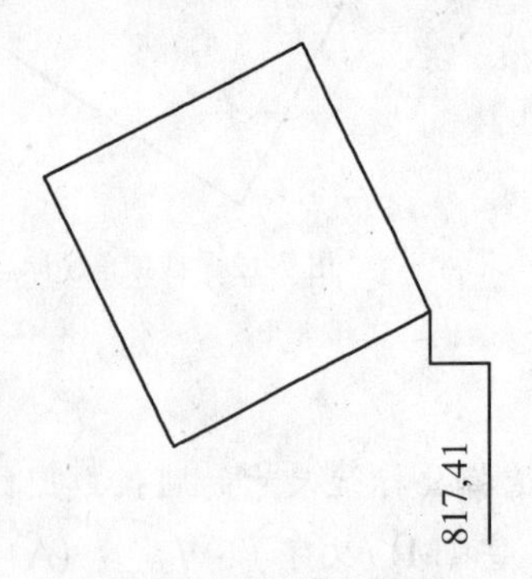

图 7-15 坐标尺寸 X 标注

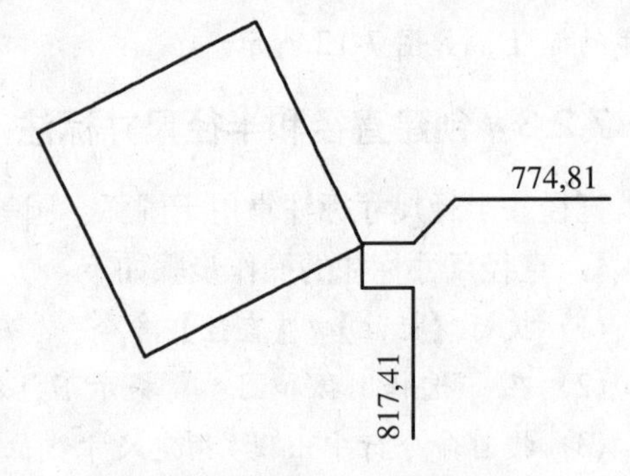

图 7-16 坐标尺寸 Y 标注

7.2.5 创建圆心标记

对圆或圆弧进行尺寸标记时，通常需要画出圆或圆弧的圆心符号。

从菜单栏选择【标注】/【圆心标记】命令，根据提示，选择圆或圆弧即可。

圆心符号的大小是由尺寸标注系统变量 DIMCEN 的值来控制的，如图 7-17 所示。在命令行中输入 DIMCEN 命令并按 Enter 键，即可修改系统变量 DIMCEN 的值。

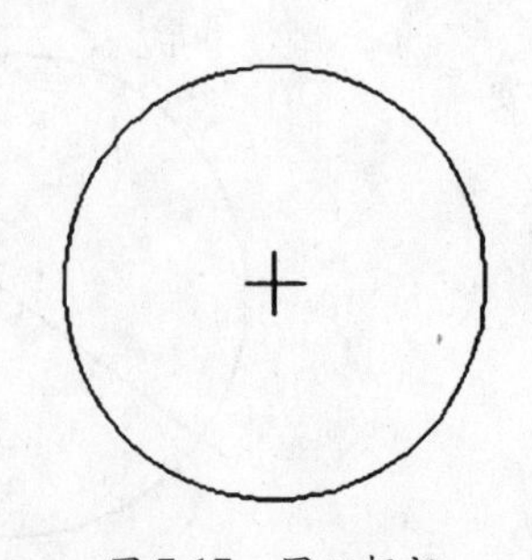

图 7-17 圆心标记

创建圆心标记的操作步骤如下：

（1）执行【标注】/【圆心标记】命令。

（2）根据提示“选择圆弧或圆：”选择圆。

提示：用户可以在命令行输入 DIMCEN 命令，修改系统变量 DIMCEN 的值，当 DIMCEN 等于 0 时，圆心标记不显示；小于 0 时，将显示中心线。

7.3　标注多个对象

当需要标注多个对象时，可以使用系统提供的基线尺寸标注或连续尺寸标注。这两个尺寸标注可以使用户方便快捷地标注出一系列的连续尺寸。

7.3.1　基线尺寸标注

基线尺寸标注用于标注一组起始点相同的相关尺寸。

创建基线尺寸标注的具体操作步骤如下：

(1) 执行【标注】/【线性】命令。

(2) 根据提示"指定第一条尺寸界线原点或<选择对象>："，选择点 A。

(3) 根据提示"指定第二条尺寸界线原点：指定尺寸线位置或[多行文字（M）/文字（T）/角度（A）/水平（H）/垂直（V）/旋转（R）]："，选择点 H。单击鼠标，确定尺寸线的位置，如图 7-18 所示。

(4) 执行【标注】/【基线】命令，在命令行出现提示"选择基准标注："时，选择刚标注的尺寸。

(5) 在命令行出现提示"指定第二条尺寸界线原点或[放弃(U)/选择(S)]<选择>："时，在绘图区移动鼠标，当捕捉到点 B 时，就在尺寸 34，45 上面标注尺寸 50，59，单击鼠标，完成尺寸 50，59 的标注，如图 7-19 所示。

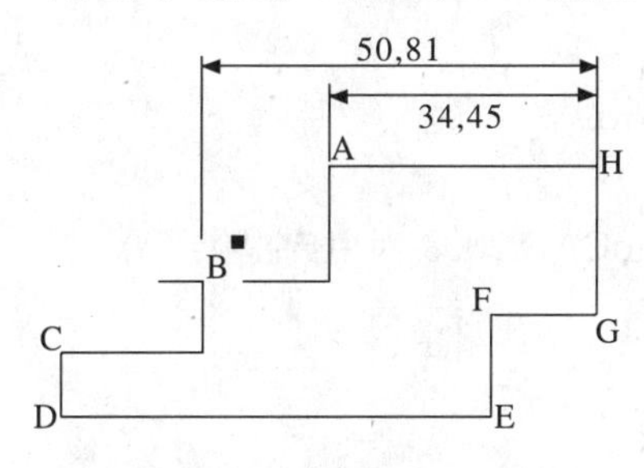

图 7-18　确定尺寸线位置

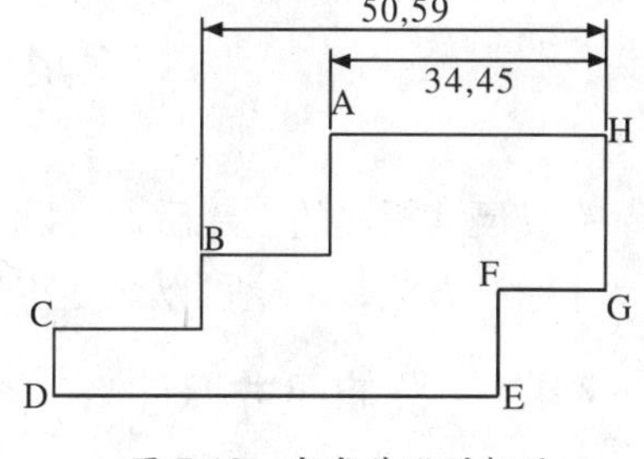

图 7-19　完成基线的标注

(6) 继续移动鼠标，在提示"指定第二条尺寸界线原点或[放弃（U）/选择（S）]<选择>："下，捕捉 C 点，单击鼠标，完成尺寸 68，68 的标注。继续在绘图区移动鼠标，将继续显示尺寸，如图 7-20 所示。

提示：此时，最好打开【捕捉】开关，可以快速准确地标注尺寸。

(7) 按 Esc 键，完成尺寸的标注，如图 7-21 所示。

提示：在进行基线尺寸标注之前，用户至少需要标注一个尺寸，否则命令行出现"选择基准标注："的提示，提示用户选取尺寸标注的基准线。

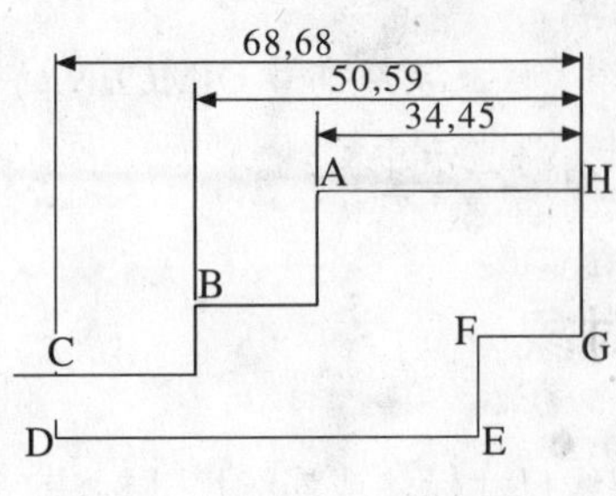

图 7-20　完成尺寸 68，68 的标注

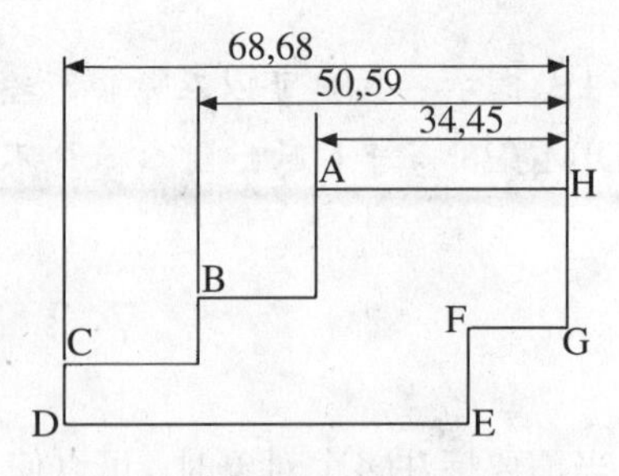

图 7-21　完成基线尺寸的标注

7.3.2　连续尺寸标注

连续尺寸标注中的尺寸是首尾相连（除第一个尺寸和最后一个尺寸外），其前一尺寸的第二尺寸界线就是后一尺寸的第一尺寸界线。

创建步骤如下：

(1) 绘制如图 7-22 所示的图形，并标注一尺寸为 20。

(2) 从菜单栏选择【标注】/【继续】命令，根据提示“选择连续标注：”，选择刚标注的尺寸。

(3) 根据提示“指定第二条尺寸界线原点或[放弃(U) / 选择 (S)]<选择>：”，捕捉到下一个点的位置，单击鼠标。

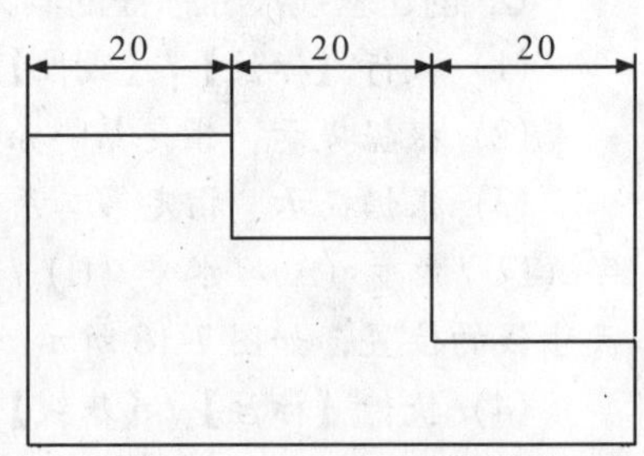

图 7-22　连续尺寸标注

(4) 继续移动鼠标，单击捕捉到的位置，按 Esc 键，完成连续尺寸标注，如图 7-22 所示。

7.4　编辑尺寸标注

完成尺寸标注的创建后，可以对其进行编辑。AutoCAD 2008 为用户提供了多种编辑尺寸标注方法，完全可以满足用户的需求。

7.4.1　拉伸尺寸标注

当需要改变尺寸界线的长度时，可采用拉伸尺寸标注的操作。

拉伸尺寸标注的具体操作步骤如下：

(1) 绘制一个如图 7-23 所示的图形。

(2) 使用鼠标单击标注的尺寸，使该尺寸标注变为虚线，同时尺寸数字处出现蓝色的小方框，如图 7-24 所示。

(3) 选取尺寸数字处的蓝色小方框，使之变为红色，如图 7-25 所示。

(4) 在命令行出现提示“指定拉伸点或[基点 (B) / 复制 (C) / 放弃 (U) / 退出 (X)]：”时，拖动鼠标到指定位置并单击。按 Esc 键即可完成操作，如图 7-26 所示。

7.4.2　倾斜尺寸标注

在工程制图中，有时需要将尺寸标注倾斜一定的角度。

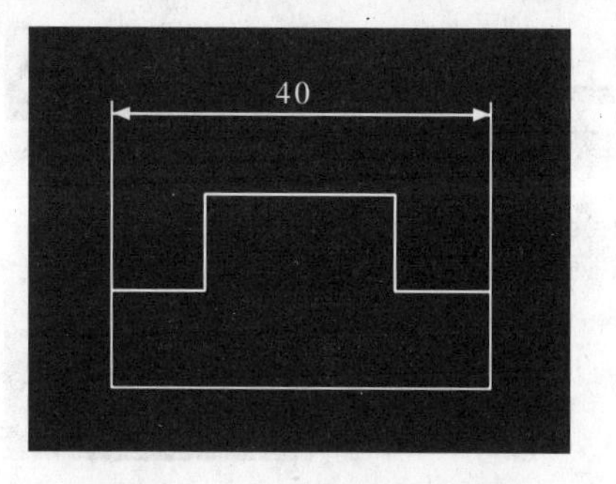

图7-23　绘制矩形标注尺寸

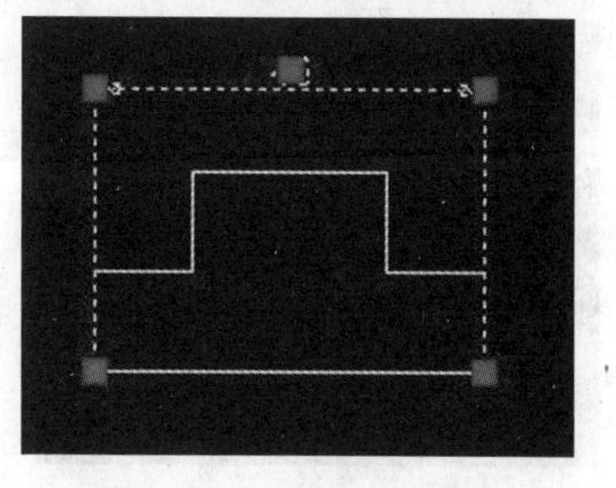

图7-24　单击标注的尺寸

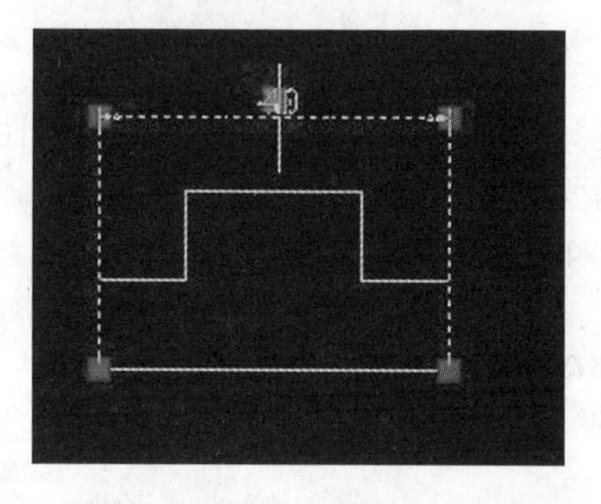

图7-25　选择尺寸数字处的方框

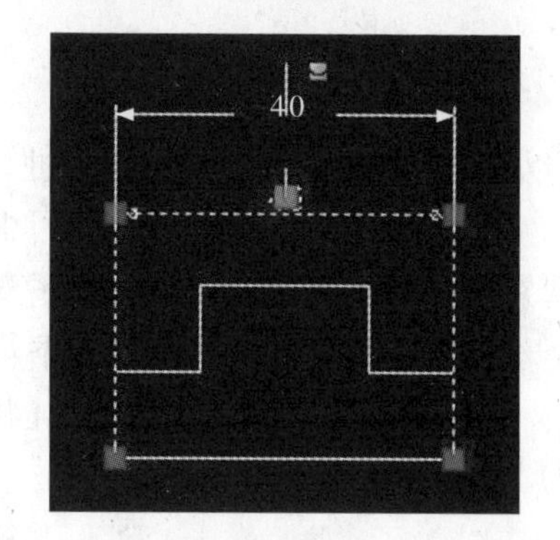

图7-26　拉伸尺寸标注

倾斜尺寸标注的操作步骤如下：

(1) 执行【标注】/【倾斜】命令，或在命令行输入DIMEDIT命令。

(2) 命令行中出现提示“选择对象：”时，选取需要倾斜的尺寸标注，然后单击鼠标右键或按Enter键。

(3) 命令行中出现“输入倾斜角度（按Enter键表示无）：”的提示时，输入尺寸标注的倾斜角度值，并按Enter键，即可完成操作，如图7-27所示。

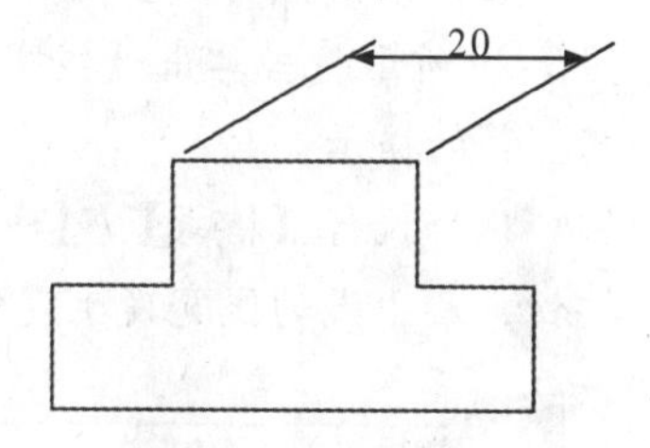

图7-27　倾斜尺寸标注

7.4.3　编辑标注文字

可以使用【对齐文字】编辑标注文字，改变标注文字的位置，也可以使用快捷菜单进行编辑。

编辑标注文字的具体操作步骤如下：

(1) 执行【标注】/【对齐文字】/【左】命令。

(2) 在“选择标注：”的提示下，选择尺寸，则会沿尺寸线左对齐标注文字。

> 提示：从菜单栏选择【标注】/【对齐文字】/【角度】命令，可以旋转尺寸标注的标注文字。

(3) 选中尺寸，单击鼠标右键，弹出快捷菜单，选择【标注文字位置】/【在尺寸线上】命令，也可以选择【单独移动文字】命令，将标注文字移动到新的位置，如图7-28所示，即将标注文字移动到尺寸线上。

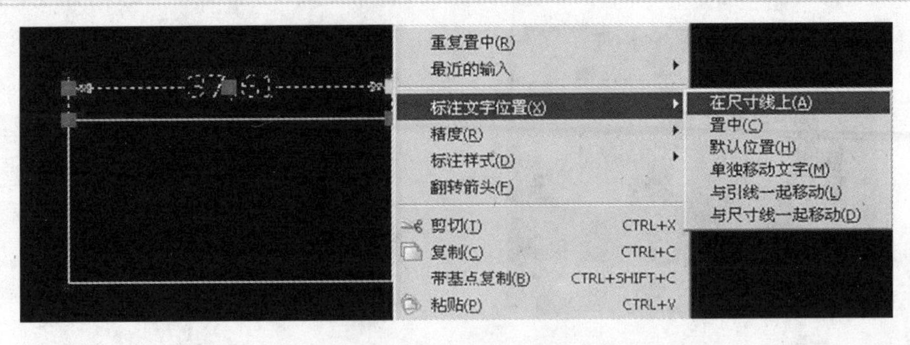

图 7-28 编辑标注文字

7.4.4 编辑标注特性

可以使用【特性】对话框编辑特性，系统将尺寸标注的特性集中放置于【特性】对话框中。在【特性】对话框中，用户可根据需要更改、编辑尺寸标注的相关参数。单击【按字母】选项卡，则可以按字母顺序查找尺寸标注的各项参数。

编辑标注特性的操作步骤如下：

(1) 执行【工具】/【选项板】/【特性】命令，弹出【特性】对话框。

(2) 单击需要标注的尺寸。

提示：也可以选中尺寸，再在绘图区中单击鼠标右键，在弹出的快捷菜单中选择【特性】命令，弹出【特性】对话框。

(3) 单击【特性】对话框中的【线宽】选项，选中列表框中的“0.50 毫米”，如图 7-29 所示。当单击【线宽】选项时，在【特性】对话框的底部出现“指定对象的线宽：”的提示。

(4) 执行【格式】/【线宽】命令，弹出【线宽】对话框，选中【显示线宽】单选按钮，尺寸线的线宽发生变化，如图 7-30 所示。

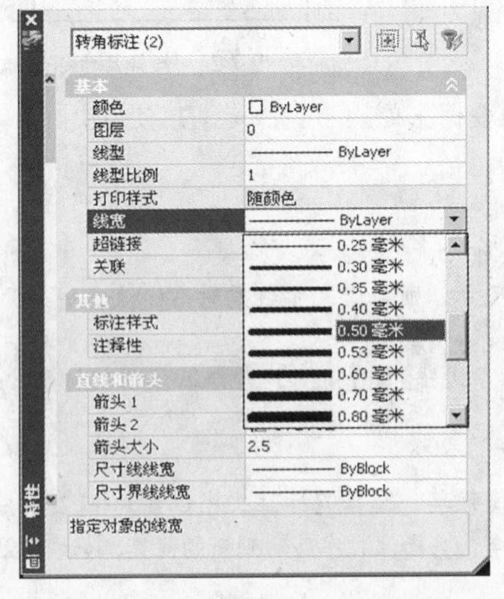

图 7-29 【特性】对话框

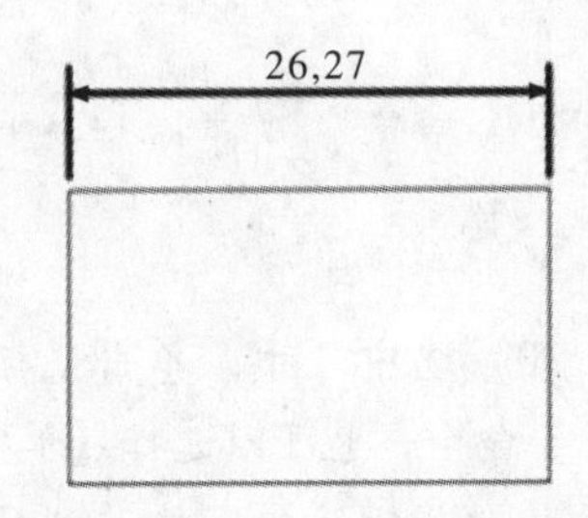

图 7-30 尺寸线的线宽发生变化

7.5　创建引线和注释

7.5.1　创建引线和注释

引线可以是直线或平滑的样条曲线。通常引线是由箭头、直线和一些注释文字组成的标注。

创建引线和注释的操作步骤如下：

(1) 在命令行中输入 QLEADER。

(2) 命令行出现提示“指定第一个引线或[设置(S)]<设置>：”后，输入S再按Enter键，对引线进行设置，此时系统弹出【引线设置】对话框，如图 7-31 所示。

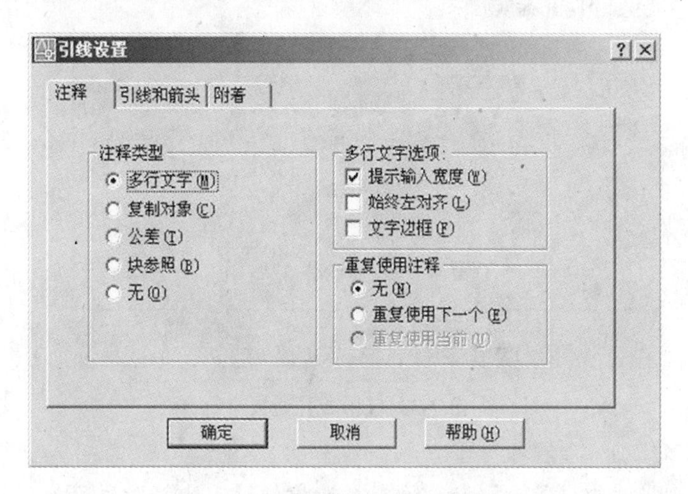

图 7-31　【引线设置】对话框

(3) 单击【注释】选项卡，设置引线注释类型，指定多行文字选项，并指明是否需要重复使用注释。

(4) 单击【引线和箭头】选项卡，设置引线和箭头格式，如图 7-32 所示。

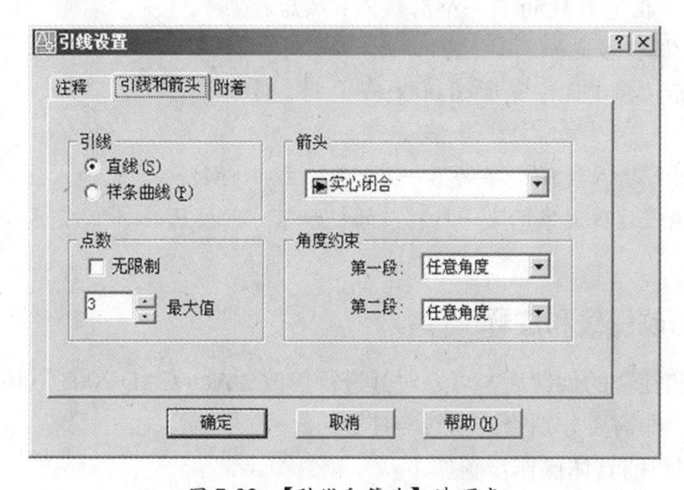

图 7-32　【引线和箭头】选项卡

提示：【点数】选项设置引线点的数目，QLEADER 命令会提示用户指定这些点，然后提示用户输入引线注释。例如，如果设置点数为 3，指定两个引线点之后，QLEADER 命令会自动提示指定注释。请将此数目设置为比要创建的引线段数目大 1 的数。如果此选项设置为“无限制”，则 QLEADER 命令一直提示指定引线点，直到用户按 Enter 键。

(5) 单击【附着】选项卡，如图 7-33 所示，设置引线和多行文字注释的附加位置。只有在【注释】选项卡上选定【多行文字】时，此选项卡才可用，设置了引线的各个参数后，单击【确定】按钮。

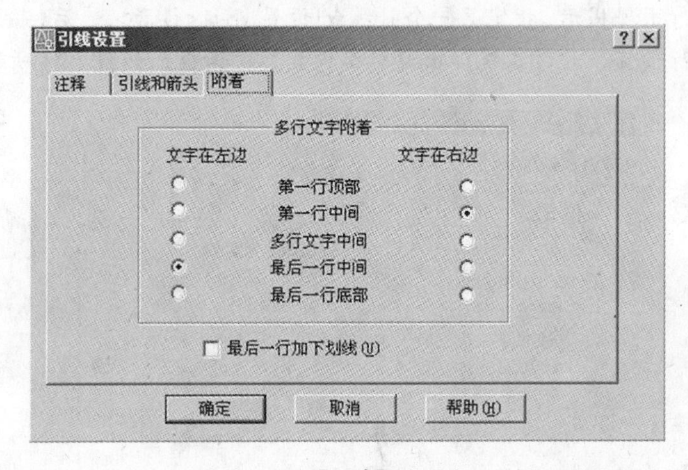

图 7-33 【附着】选项卡

提示：当选中【最后一行中间】单选按钮时，会将引线附加到多行文字的最后一行中间。

(6) 在提示“指定第一个引线点或[设置 (S)] <设置>：”下，单击引线的起始位置。再根据提示“指定下一点：”指定引线的下一个引线点，然后按 Enter 键结束选择引线点。

(7) 在提示“指定文字宽度<0.0000>：”后，按 Enter 键。

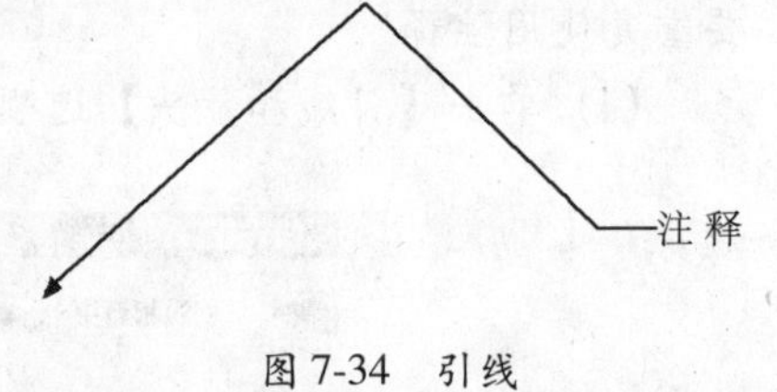

图 7-34 引线

(8) 在提示“输入注释文字的第一行<多行文字 (M)>：”后输入注释文字“注释”。

(9) 在“输入注释文字的下一行：”的提示下，再按 Enter 键，完成操作，如图 7-34 所示。

7.5.2 修改引线和注释

完成引线和注释的创建后，可以对其进行修改。AutoCAD 2008 默认将引线与注释分为 2 个模块，即需要分别修改引线与注释。

修改引线的具体操作步骤如下：

(1) 首先选取引线，使之处于虚线状态，如图 7-35 所示。

(2) 单击鼠标右键，弹出快捷菜单。

(3) 选择快捷菜单中的【特性】选项，弹出【特性】对话框，如图 7-36 所示。

(4) 在【特性】对话框中即可修改引线的相应属性。

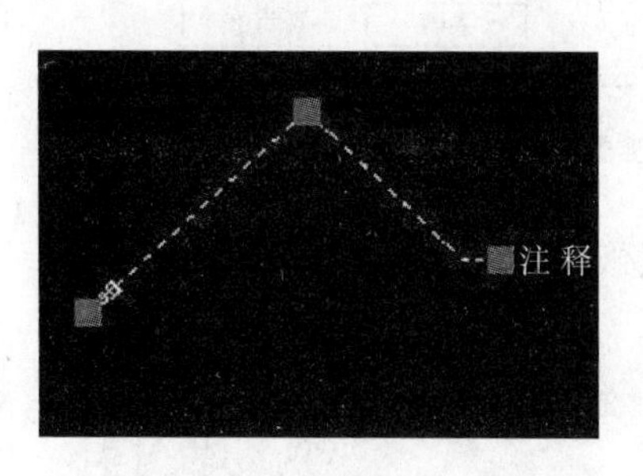

图 7-35　选取引线

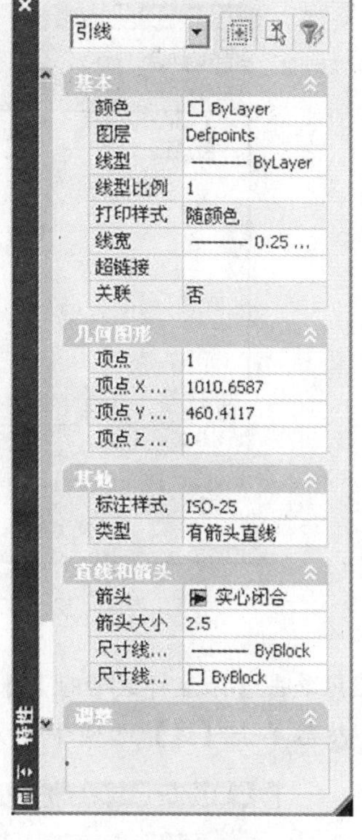

图 7-36　在【特性】对话框中修改引线的属性

修改注释文字的具体操作步骤如下：

(1) 选择注释文字，使之处于虚线状态，单击鼠标右键，出现快捷菜单。

(2) 选择快捷菜单中的【编辑多行文字】选项，打开【文字格式】对话框，修改注释内容，单击【文字格式】对话框的【确定】按钮，完成操作。用户也可以选择快捷菜单中的【特性】选项，打开【特性】对话框，从中可以修改注释文字的内容、样式、大小等。

7.6　创建标注样式

通常情况下，系统总是使用当前默认的标注样式来创建标注。如果以公制单位为样板创建新的图形，则默认的当前样式是国际标注化组织的 ISO-25 样式，也可以创建其他的样式并将其设置为当前样式。

7.6.1　控制尺寸标注中的直线和箭头

当需要控制尺寸标注中的直线和箭头时，可以在【标注样式管理器】对话框的【样式】列表框内选中当前尺寸标注的样式，再进行修改。

控制尺寸标注中直线的具体操作步骤如下：

(1) 执行【标注】/【标注样式】命令，弹出【标注样式管理器】对话框，如图 7-37 所示。

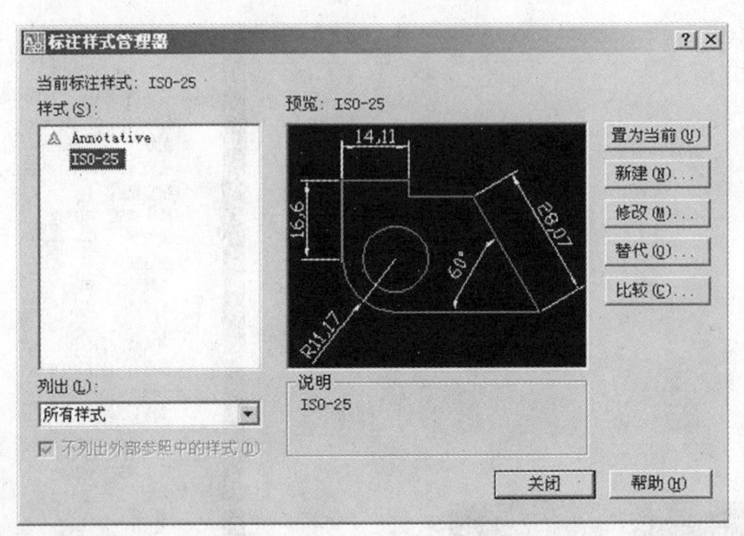

图 7-37 【标注样式管理器】对话框

(2) 单击【标注样式管理器】对话框上的【修改】按钮，弹出【修改标注样式】对话框，然后单击【线】选项卡，如图 7-38 所示。

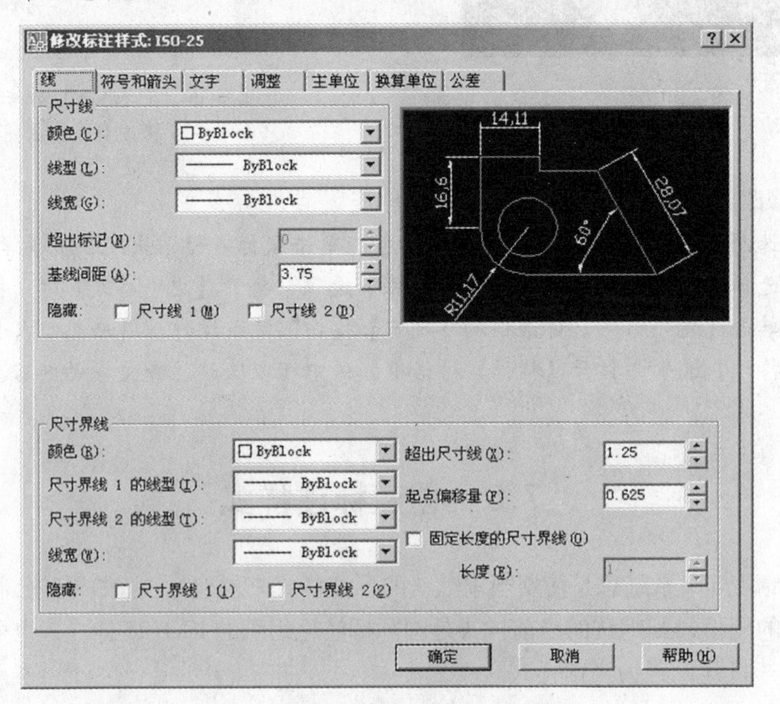

图 7-38 【线】选项卡

【线】选项卡中各选项的意义如下：

● 【尺寸线】选项组：可设置尺寸线的颜色、线型、线宽、超出标记、基线间距。尺

寸线延伸选项【超出标记】在使用“斜线”箭头形式时，可指定尺寸线伸出小斜线的长度。

选择【隐藏】选项中的【尺寸线 1】或【尺寸线 2】复选框，可隐藏第一条或第二条尺寸线，如图 7-39 所示。

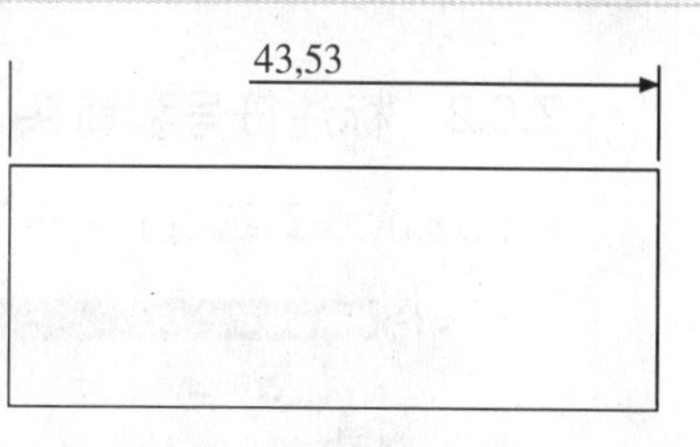

图 7-39　隐藏一条尺寸线

● 【尺寸界线】选项组：设置尺寸界线的颜色、线宽、尺寸界线伸出尺寸线外的长度、尺寸界线偏移标注原点的距离，以及是否隐藏一条或两条尺寸界线，如图 7-40 所示。

● 如果选中了【固定长度的尺寸界线】复选框，尺寸界线将限制为【长度】微调框中指定的长度。默认情况下，尺寸界线从标注的对象开始绘制，一直到放置尺寸线的位置，如图 7-41 所示。

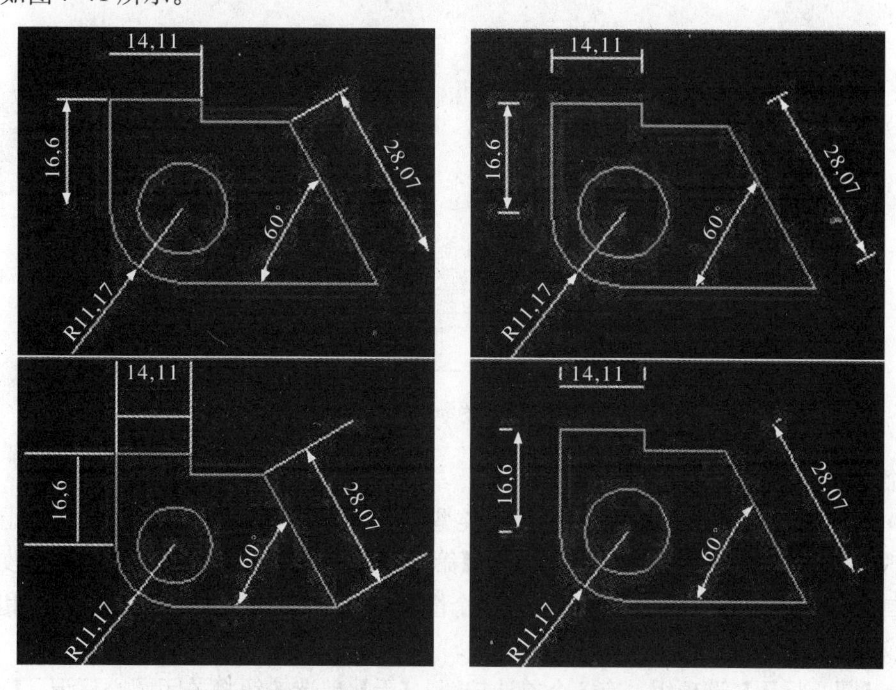

图 7-40　设置尺寸界线样例

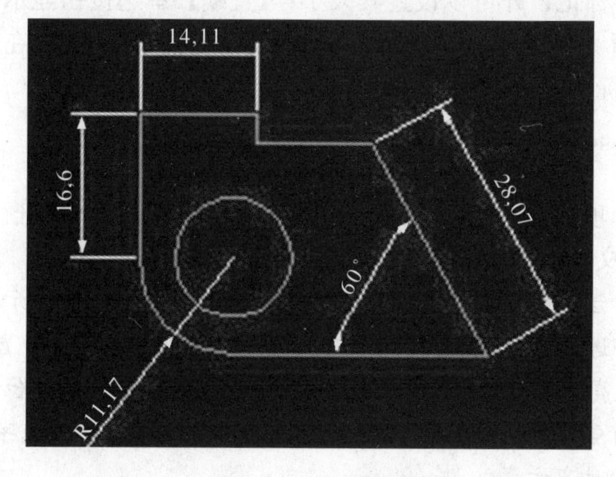

图 7-41　尺寸界线

7.6.2 标注符号和箭头

【符号和箭头】选项卡如图 7-42 所示。

图 7-42 【符号和箭头】选项卡

各个选项的作用说明如下：

- 【箭头】选项组：可设置多种箭头类型，包括箭头、点、小斜线箭头和标记。如果修改了【第一个】下拉列表框的箭头，【第二个】下拉列表框的箭头将自动修改。要使第二个箭头不同于第一个，可另选第二个箭头。另外，还可以修改箭头的大小和使用自定义箭头，也可以隐藏一个或两个箭头。
- 【圆心标记】选项组：有 3 个单选按钮，【无】单选按钮将关闭圆心标记；【标记】单选按钮显示圆心标记，并可以设置其大小；【直线】单选按钮显示中心线。
- 【弧长符号】选项组：确定弧长符号的标注位置及其是否存在。
- 【半径折弯标注】选项组：可设置折弯角度的大小。

7.6.3 标注文字设置

在【文字】选项卡中，用户可以对尺寸标注样式的尺寸文字进行各项设置。

设置标注文字的具体操作步骤如下：

单击【修改标注样式】对话框的【文字】选项卡，如图 7-43 所示，可以对尺寸标注样式的尺寸文字进行各项设置。在【文字外观】选项组中，可以设置尺寸文字的样式、颜色、高度、分数高度比例以及是否绘制文字的边框等。在【文字位置】选项组中，可以设置尺寸文字的垂直、水平位置以及从尺寸线的偏移量。在【文字对齐】选项组中，可选择尺寸文字的对齐方式。

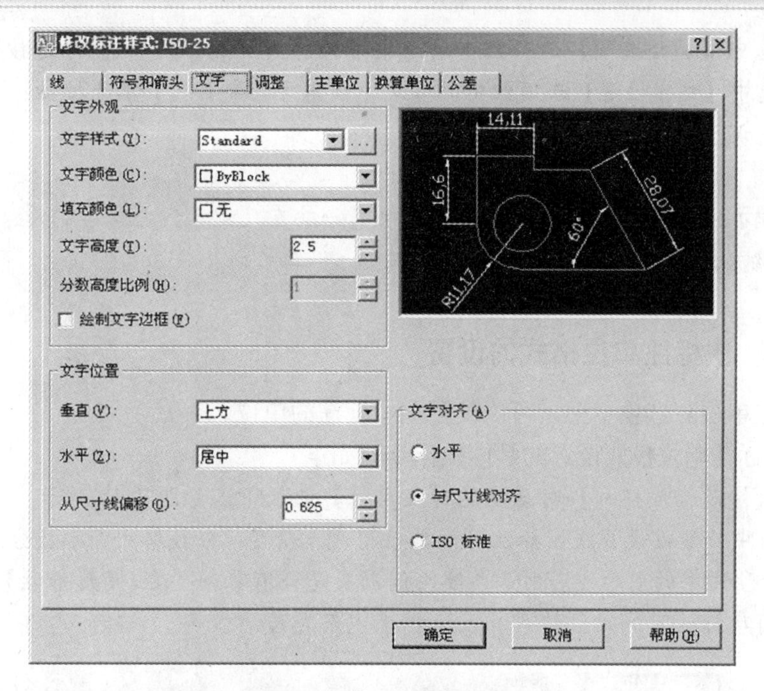

图 7-43　【文字】选项卡

7.6.4　标注文字和箭头的调整设置

在【调整】选项卡中，可以对标注文字和箭头进行各项调整设置。

标注文字和箭头的调整操作步骤如下：

（1）单击【修改标注样式】对话框的【调整】选项卡，图中为默认的设置，如图 7-44 所示。

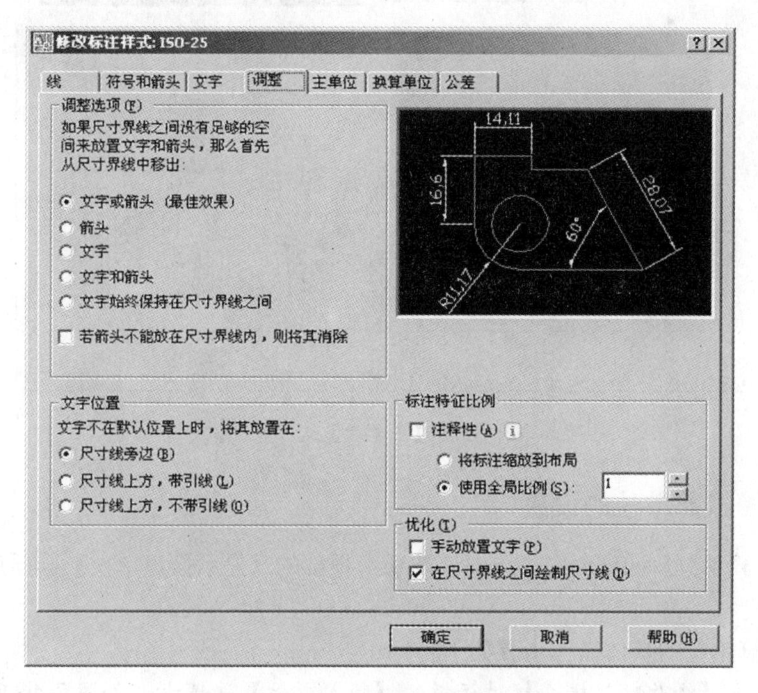

图 7-44　标注文字和箭头的调整设置

(2) 选中【调整选项】选项组中的【文字或箭头（最佳效果)】单选按钮。

(3) 选中【文字位置】选项组中的【尺寸线上方，带引线】单选按钮，在预览窗口中可以预览调整后的效果。

提示：当在【调整】选项组中选中【始终在尺寸界线之间绘制尺寸线】复选框时，系统始终在尺寸界线内绘制尺寸线。

7.6.5 主标注单位格式的设置

在【主单位】选项卡中，可以设置尺寸标注的单位。

主标注单位格式设置的具体操作步骤如下：

单击【修改标注样式】对话框的【主单位】选项卡，如图 7-45 所示。在【线性标注】选项组中，可以设置线性标注时的单位格式、精度、分数格式、小数分隔符号、舍入规则、标注文字的前后缀、测量单位比例以及是否消零等。在【角度标注】选项组中，可以设置角度标注时的单位格式、尺寸精度以及是否消零等。

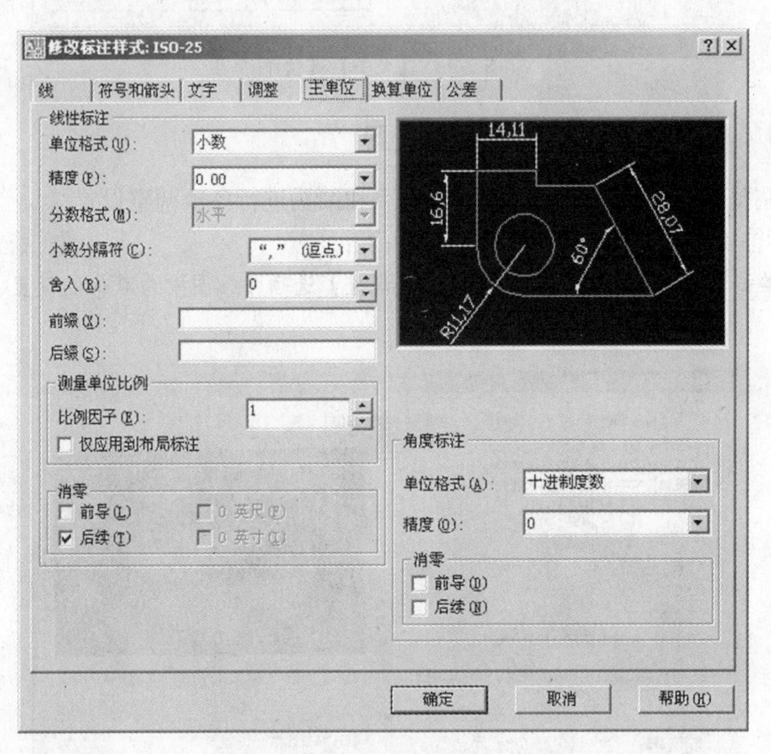

图 7-45 【主单位】选项卡

7.6.6 换算单位的设置

在【换算单位】选项卡中，选中该选项卡顶部的【显示换算单位】选项后，可以进行单位换算。

换算单位的具体操作步骤如下：

(1) 单击【修改标注样式】对话框的【换算单位】选项卡，如图 7-46 所示。

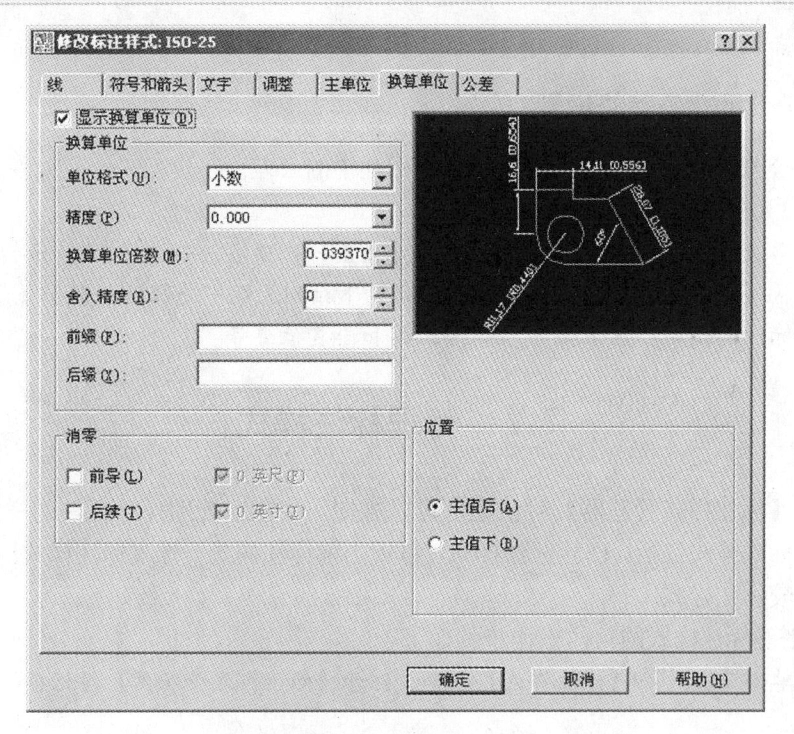

图 7-46 【换算单位】选项卡

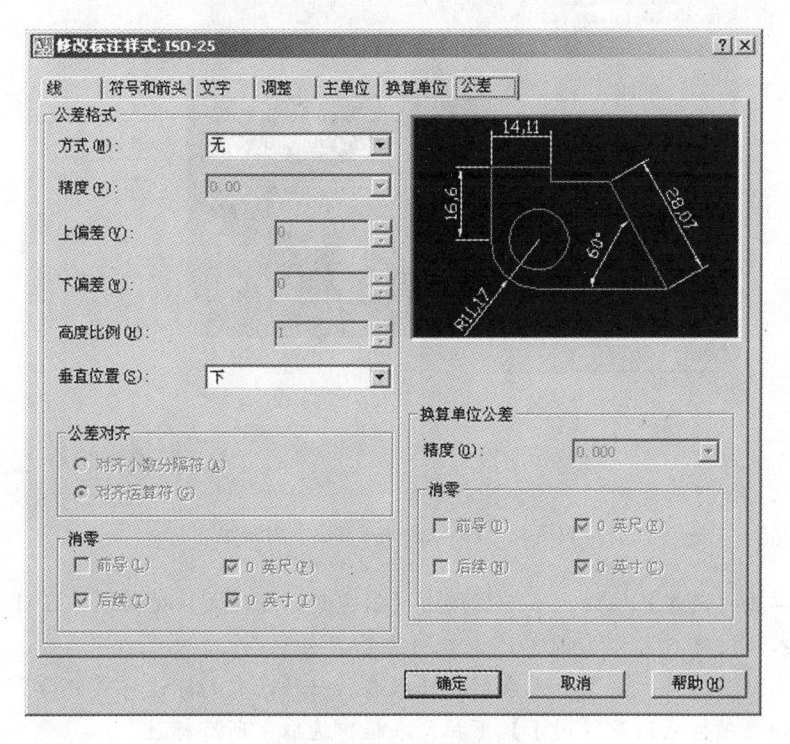

图 7-47　尺寸公差的设置

(2) 选中【显示换算单位】复选框时，系统将启动换算单位的功能，此时尺寸标注中将显示两种单位制的尺寸数字，其中括号内显示的是换算单位后的尺寸数字。在【换算单位】选项组中，可以设置换算单位的格式、精度、单位换算的系数、舍入精度以及

前后缀等。

7.6.7 尺寸公差的设置

在【公差】选项卡中，可以设置尺寸标注中的公差。

尺寸公差的设置的操作步骤如下：

(1) 单击【修改标注样式】对话框的【公差】选项卡，如图 7-47 所示。

(2) 从【公差格式】选项组中的【方式】下拉列表框中选择“极限偏差”，就可以设置尺寸标注的精度、上下偏差、高度比例和垂直位置等。

7.7 管理标注样式

通过【标注样式管理器】对话框，可以方便、快捷地管理尺寸标注的样式。

管理标注样式包括：创建标注样式、设置当前标注样式、修改标注样式、替代标注样式和比较标注样式。

创建标注样式的具体操作步骤如下：

(1) 单击【格式】/【标注样式】命令，打开【标注样式管理器】对话框，如图 7-48 所示。

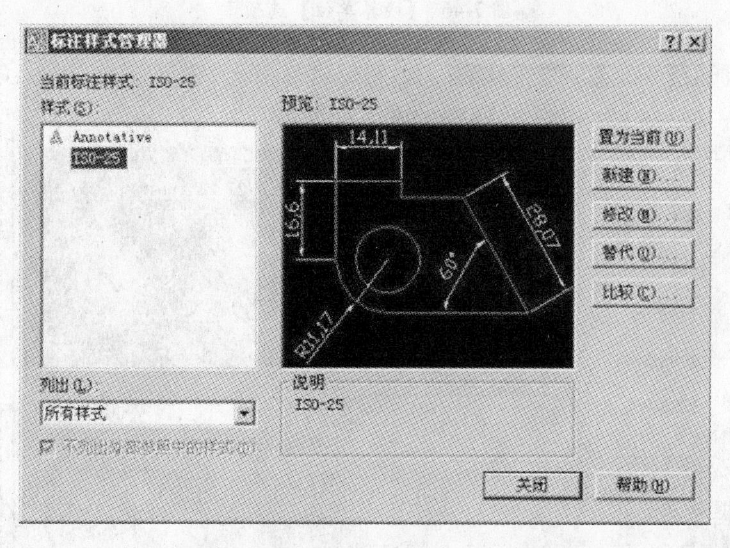

图 7-48 【标注样式管理器】对话框

(2) 单击【新建】按钮，系统将弹出【创建新标注样式】对话框，在【新样式名】文本框输入标注样式名称“新建 1”，如图 7-49 所示。

(3) 在【基础样式】下拉列表框中可以选取一种已有的标注样式 ISO-25 作为新建标注样式的基础样式；在【用于】下拉列表框中选取“所有标注”。

(4) 单击【创建新标注样式】对话框的【继续】按钮，在弹出的【新建标注样式：新建 1】对话框中设置“新建 1”标注样式的各项参数。

(5) 单击【调整】选项卡，选中【调整选项】选项组中的【文字和箭头】单选按钮，再选中【文字位置】选项组中的【尺寸线上方，不带引线】单选按钮，如图 7-50 所示。

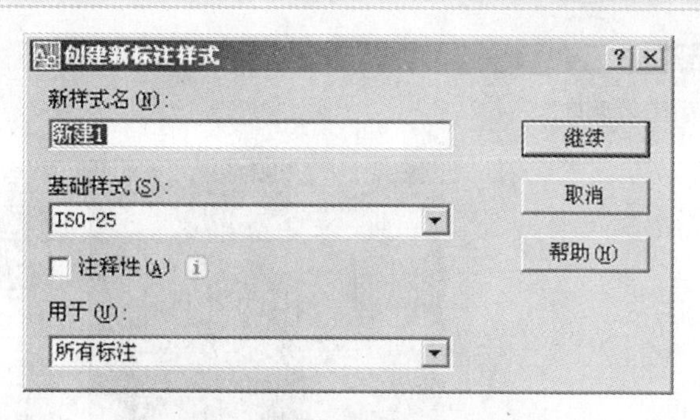

图 7-49 【创建新标注样式】对话框

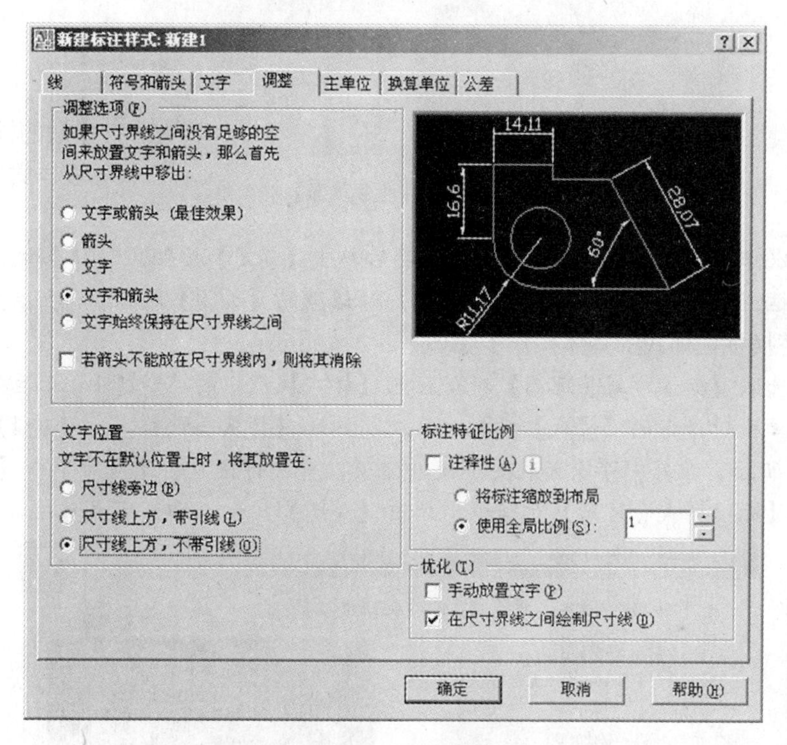

图 7-50 【新建标注样式：新建 1】对话框

(6) 单击【新建标注样式：新建 1】对话框中的【确定】按钮，【新建标注样式：新建 1】对话框消失，从【标注样式管理器】对话框可以看出，目前标注样式管理器中存在两种样式，分别是“ISO-25”和“新建 1”，如图 7-51 所示。

设置当前标注样式的具体操作步骤如下：

(1) 选取【标注样式管理器】对话框的【样式】列表框中的“新建 1”标注样式，使其背景变为蓝色，同时【预览】框中显示标注样式“新建 1”。

(2) 单击【标注样式管理器】对话框的【置为当前】按钮，即可将标注样式“新建 1”设置为当前使用的标注样式，同时对话框的左上角出现【当前标注样式：新建 1】。

修改标注样式的具体操作步骤如下：

(1) 选取【标注样式管理器】对话框的【样式】框中的“新建 1”标注样式，使其背景变为蓝色，同时【预览】框中显示的标注样式“新建 1”。

(2) 单击对话框的【修改】按钮，系统将弹出【修改标注样式：新建 1】对话框，

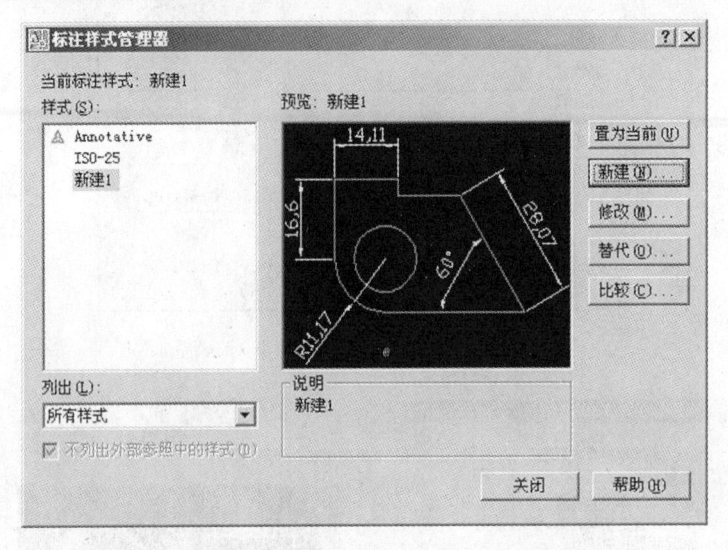

图 7-51 【标注样式管理器】对话框

在其中可以修改标注样式的各项设置，完成后单击【确定】按钮，返回【标注样式管理器】对话框，最后单击【标注样式管理器】对话框的【关闭】按钮，即可完成修改。

替换标注样式的具体操作步骤如下：

(1) 选取【标注样式管理器】对话框的【样式】框中的“新建 1”标注样式。

(2) 单击对话框的【替代】按钮，系统将弹出【替代当前样式：新建 1】对话框，如图 7-52 所示，在其中可以选取要替换的选项，并进行设置，完成后单击【确定】按钮，返回【标注样式管理器】对话框，单击【关闭】按钮，即可完成替换标注样式。

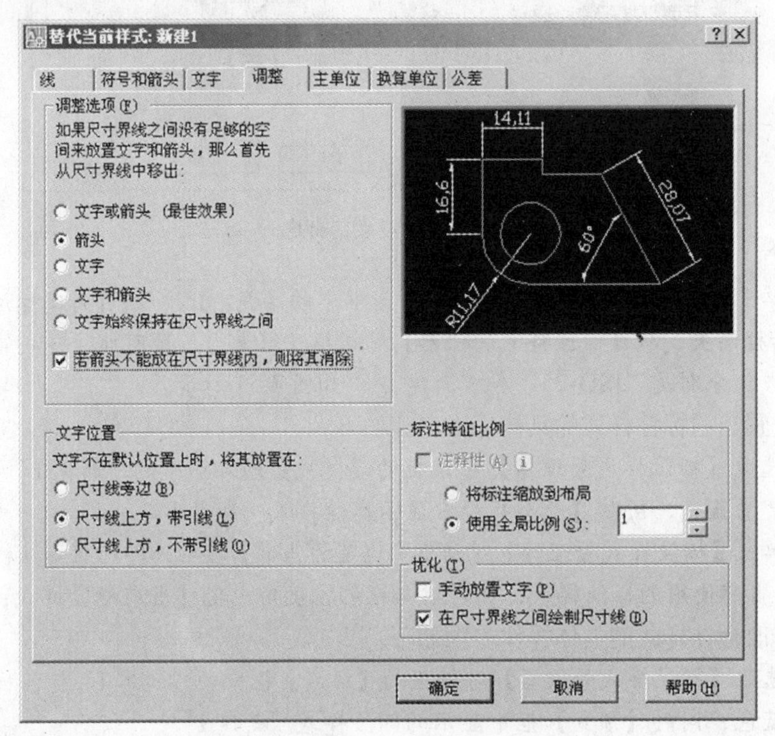

图 7-52 【替代当前样式：新建 1】对话框

比较标注样式的具体操作步骤如下：

(1) 单击【标注样式管理器】对话框的【比较】按钮，系统将弹出【比较标注样式】对话框，如图 7-53 所示。

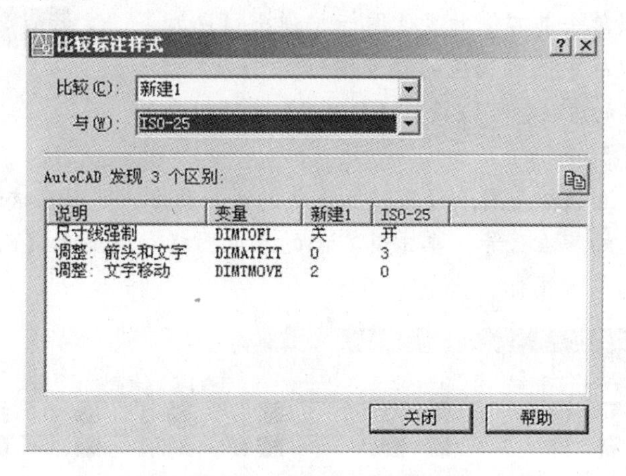

图 7-53　【比较标注样式】对话框

(2) 从【比较】下拉列表框中选取标注样式"新建 1"，然后再从【与】下拉列表框中选取标注样式"ISO-25"。系统将显示所选取的两种标注样式的区别。标注样式"新建 1"与"ISO-25"的区别在于："调整：箭头和文字"和"调整：文字移动"。

7.8　添加形位公差

形位公差表示特征的形状、轮廓、方向、位置和跳动的允许偏差。可以使用特征控制框添加形位公差，该控制框包含了单个标注的所有公差信息。

添加形位公差的具体操作步骤如下：

(1) 执行【标注】/【公差】命令或在命令行输入 TOLERANCE 命令，系统弹出【形位公差】对话框，如图 7-54 所示。

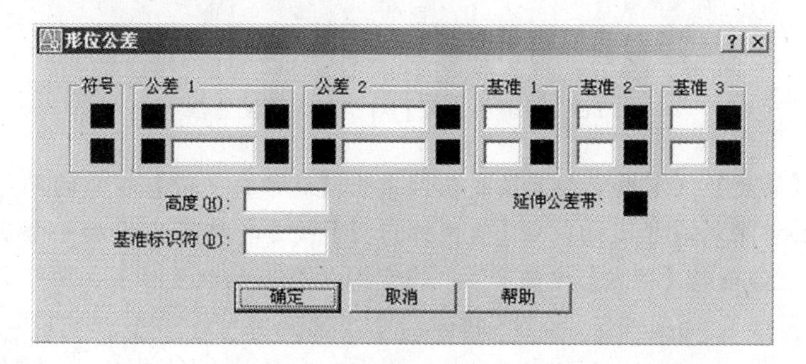

图 7-54　【形位公差】对话框

(2) 单击【符号】选项组中的黑色图标，弹出【特征符号】对话框，如图 7-55 所示。

(3) 单击【符号】对话框中相应的符号图标，即可关闭【特征符号】对话框，同时系统自动将选取的符号图标显示于【形位公差】对话框的【符号】选项组中。

(4) 单击【公差1】选项组左侧的黑色图标，可以添加直径符号；再次单击刚添加的直径符号图标，则可以将其取消。在【公差1】选项组的文本编辑框中可以输入公差1的数值；然后可以单击其右侧的黑色图标，弹出【包容条件】对话框，可以从中选取相应的符号图标。

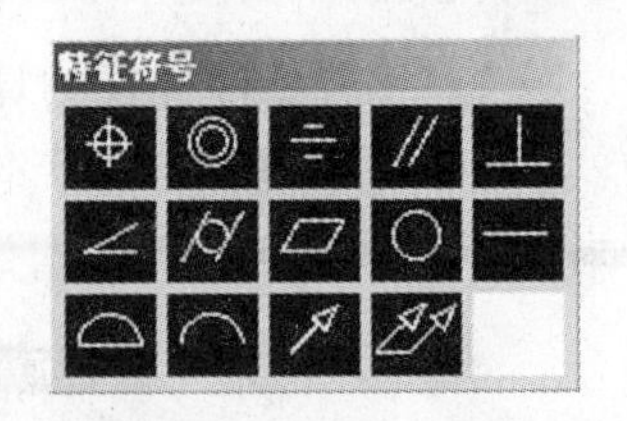

图7-55 【特征符号】对话框

(5) 利用同样的方法，可以设置【公差2】选项组中的各个选项，如图7-56所示。

(6)【基准1】选项组是用于设置形位公差的第一基准。可以在该选项组的文本编辑框中输入形位公差的基准代号，单击其右侧的黑色图标，则显示【包容条件】对话框，从中可选取相应的符号图标。

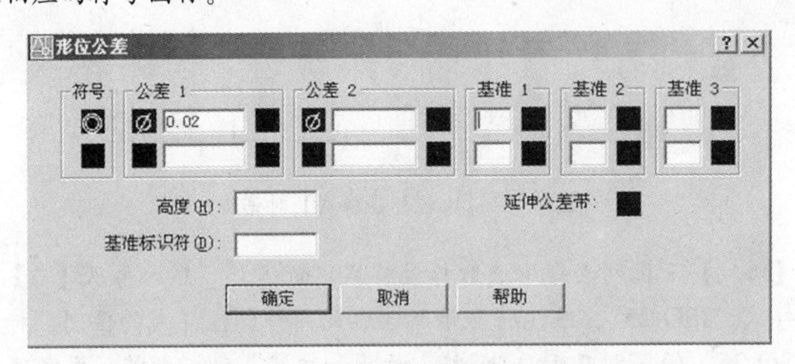

图7-56 【形位公差】对话框（设置公差）

(7) 用户可以设置形位公差的第二、第三基准，如图7-57所示。

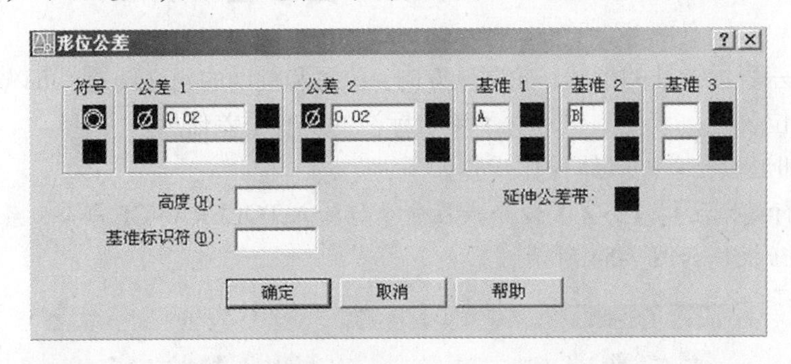

图7-57 【形位公差】对话框（设置基准）

(8) 在【高度】文本框中设置高度值。单击【延伸公差带】右侧的黑色图标，则可以插入延伸公差带的符号图标。在【基准标识符】文本框中可以添加一个基准值。单击【形位公差】对话框的【确定】按钮，然后指定形位公差的放置位置，即可完成操作，如图7-58所示。

提示：基准标识符就是由参照字母组成的基准标识符号。基准是理论上精确的几何参照，用于建立其他特征的位置和公差带。

添加带有引线的形位公差的操作步骤如下：

(1) 在命令行输入LEADER命令，指定引线的起点，指定引线的第二点。

(2) 连续按两次Enter键，此时显示【注释】选项。

(3) 命令行显示“输入注释选项[公差（T）/副本（C）/块（B）/无（N）/多行文字（M）]<多行文字>：”，此时可以输入字母T，并按Enter键，系统将弹出【形位公差】对话框。

(4) 在【形位公差】对话框中设置公差符号与数值等，单击【形位公差】对话框的【确定】按钮即可，如图7-59所示。

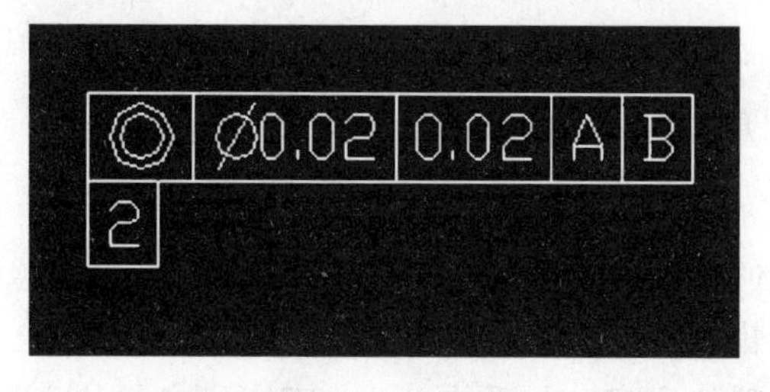

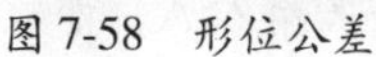
图7-58　形位公差

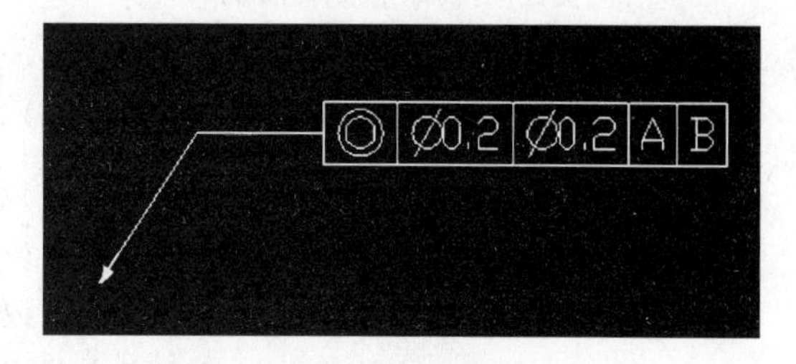

图7-59　带有引线的形位公差

7.9　上机操作

下面将综合运用本章知识，对已绘制的图形标注文字。

操作步骤如下：

(1) 新建并保存文件

首先新建一个文件，在【选择样板】对话框中选择acadiso模板项，然后选择适当路径和文件名保存该文件。

(2) 绘制两个同心圆

绘制大圆的命令行提示如下：

命令：CIRCLE

指定圆的圆心或[三点（3P）/两点（2P）/相切、相切、半径（T）]：500，500

指定圆的半径或[直径（D）]<100.0000>：200

然后绘制小圆，其半径为100，注意要与大圆同心，用绝对坐标将圆心设置为(500，500)。

接下来绘制三角形。可以用LINE命令来绘制，也可以用多边形命令来绘制。单击【绘图】工具栏的正多边形按钮，或选择【绘图】/【正多边形】菜单命令，或输入POLYGON命令，都可以启动正多边形命令。命令行提示如下：

命令：POLYGON

输入边的数目<4>：3

指定正多边形的中心点或[边（E）]：500，500

输入选项[内接于圆（I）/外切于圆（C）]<I>：

指定圆的半径：200

最后得到如图7-60所示的图形。

(3) 标注半径和直径

① 标注小圆。选择【标注】工具栏的半径标注按钮，或选择【标注】/【半径】菜单命令，或在命令行中输入DIMRADIUS，都可启动半径标注命令。输入命令后，系统提示如下：

命令：DIMRADIUS

选择圆弧或圆：(单击选择小圆)

标注文字 =100

指定尺寸线位置或[多行文字（M）/文字（T）/角度（A)]：(单击选择小圆边上的一点)

命令行中第2行提示选择圆弧或圆，可以单击对象来进行选择。第3行显示标注文字，为实际半径尺寸。第4行提示指定尺寸线的位置，可以直接单击确认位置。如果用键盘输入M，将出现多行文字编辑工具，可以输入数字来替代默认的实际半径；如果输入T，可以从命令行直接输入标注文字来替代默认文字；如果输入A，可以指定标注文字和水平线的夹角。

最终的标注效果如图7-61所示。图中AB所示的标注对应上面命令行的标注；而AC的标注是重复上面的命令后，在最后一行命令中输入A，并指定角度为30°。

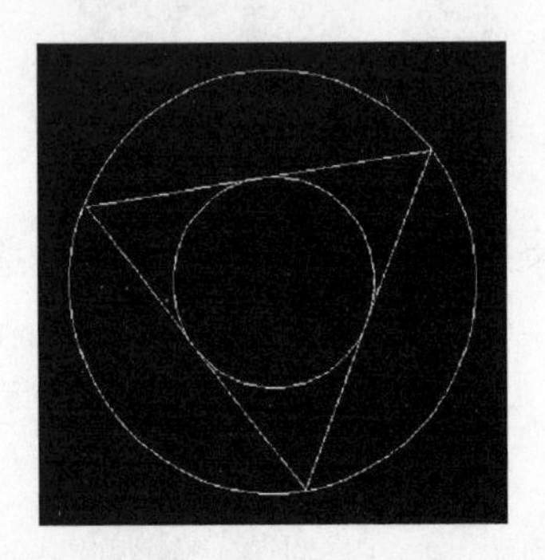

图 7-60 将要被标注的图案

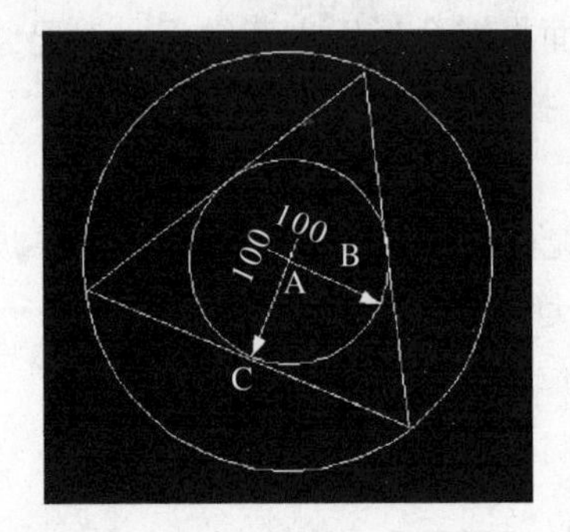

图 7-61 标注半径

② 标注大圆。单击【标注】工具栏的直径标注按钮，或选择【标注】/【直径】菜单命令，或在命令行中输入DIMDIAMETER，都可启动直径标注命令。标注半径为200的大圆的命令行提示及设置如下：

命令：DIMDIAMETER

选择圆弧或圆：(单击选择大圆)

标注文字 =400

指定尺寸线位置或[多行文字（M）/文字（T）/角度（A)]：(单击确定位置)

标注后的效果如图7-62所示。

(4) 标注角度

单击【标注】工具栏的角度标注按钮，或选择【标注】/【角度】菜单命令，或在命令行中输入DIMANGULAR，都可启动角度标注命令。命令行提示如下：

命令：DIMANGULAR

选择圆弧、圆、直线或<指定顶点>：(单击要标注角的一条边)

选择第二条直线：(单击要标注角的另一条边)

指定标注弧线位置或[多行文字（M）/ 文字（T）/ 角度（A）]：(拖动鼠标并单击来确定标注位置)

标注文字 =60

命令行提示的第2行和第3行时中，可用鼠标选择组成角度的直线。第2行中如果选择某一圆或圆弧，则第3行将提示圆或圆弧的另一点，即实际上对圆弧进行角度标注。第4行与标注半径和直径时对应命令行选择的含义相同。如图7-63所示，三角形的60°角对应上面命令行的标注，而55°的角是命令行提示第2行和第3行时选择大圆上面两

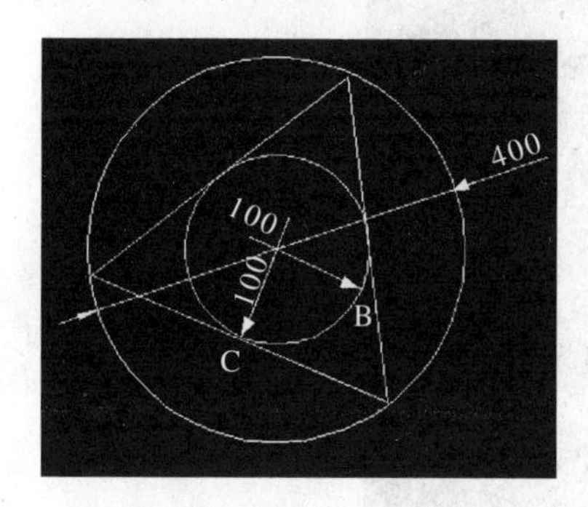

图7-62　标注直径

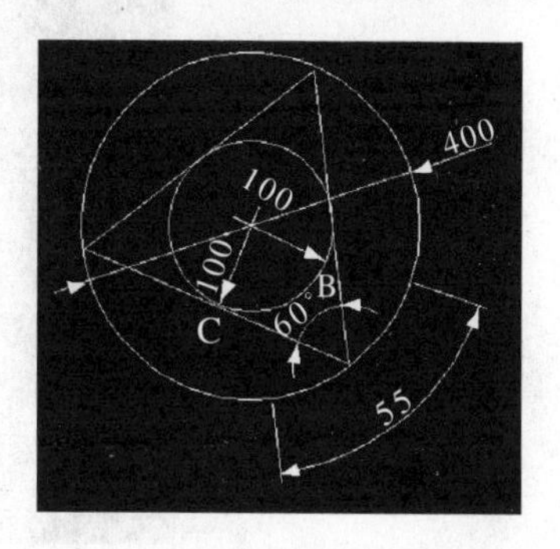

图7-63　标注角度

点的标注结果。

(5) 标注样式设置

如果只是对单个半径、直径、角度标注对象进行样式设置，那么可以双击该对象，并在弹出的【特性】面板中进行特性修改。

如果对所有标注都进行样式设置，则需要单击【标注】工具栏的标注样式按钮，或选择【标注】/【标注样式】菜单命令，或在命令行中输入DIMSTYLE，弹出【标注样式管理器】对话框，单击该对话框右边的【修改】按钮，弹出【修改标注样式】对话框，然后在该对话框的各个选项卡中进行设置即可。

7.10　课后练习题

1．填空题

(1) 坐标尺寸标注是指 ______。

(2) 创建圆心标注时，圆心符号的大小是由变量 ______ 的值来控制。

(3) 通常用的引线是由 ______、______ 和 ______ 组成的标注。

2．选择题

(1) 在命令行输入（　）命令可以创建对齐线性尺寸标注。

A．DIMLINEAR　　B．DIMANGULAR

C．DIMALIGNED　　D．以上均不是

(2) 当用户需要标注两条直线或3个点之间的夹角时，可采用（　）标注。

A．线性标注　B．角度标注　C．直径尺寸　D．半径尺寸

(3) 在【修改标注样式】对话框（　）选项卡中可以修改尺寸界线的特性。

A．直线和箭头　　B．文字　　C．调整　　D．以上均不是

3．上机题

绘制如图 7-64 所示的标注。

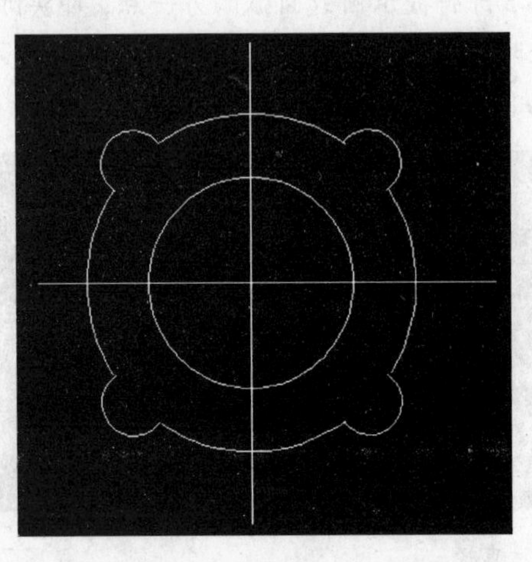

图 7-64　标注尺寸

第 8 章　图块与外部参照

本章要点：

- 使用块
- 块属性
- 使用外部参数

8.1　使　用　块

块是一个或多个对象形成的对象集合，这个对象集合可看成是一个单一的对象，在一个块中，各图形实体均有各自的图层、线型、颜色等特征，但 AutoCAD 总把块作为一个单独的、完整的对象来操作。

8.1.1　创建块和保存块

1．创建块

创建块的操作步骤如下：

(1) 通过下述任一种方法激活创建块命令：

- 执行【绘图】/【块】/【创建】命令。
- 单击【绘图】工具栏上的创建块按钮。
- 在命令行中输入 BMAKE 后按 Enter 键。

命令执行后，系统弹出【块定义】对话框，如图 8-1 所示。

(2) 定义块名。在【块定义】对话框的【名称】下拉列表框内输入块的名称“筷子”。

(3) 确定组成块的对象。单击【选择对象】按钮，系统切换到绘图窗口，并在命令

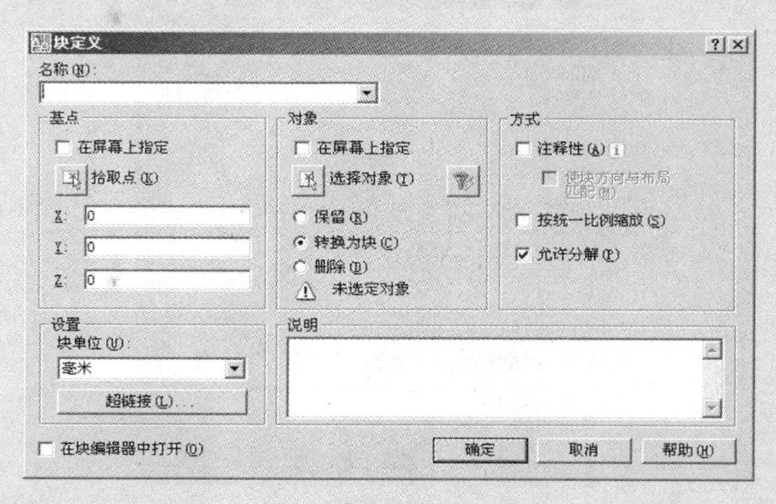

图 8-1　【块定义】对话框

行提示选择对象如下：

选择对象：(选择块的成员对象)

拖动鼠标选择块的对象，再按Enter键确定，效果如图8-2所示。

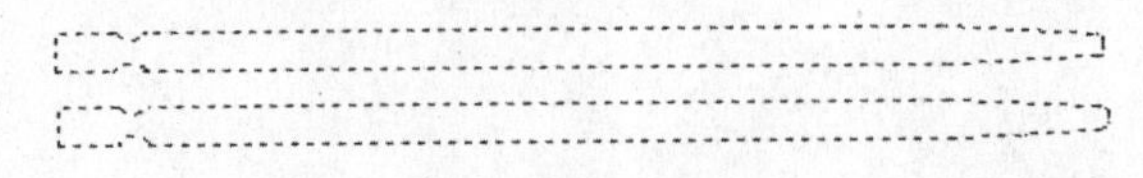

图8-2 确定块的组成

【对象】选项组中的3个单选按钮作用如下：

- 保留：创建块后，在绘图区保留选定对象及其原始状态。
- 转换为块：将创建块的各对象保留下来并转化为块。
- 删除：创建块后，删除创建块的各个对象。

(4) 选择基点。可以在【基点】选项组内的文本框中输入基点坐标（X、Y、Z），也可以单击【拾取点】按钮，系统返回绘图窗口后，在命令行提示下用鼠标选取基点。

基点是将来调用块后执行插入、旋转或缩放的中心点。为了比较容易地确定块插入到图纸中的位置，应该选取实体对象的特征点作为基点，而不宜随意选取基点。

(5) 在【设置】选项组中进行其他设置。部分选项作用如下：

- 块单位：确定在插入块时使用的单位。
- 说明：可在该文本框中输入所定义块的详细信息。
- 超链接：可以通过设置块的超链接来浏览支持其他文件或访问Web网站。

(6) 上述操作结束后，单击【确定】按钮，完成块的创建。

2. 保存块文件

如果在其他图形文件中也能引用所创建的块，则需要将块保存为独立的图形文件。

保存块文件的操作步骤如下：

(1) 在命令行输入WBLOCK后按Enter键，系统弹出【写块】对话框，如图8-3所示。

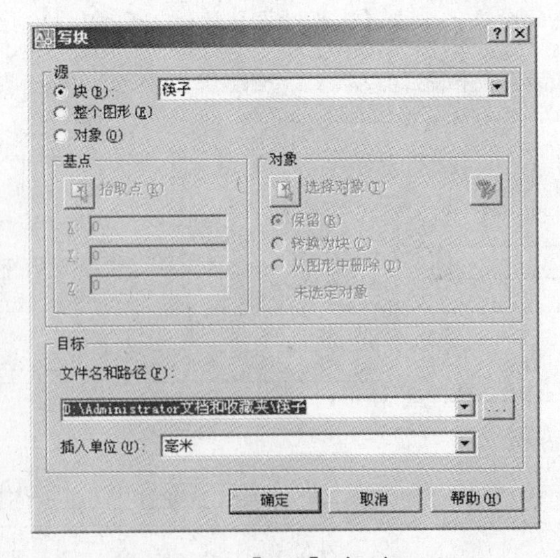

图8-3 【写块】对话框

(2) 在对话框的【源】选项组中选中【块】单选按钮，在其后的下拉列表框中选择前面创建的块“筷子”。【源】复选框内的其他选项说明如下：

- 整个图形：将当前文件的整个图形作为一个块保存起来。
- 对象：选取对象以定义一个块。与定义块的方法相同。

(3) 在【目标】选项组内设置输出文件名、输入块文件的位置、插入单位。单击【文件名和路径】选项的按钮，出现如图 8-4 所示的【选择文件】对话框，可从中选择要保存块的路径并设置文件名称，单击【保存】按钮，关闭对话框。

(4) 在【写块】对话框中单击【确定】按钮，完成该块文件的保存。

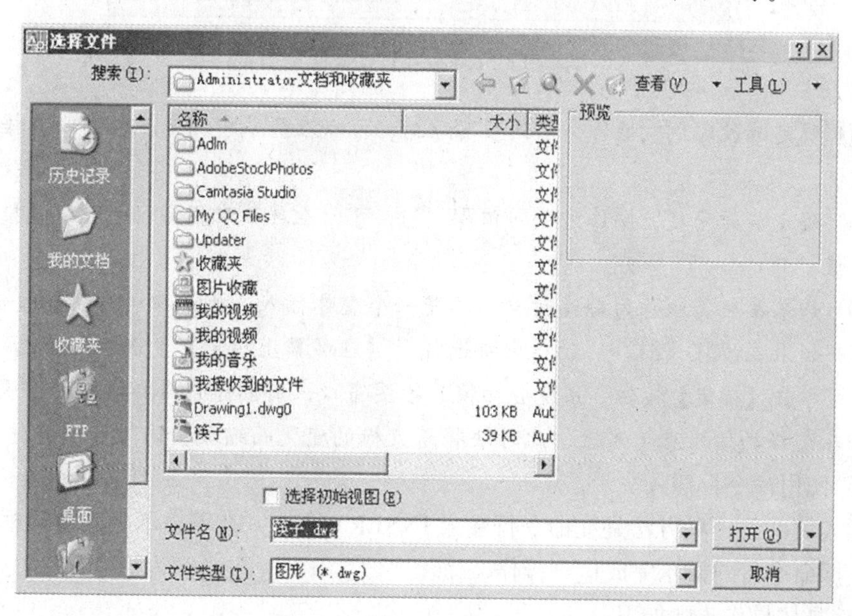

图 8-4 【选择文件】对话框

8.1.2 块的插入和嵌套

1. 插入块

插入块是在【插入】对话框中设置的，其中的【旋转】选项组确定块的旋转角度。块在插入时可以任意改变其角度，使其按需要的角度插入到图形中；同样也可以在屏幕上指定块的旋转角度或直接输入旋转角度。

1）使用对话框插入块

使用对话框插入块的操作步骤如下：

(1) 执行【插入】/【块】命令，或在命令行中输入 INSERT 后按 Enter 键。

执行命令后，系统将弹出如图 8-5 所示的【插入】对话框。

(2) 定义块名。在插入对话框的【名称】下拉列表框里选择或输入要插入的块名；或单击【浏览】按钮并通过弹出的【选择文件】对话框选择要插入的块文件，在预览框内可以观察块的预览效果。

(3) 确定插入点。可以使用两种方法确定插入点：①选中【在屏幕上指定】复选框，用鼠标在绘图区单击指定；②不选该复选框，在 X、Y、Z 坐标文本框中输入插入点。

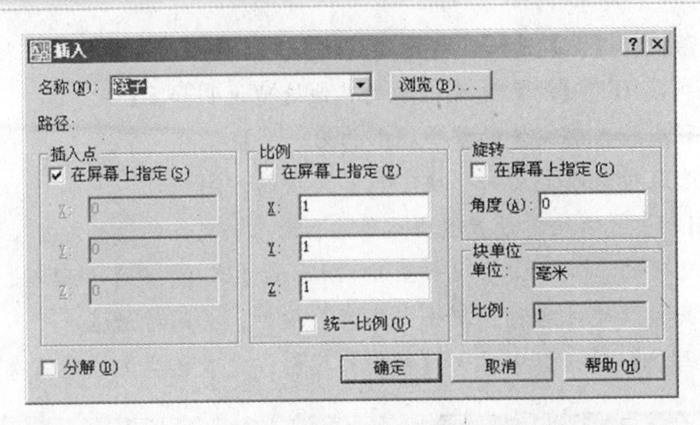

图 8-5 【插入】对话框

(4) 确定缩放比例。操作方法同步骤 (3)，可以在屏幕中指定，也可以直接输入缩放比例值。

(5) 确定旋转角度。操作方法同步骤 (3)，可以在屏幕中指定，也可以直接输入旋转角度值。

(6) 如果希望将块作为分离对象而不是一个整体插入，则选中【分解】复选框。

(7) 如果在步骤 (3) ~ (5) 中都选择了【在屏幕上指定】复选框，不选【分解】选项，可单击【确定】按钮，系统会切换到绘图窗口，用鼠标选择要插入的位置，块的基点将在选择的插入点上定位，此时块将随鼠标的变化而缩放，同时可以旋转角度。

2）使用命令行插入块

插入块的另一种方法是在命令行输入 INSERT 命令，在不显示插入对话框的情况下，根据命令行的提示完成这一操作。

具体操作步骤如下：

(1) 在命令行输入 INSERT 命令，系统提示：

命令：_INSERT

输入块名或[?] <AL>：筷子（在此输入要插入的块的名称，或直接按 Enter 键插入尖括号内的当前块）

若输入“?”，则可查询当前图形中所有块的定义，系统将弹出一个文本窗口，显示已存在的各个块的基本信息，以供选用。

(2) 在命令行输入块名后，系统提示：

指定插入点或[比例（S）/X/Y/Z/ 旋转（R）/ 预览比例（PS）/PX/PY/PZ/ 预览旋转（PR）]：

可以用鼠标在绘图窗口指定插入点，或直接输入插入点的坐标。

提示行各选项含义如下。

- 比例：设置 X、Y、Z 三个方向相同的比例。
- X、Y、Z：这三个选项分别设置块在 X、Y、Z 方向的比例因子。
- 旋转：设定块的旋转角度。当块被拖到要插入的位置时，以指定的旋转角度显示。

- 预览比例：为块的预览设置 X、Y、Z 三个方向的一个临时的比例因子。
- PX、PY、PZ：这三个选项分别为预览 X、Y、Z 三个方向的比例因子。
- 预览旋转：为块的预览设置临时性的旋转角度，在指定插入点后，系统会提示输入实际旋转角度。

(3) 在执行上述提示的任一选项后，系统将继续提示：

输入 X 比例因子，指定对角点，或[角点（C）/（XYZ）]<1>：（输入 X 方向的比例系数）
输入 Y 比例因子或<使用 X 比例因子>：（输入 Y 方向的比例系数）
指定旋转角度<0>：（输入旋转角度）

完成上述操作后，系统将根据设置将块插入指定的位置。

2．块的嵌套

块的嵌套是指在定义块时所选的块对象之中至少有一个是块。块定义可以多层嵌套，嵌套层数没有限制。创建、嵌套块的方法与创建普通块的方法相同。

> **提示：**
>
> (1) 块不能嵌套自己。
>
> (2) 如果块中的所有对象都需要有自己的图层、颜色、线型和线宽等特性，应该为块中的各个对象分别指定特性。
>
> (3) 如果要用插入图层的特性来控制块中各对象的颜色、线型和线宽等特性，应将块中的各个对象绘制在图层 0 上，并将这些特性设置为“随层”。
>
> (4) 如果用当前特性来控制块中每个对象的颜色、线型和线宽等特性，应将块中的各个对象的这些特性设置为“随层”。

8.1.3　分解块

在 AutoCAD 中，可以用 INSERT 命令将插入的块进行分解，逐级退化为原来的组成对象。分解后的块保留插入时的比例系数。分解块时，只影响单个块的引用，原来的定义仍然保留在图形中；此时，仍然可以继续插入块的引用。

在命令行输入 EXPLODE，根据提示选择块，然后按 Enter 键即可对块进行分解。

分解一个块，将恢复为它原来的组成对象。如果块中含有嵌套的块，则嵌套块不受影响，可以再次使用 EXPLODE 命令分解嵌套的块。

8.1.4　重定义块

块的重新定义常用于在一幅图形中插入多个相同的块，又需要将所有这些相同的块统一做一些修改。要定义当前图形中引用的块，应当用与要重定义的块相同的块名来创建新块。如果块来自一个单独的图形文件，则必须在当前图形中重新定义一个块。

有两种方法可以重定义块：①在当前图形中修改块的定义。②修改原图形中的块定义并将其重新插入到当前图形中。选择哪种方法取决于是仅在当前图形中进行修改，还是需要同时修改原图形。

在当前图形中重定义块的操作步骤如下：

(1) 激活创建块的命令，在弹出的【块定义】对话框的【名称】下拉列表框中选择

要重定义的块。

(2) 使用对话框的相应选项来修改块的定义。

(3) 单击【确定】按钮完成修改。

8.2 块 属 性

属性是附加在块上的文本说明，用于表示块的非图形信息。在插入一个带有属性的块时，AutoCAD 将把固定的属性值随块添加到图形中，并提示输入可变的属性值。对于带有属性的块，可以提取属性信息，并将这些信息保存到一个单独的文件中。

8.2.1 创建属性

要创建属性，首先必须创建描述属性特征的属性定义。特征包括标记、插入块时显示的提示、值的信息、文字格式、位置和任何可选模式。

创建属性的操作步骤如下：

(1) 绘制如图 8-6 所示的图形，从菜单中选择【绘图】/【块】/【定义属性】命令，弹出【属性定义】对话框。

(2) 在【模式】选项组中选中【预置】单选按钮。

(3) 在【属性】选项组的【标记】文本框中输入“粗糙度”，在【提示】文本框中输入“输入粗糙度：”，在【值】文本框中输入“3.2”，如图 8-7 所示。

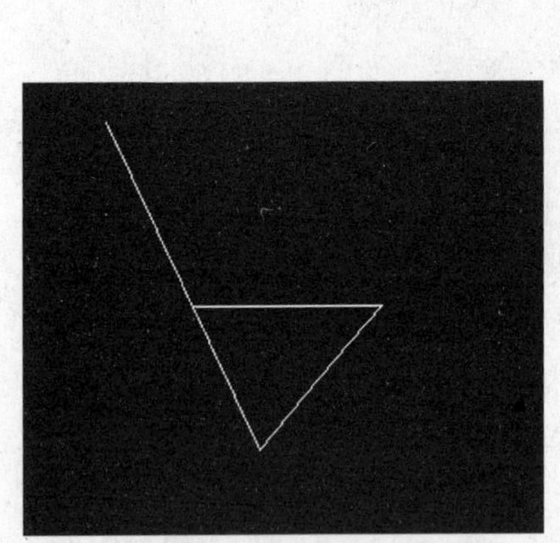

图 8-6 绘制图形

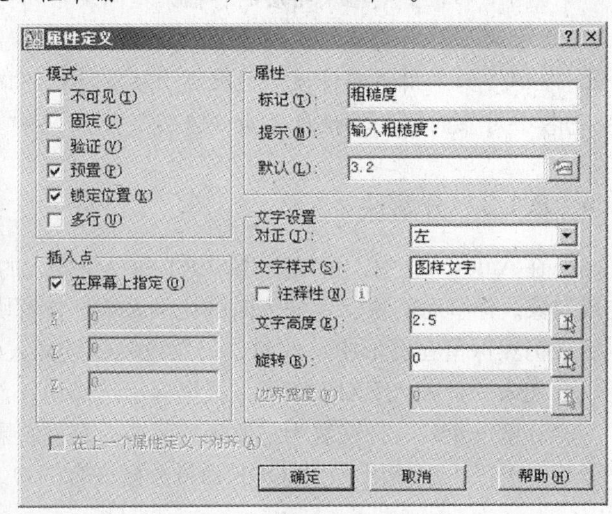

图 8-7 【属性定义】对话框

(4) 单击【拾取点】按钮，系统将自动隐藏对话框并切换到图形窗口。在左端点右上方选取一点。

(5) 在【属性定义】对话框中单击【确定】按钮，此时在绘图区内将看到如图 8-8 所示的图形。

提示：由于输入的标记名为汉字，必须从菜单栏中选择【格式】/【文字样式】命令，然后在【文字样式】对话框中修改字体。

8.2.2　编辑属性定义

把属性附加到块之前，如果用户觉得有必要编辑或修改属性定义，可用DDEDIT命令来更改属性的标记、提示或默认值。

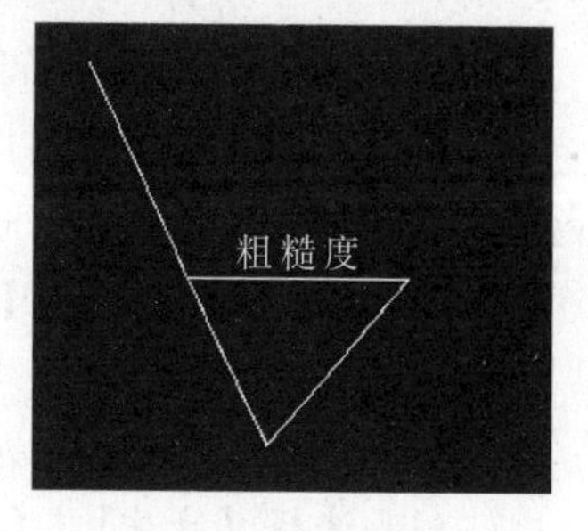

图 8-8　创建块属性

编辑属性定义的操作步骤如下：

(1) 在命令行输入DDEDIT，按Enter键。

(2) 根据提示"选择注释对象或[放弃 (U)]："，选择刚创建的属性，弹出【编辑属性定义】对话框。

(3) 修改【提示】为"输入表面粗糙度："。

(4) 单击【确定】按钮，完成属性定义编辑。

提示：DDEDIT命令只能编辑属性定义。一旦属性定义追加入块而成为块的属性，就不能进行属性编辑。

8.2.3　给图块附加属性

定义好属性后，就可以将它与其他实体一起作为块的组成部分，并定义为块。定义块的过程中，选取实体时将属性也选上，这样定义好的块就包含了该属性。在插入块时，系统就会用属性定义中指定的提示文本，提示输入该属性的属性值。每插入一次该块，就指定一次属性值，即可以为插入的各图指定不同的属性值。

如果需要给同一个块附加几个属性，可以分别定义这些属性，然后在定义块时一起包含在块中就可以了。需要注意的是，如果希望插入块时按照一定的顺序输入其各个属性值，那么在定义块时也应该按照相同的顺序选取各个属性。

给图块附加属性的操作步骤如下：

(1) 在命令行输入BLOCK，弹出【块定义】对话框。

(2) 在【块定义】对话框的【名称】文本框中输入"粗糙度"，捕捉图形的下尖点作为图块粗糙度的插入点，选择全部图形，单击【确定】按钮，先前创建的块属性已经附加到块上了。

(3) 在命令行输入INSERT，弹出【插入】对话框。

(4) 在【插入】对话框的【名称】文本框中选择"粗糙度"，再输入缩放比例和旋转角度，单击【确定】按钮。

(5) 在绘图区任选一点作为插入点，得到如图8-9所示的图形。

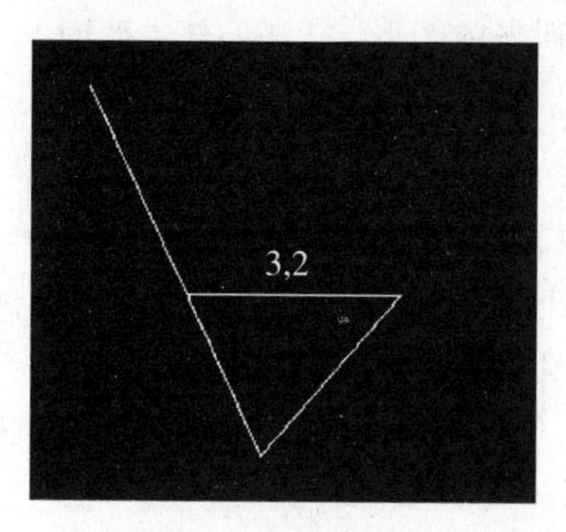

图 8-9　编辑属性定义

8.2.4　编辑块的属性

在插入块时，如果输入了错误的属性信息，可以以后再编辑插入到图形中的块的属性值。系统提供了多种编辑属性的方法，可以编辑附着在块上的一个或多个属性值、修改单个属性的外观或全局修改多个属性值。

编辑单个块属性的操作步骤如下：

(1) 在命令行输入ATTEDIT，按Enter键。

(2) 根据提示“选择块参照：”，选择带有属性的块，弹出【编辑属性】对话框。

(3) 修改【编辑属性】对话框中的“3，2”为“6，4”，单击【确定】按钮，完成块属性的编辑。

修改个别属性的操作步骤如下：

(1) 选择【修改】/【对象】/【属性】/【全局】命令。

(2) 在“输入块名称定义<*>：”提示下输入“粗糙度”，按Enter键。

(3) 在“输入属性标记定义<*>：”提示下输入“粗糙度”，按Enter键。

(4) 在“输入属性值定义<*>：”提示下按Enter键。

(5) 在“选择属性：”提示下选择图示的属性“6，4”，系统用×标记选择集中的第一个属性。

(6) 在“输入选项[值(V)/位置(P)/高度(H)/角度(A)/图层(L)/颜色(C)/下一个(N)]<下一个>：”提示下输入H。

(7) 在“指定新高度<0.2000>：”提示下输入0.4，按Enter键。

(8) 在“输入选项[值(V)/位置(P)/高度(H)/角度(A)/图层(L)/颜色(C)/下一个(N)]<下一个>：”提示下按Enter键结束，如图8-10所示。

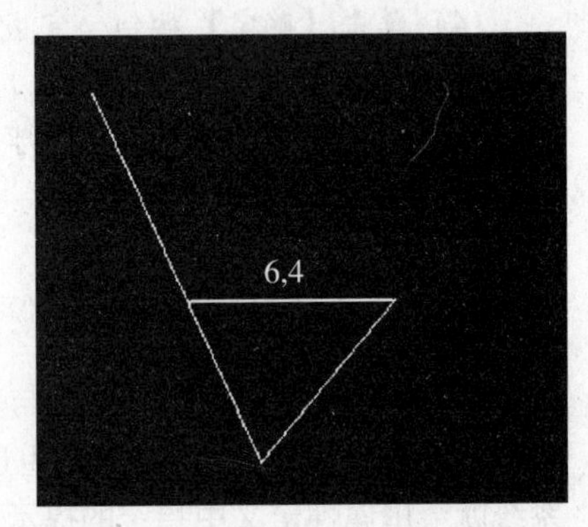

图8-10 完成属性修改

8.3 使用外部参照

外部参照是把已有图形文件插入到当前图形文件的一种方法，这一点和插入块类似。但不同的是，将图形作为参照插入时，它存储在图形中，不随原始图形的改变而更新。将图形作为外部参照的附着时，该参照图形将被链接到当前图形；打开外部参照时，对参照图形所做的任何修改都会显示在当前图形中。

外部参照在当前图形中显示为单个对象，且不能被分解。由于图形不是直接插入，所以当前图形文件不会因外部参照的引入而显著增加其大小。

使用外部参照可以由一组子图形合成一个复杂的主图形，在子图形被修改后，再次打开主图形时，所有修改了的子图形均被更新。利用这个特点，可以避免重复工作，从而提高效率。

8.3.1 使用外部参照

可以使用外部附着参照命令或【外部参照】属性面板，将图形文件以外部参照的形式插入到当前图形中。

使用外部附着参照的操作步骤如下：

(1) 用下述任一种方法调用外部参照命令：

- 执行【插入】/【DWG参照】命令。

● 单击【参照】工具栏中的附着外部参照图标。
● 在命令行输入 XATTACH 命令。

将弹出如图 8-11 所示的【选择参照文件】对话框。

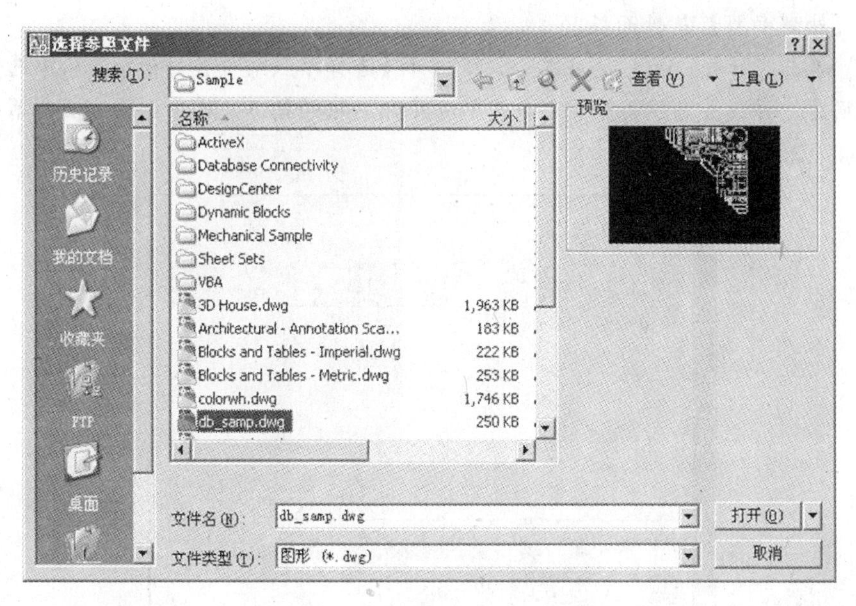

图 8-11　【选择参照文件】对话框

(2) 用【选择参照文件】对话框选择参照文件后，再单击【打开】按钮，弹出如图 8-12 所示的【外部参照】对话框，在此选择参照类型。参照类型分为附着型和覆盖型。若选择“附着型”，在参照一个附着了外部参照的外部图形时，将显示出嵌套参照中的嵌套内容；若选择“覆盖型”，在参照一个覆盖了外部参照的图形文件时，第一个外部文件中的图形将变为不可见。

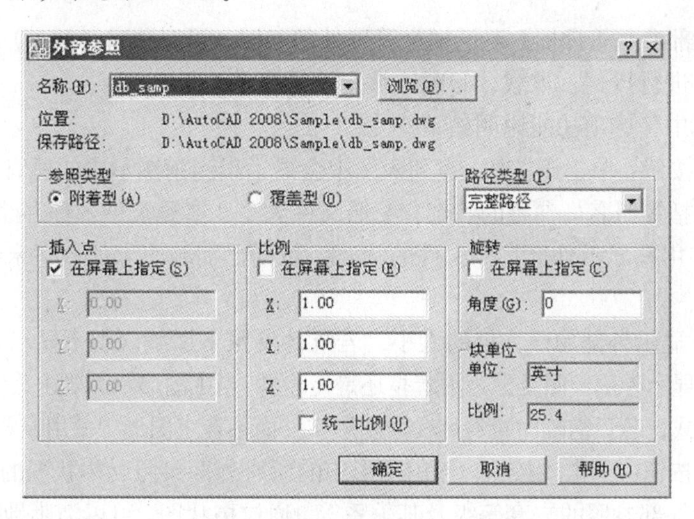

图 8-12　【外部参照】对话框

(3) 指定插入点、缩放比例和旋转角度后，单击【确定】按钮，即完成外部参照的插入。若选择【在屏幕上指定】复选框，则单击【确定】按钮后，再使用鼠标等定点设

备在绘图区指定。

使用【外部参照】属性面板的操作步骤如下：

(1) 执行【插入】/【外部参照】命令，或在命令行输入XREF命令，将弹出如图8-13所示的【外部参照】属性面板。

(2) 单击“附着DWG”按钮，可打开【选择参照文件】对话框，从中选中要插入的参照文件并设置参照类型等，即可完成外部参照的插入。具体操作方法与第一种方法的步骤 (2)、(3) 一样。

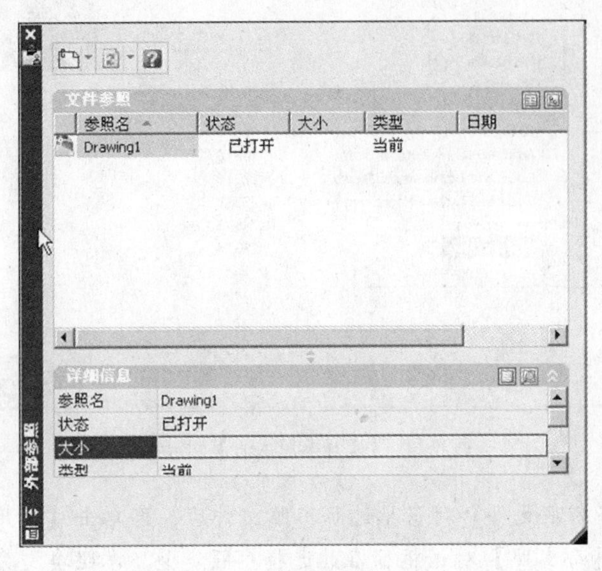

图8-13 【外部参照】属性面板

8.3.2 管理外部参照

通过【外部参照管理器】对话框来管理外部参照，可以附着（插入）外部参照，并可对外部参照进行拆离、重载、卸载或绑定等操作。

该对话框中各选项功能说明如下。

- 列表图按钮：单击该按钮，在列表图中会显示出当前图形中的所有外部参照及其详细信息，包括参照名、参照的状态、参照文件大小、参照类型、保存路径等。其中：

➢ 状态：用来显示外部参照文件的状态，包括已加载、未加载、未参照、没有发现等。

➢ 大小：显示外部参照文件的大小，若外部参照未加载，则不显示其大小。

➢ 类型：显示外部参照类型是附着型还是覆盖型。当主图形中需要永久使用外部参照，则使用附着方式；若只需临时查看另一个图形文件而不在主图形中使用，则用覆盖方式。

- 树状图按钮：单击该按钮，当前图形中的所有外部参照以树状图的形式显示，显示的信息包括外部参照的嵌套等级及其关系等。通过树状图，可以清晰地查看外部参照嵌套的层次结构。
- 附着：单击该按钮，将执行XATTACH命令，将一个图形插入当前图形文件中。
- 拆离：单击该快捷菜单中的命令，可以解除当前图形中一个或多个外部参照的绑

定。只有直接绑定或覆盖在当前图形中的外部参照图形，才可以解除绑定。

● 重载：在不退出当前图形文件的情况下，选择该快捷菜单中的命令可更新外部参照。

● 卸载：选择该快捷菜单中的命令可卸载所选的外部参照，但仍保留该外部参照的文件路径。

● 绑定：通过该快捷菜单中的命令可将所选的外部参照转化为块的形式，从而使其成为当前图形的一部分。选择该快捷菜单中的命令，弹出【绑定外部参照】对话框，可以从中选择绑定方式或插入方式。

8.3.3　编辑外部参照

可以不修改原图形，而在当前图形中对插入的外部参照进行直接编辑。执行该操作时，每次只可选择一个参照进行编辑。

直接编辑外部参照的操作步骤如下：

(1) 执行【工具】/【外部参照和块在位编辑】/【在位编辑参照】命令，系统提示：

命令：_REFEDIT

选择参照：(选择要编辑的参照)

(2) 在绘图区域选择要编辑的参照后，系统弹出如图 8-14 所示的【参照编辑】对话框。单击【确定】按钮后，系统返回绘图区并显示【参照编辑】工具栏，如图 8-15 所示。此时可以使用工具栏中的工具编辑所选的参照，比如可选中参照的某个对象进行直接编辑操作；或单击“添加到工作集”按钮，给所选参照添加对象；单击“从工作集删除”按钮，会从所选参照中删除对象。

(3) 当对参照的编辑操作结束后，若要保存修改的结果，可单击“保存参照编辑”按钮，此时系统弹出如图 8-16 所示的对话框，单击【确定】按钮即可；若不希望保存所做的修改，则可单击“关闭参照”按钮。操作结束后，系统退出参照编辑状态。

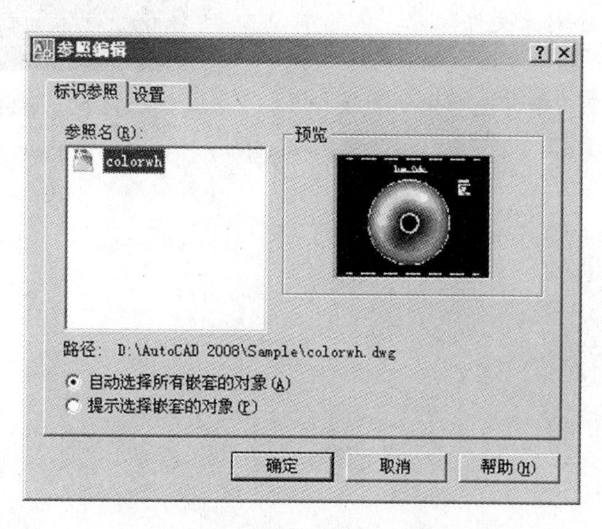

图 8-14　【参照编辑】对话框

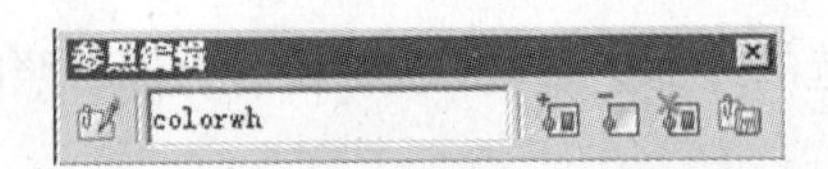

图 8-15 【参照编辑】工具栏

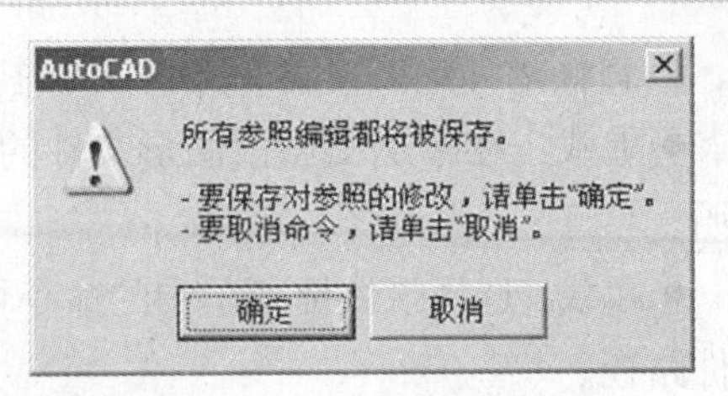

图 8-16 【保存修改提示】对话框

8.4 课后练习题

1．填空题

(1) ________ 命令用于编辑已经附着到块上并插入到图形中的属性。

(2) 与块中的其他对象不同，属性可以________ 块而被编辑。

(3) 通过外部参照载入一个图形的符号，称为外部参照 ________。

2．选择题

(1) 下列（　）提取属性格式需要样板文件。

A．cdf　B．sdf　C．dxf　D．A 和 B　E．以上都不对

(2) 一个块是（　）。

A．可插入到图形中的矩形图案

B．由 CAD 创建的单一的元素

C．一个或多个对象作为单一的对象存储，便于以后的检索和插入

D．以上都不对

(3) WBLOCK 命令可以创建（　）。

A．一个图形

B．一个块集合

C．一个符号库

D．一个对象文件

3．上机题

将如图 8-17 所示的图形定义为块。

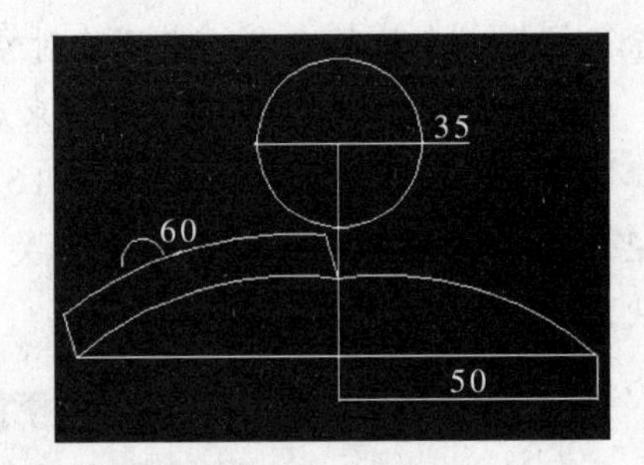

图 8-17　将图形定义为块

第9章 浏览图形

本章要点：

- 重画和重生成图形
- 平移图形
- 缩放图形
- 使用鸟瞰视图
- 使用命名视口

9.1 重画和重生成图形

绘图时如果打开了点标记功能，会在屏幕上留下许多标记，这些标记有助于绘图定位，但标记过多会使画面显得混乱，可以使用【重画】绘图清理命令清理屏幕并重画图形对象。

默认情况下，点标记是关闭的。可以使用AutoCAD命令打开点标记，方法是在命令行“命令：”的提示后输入BLIPMODE，再在“BLIPMODE输入模式[开（ON）/关(OFF)] <关>：”提示后输入ON，就可以打开点标记。

使用【重画】命令清理屏幕并重画图形对象的操作步骤如下：

(1) 在绘图区画图时，有时会留下很多点标记，如图9-1所示。

(2) 从菜单栏选择【视图】/【重画】命令，就会发现在绘图区留下的很多点标记被清除，如图9-2所示。

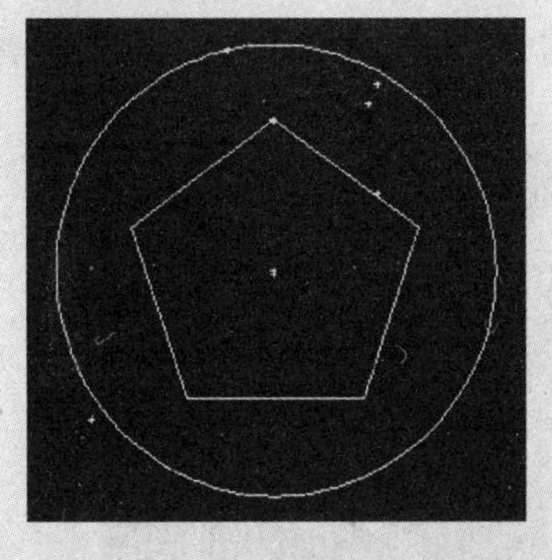

图9-1 使用【重画】命令前的图形

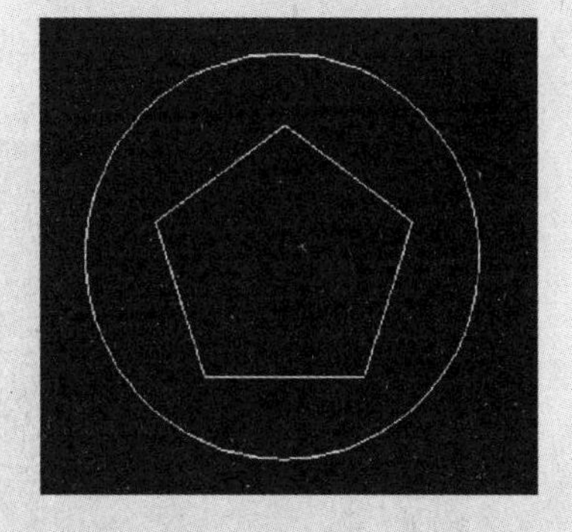

图9-2 使用【重画】命令后的图形

提示：也可以在命令行输入REDRAWALL来启动【重画】命令。在画图时，可以关闭点标记，而通过打开【捕捉】、【栅格】和【对象捕捉】功能来进行定位。

也可以使用【重生成】命令清除点标记。与重画操作功能相同，可以重生成当前视口或所有视口中激活的图形。重生成花费的时间要比重画的时间长，因为图形对象的有关信息以浮点值的形式保存在数据库中，并具有很高的数据精度。有时，一个图形必须在浮点数据库中重新计算或重新生成，并将浮点值换成相应的屏幕坐标。有些命令可以自动地重新生成整个图形并重新计算屏幕坐标。

9.2 平移图形

因为受屏幕大小的限制，图形并不一定全部被显示在屏幕内，所以如果想要看到当前屏幕以外的图形，可以使用【平移】命令。

通过滚动条或【平移】命令，可以移动当前视口中的图形，而不改变当前的放大率。滚动条可以水平和竖直地移动图形，【平移】命令可以沿任何方向移动图形。

9.2.1 使用滚动条平移图形

每个 AutoCAD 绘图窗口中都有水平和竖直滚动条，可以用它们平移整个图形。滑块在滚动条中的相对位置决定了图形相对实际屏幕范围内的位置。在多重视口中工作时，滚动条仅对当前视口有效。

9.2.2 使用平移命令平移图形

【平移】命令可以沿任意方向移动图形。平移可使图形在水平方向、竖直方向或沿斜线方向移动。而图形的放大率保持相同，仅仅是被显示图形的位置发生了变化。

激活【平移】命令之后，光标将变成一支“小手”，此时可按住鼠标左键将光标锁定在当前位置，然后拖动图形使其移动到所需位置上，松开拾取按钮将停止平移图形。

使用【平移】命令的操作步骤如下：

(1) 单击选中【标准】工具栏上的【实时平移】按钮，此时将鼠标移动到绘图区，光标将变成一只“小手”。图形原始位置如图 9-3 所示。

(2) 按住鼠标左键，拖动图形使其移动到所需位置，此时在命令行出现“按 Esc 或

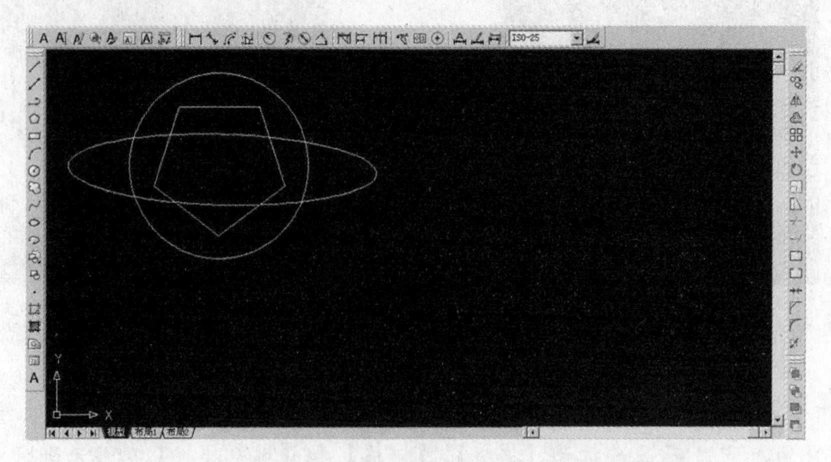

图 9-3 使用【平移】命令前图形的位置

Enter 键退出，或单击右键显示快捷菜单”的提示，然后按 Enter 键，完成图形的平移，如图 9-4 所示。

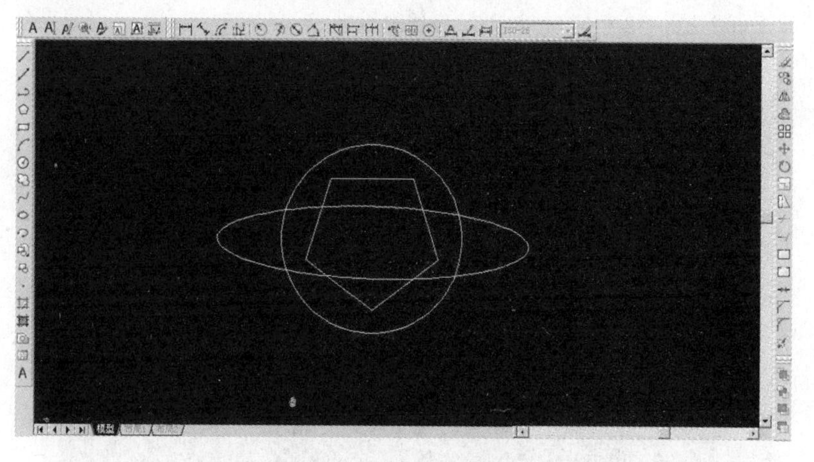

图 9-4　使用【平移】命令后图形的位置

9.3　缩放图形

绘图时所能看到的图形都处在视窗中。利用视窗缩放功能，可以改变图形实体在视窗中显示的大小，从而方便地观察在前视窗中太大或太小的图形，或准确地进行绘制实体、捕捉目标等操作。缩放图形的命令位于【视图】/【缩放】命令中，有多个子命令。

9.3.1　实时缩放

使用缩放命令时的默认方式是使用实时缩放特性。就像实时平移一样，实时缩放可以交互式地修改图形的放大率。

进行实时缩放的操作步骤如下：

(1) 在【标准】工具栏中单击【实时缩放】按钮，在命令行出现“[全部 (a) / 中心 (C) / 动态 (D) / 范围 (E) / 上一个 (P) / 比例 (S) / 窗口 (W)]/ 对象 (O)<实时>：”的提示，如图 9-5 所示。

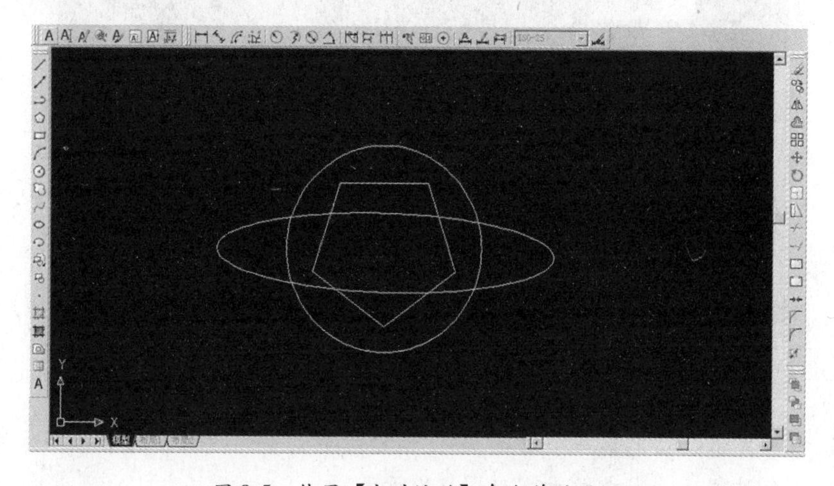

图 9-5　使用【实时缩放】命令前的图形

(2) 按住鼠标左键，然后拖动放大镜向上移动，可放大图形。

(3) 松开鼠标左键，停止缩放。

(4) 按Enter键，结束实时缩放，如图9-6所示。

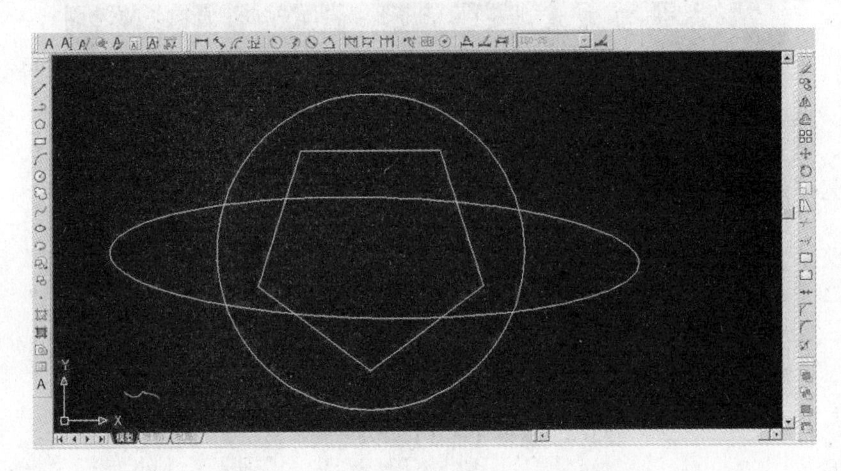

图9-6 使用【实时缩放】命令后的图形

9.3.2 使用缩放窗口

通过指定矩形窗口的角点，可以快速放大用窗口指定的图形区域。窗口的左下角将会变成新显示区的左下角。当选择框的宽高比与绘图区的宽高比不同时，AutoCAD将使用选择框中的宽与高相对当前视图放大倍数的较小者，以确保所选区域都能显示在视图中。事实上，选择框的高宽比几乎都不同于绘图区，因此选择框附近的图形实体也可能出现在下一视图中。

使用缩放窗口进行缩放的操作步骤如下：

(1) 单击【标准】工具栏的【窗口缩放】按钮，然后在原始图形中拖动鼠标选择要放大的区域，如图9-7所示。

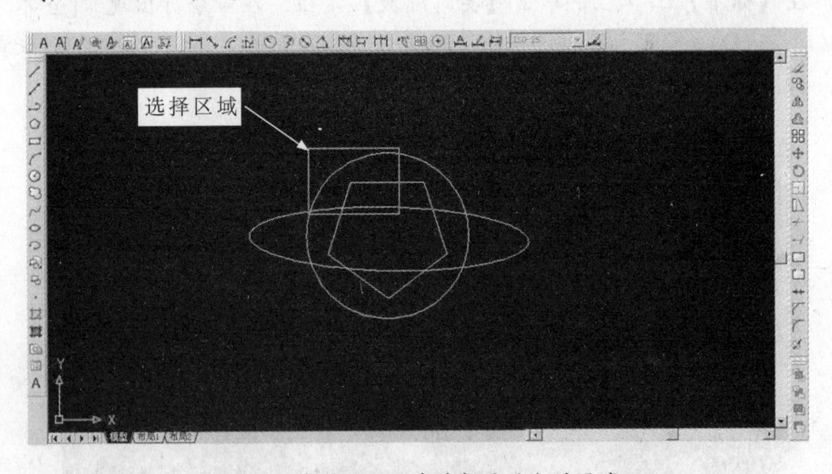

图9-7 在原始图形中选择要放大的区域

(2) 根据提示"指定第一个角点："，指定所要浏览的图形区的第一个对角点，再指定另外一个对角点，完成放大，如图9-8所示。

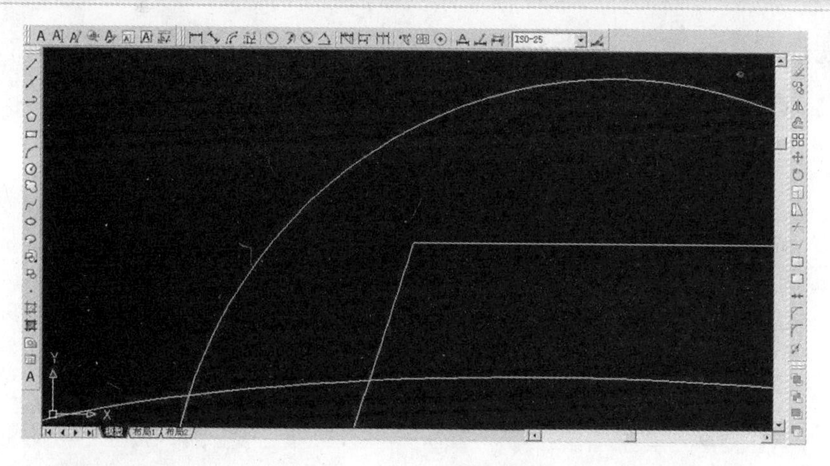

图 9-8　放大后的图形区域

9.3.3　使用动态缩放

动态缩放是临时将图形全部显示出来，同时自动构造一个可移动的视图框，该视图框通过切换可以成为可缩放的视图框，用此视图框可以选择图形的某一部分作为下一屏幕上的视图。

使用动态缩放的操作步骤如下：

(1) 单击【标准】工具栏的【动态缩放】按钮（从单击【窗口缩放】下三角按钮打开的下拉菜单中选择）。

(2) 单击鼠标，转换成缩放模式，视图框中的“×”变成一个箭头。通过向左或向右拖动视图框的右边界，可以调整视图框的大小，如图 9-9 所示。

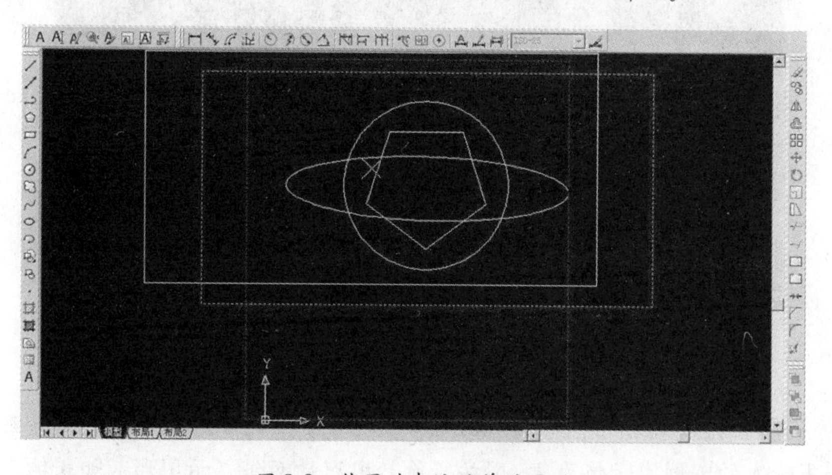

图 9-9　使用动态缩放前的图形

(3) 在平移和缩放模式之间进行转换。在选择所要显示的视图后，右击或按 Enter 键，用视图框圈住的图形将变成当前的视图，如图 9-10 所示。

9.3.4　指定比例进行缩放

指定比例进行缩放就是根据需要按比例放大或缩小当前视图，视图的中心不变。选择比例缩放后，要求用户输入缩放比例倍数。输入倍数的方式有 3 种：相对于全部图形、

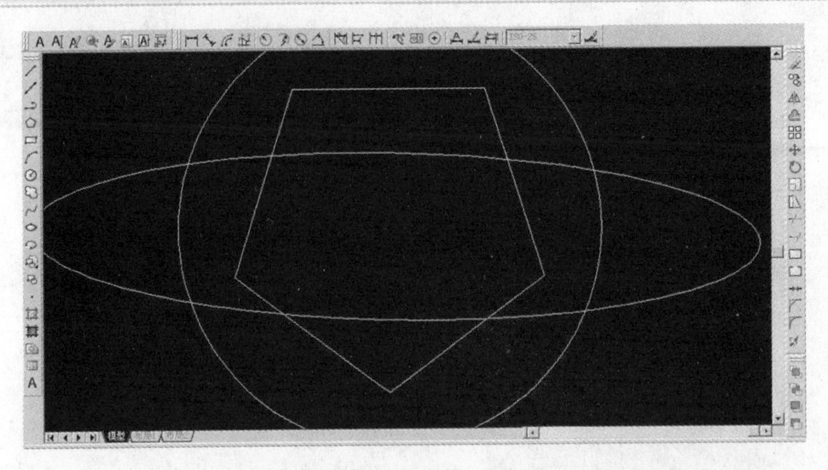

图 9-10 使用动态缩放后的图形

相对于当前视图和相对于图纸空间单位。相对于当前视图的缩放倍数比较直观，比较常用。

指定比例进行缩放的操作步骤如下：

(1) 单击【标准】工具栏的【比例缩放】按钮，在命令行出现"输入比例因子 (NX 或 nXP)："的提示。

(2) 根据提示，在命令行输入 3X，如图 9-11 所示。按 Enter 键，完成缩放。

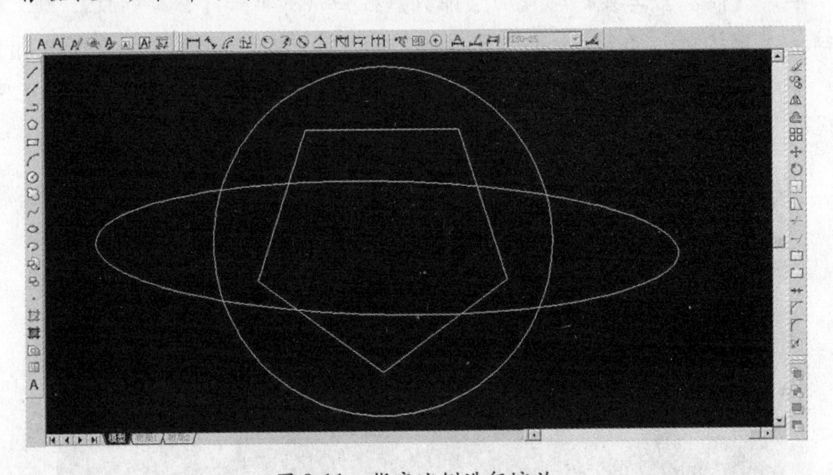

图 9-11 指定比例进行缩放

提示：改变缩放比例倍数，位于当前视口中心的部分图形仍然保持在屏幕中心。如果输入的比例因子值为 2，则按照原始图形的两倍显示图形。如果输入的比例因子值为 0.5，则按照原始图形的一半显示图形。

9.3.5 中心缩放

在改变缩放比例因子时，位于当前视口中心点的部分图形，在改变放大率后仍然位于中心点。可以用【中心点】选项，在改变图形放大率时，指定一点使之成为视图的中心点。在使用该选项时，首先提示指定缩放后图形区域的中心点，然后指定相对于图形

的界限、当前视图或是图纸空间的放大率。

中心缩放的操作步骤如下：

(1) 单击【标准】工具栏的【中心缩放】按钮，在命令行出现“指定中心点：”的提示。

(2) 根据提示，选择一点作为新视图中心点的位置，在命令行出现“输入比例或高度<954.0392>：”的提示。

(3) 根据提示，在命令行输入 3X，如图 9-12 所示。

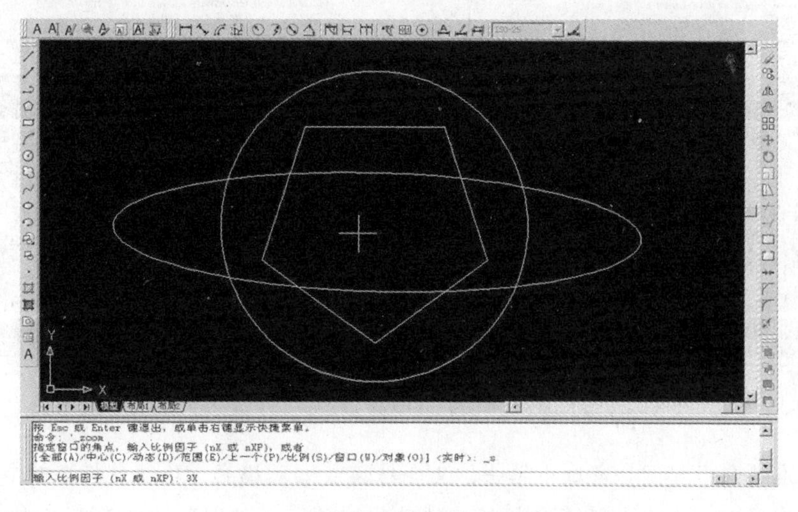

图 9-12　中心缩放

提示：如果不输入比例因子而直接按 Enter 键，AutoCAD 会指定移动图形的中心位置，但不改变图形的显示比例。输入 3X，则以 3 倍的尺寸显示当前视图。

9.4　使用鸟瞰视图

鸟瞰视图是在一个独立的窗口中显示整个图形，通过控制【鸟瞰视图】窗口，可以快速移动到目的区域。在绘图时，如果【鸟瞰视图】窗口保持打开状态，则可以直接进行缩放和平移，无需选择下拉菜单中的选项或输入命令。在大型图纸的绘制中，使用鸟瞰视图尤为方便。

打开【鸟瞰视图】窗口显示整个图形。在【鸟瞰视图】窗口中，用一个宽边框围住当前 AutoCAD 主界面中显示的部分图形的相应区域。鸟瞰视图中有三个按钮，用于在鸟瞰视图中控制图形的平移和缩放。在鸟瞰视图中还可以使用【视图】和【选项】下拉菜单控制相关操作。【鸟瞰视图】窗口与【缩放】命令中的【动态】子命令作用十分相似。在鸟瞰视图中单击，AutoCAD 显示第二个矩形，称为平移和缩放框。在矩形框的中心出现一个“X”时，鸟瞰视图处于平移模式，移动矩形将平移图形。可将矩形框移动到所需位置并且再次单击，将矩形框转换为缩放模式。在缩放模式下，矩形框中有一个指向右侧边框的箭头。通过移动鼠标，可以改变矩形框的大小。反复单击，可在平移模式和缩放模式之间进行转换。在图形中选择了所要显示的区域后，右击或按 Enter 键，

将当前视图框锁定在指定的位置。

使用鸟瞰视图进行平移和缩放的操作步骤如下：

(1) 从菜单栏选择【视图】/【鸟瞰视图】命令，弹出【鸟瞰视图】窗口，如图9-13所示。

(2) 在【鸟瞰视图】窗口中单击，显示平移和缩放框，此时在矩形中心出现一个“X”标记，如图9-14所示，拖动鼠标移动矩形框，可以将绘图区中图形平移到所需位置。

图9-13 打开【鸟瞰视图】窗口

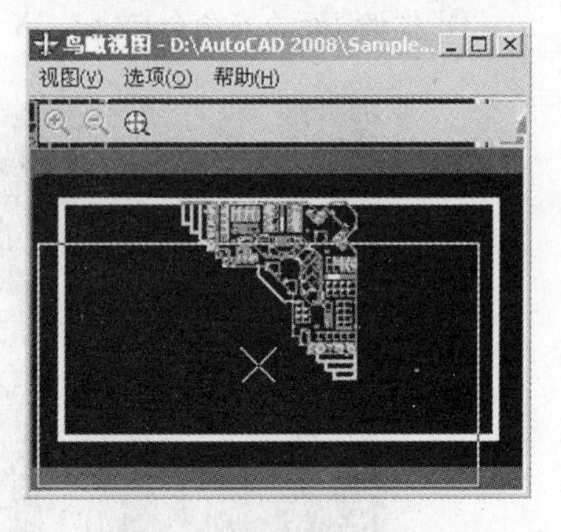

图9-14 鸟瞰视图

(3) 在【鸟瞰视图】窗口中单击，又会转换成缩放模式，移动鼠标会改变缩放框的大小，绘图区的图形也将随着鼠标的移动进行缩放。调整图形的放大率直到完全满意，再次单击转换成平移模式，或按Enter键将当前视图框锁定在指定的位置。

9.4.1 改变鸟瞰视图图像

可以在鸟瞰视图中修改所显示图形的大小，而不影响实际的AutoCAD图形。

单击【鸟瞰视图】窗口中的【放大】按钮，将使鸟瞰视图放大率增加两倍。同样，单击【缩小】按钮，将使鸟瞰视图放大率缩小一半。单击【全局】按钮，可以在【鸟瞰视图】窗口中重新显示整个图形。

在鸟瞰视图中，将【放大】、【缩小】和【全局】按钮等功能的副本放置在【视图】下拉菜单中，而且在【鸟瞰视图】窗口中右击打开的快捷菜单中也包含这些命令。

9.4.2 修改鸟瞰视图命令

如果对图形进行了修改，系统会自动更新【鸟瞰视图】窗口。如果是在多重视口中工作，在选择不同的视口时，鸟瞰视图也将随之改变。在绘制较大或是较为复杂的图形时，这将降低系统的运行性能，有时需要关闭这些鸟瞰视图选项。

打开或关闭鸟瞰视图选项的操作步骤如下：

(1) 在【鸟瞰视图】窗口中，选择【选项】下拉菜单，如图9-15所示。

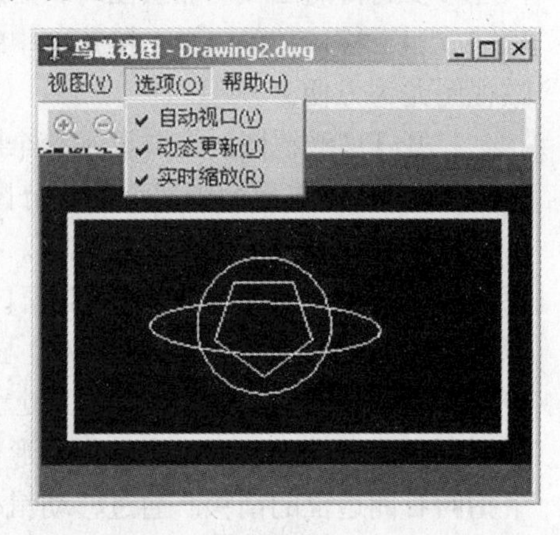

图9-15 【选项】菜单

(2) 选择需要的相应的选项，进行打开或关闭的转换。

9.5　使用命名视口

在绘制图形时，将会发现经常需要在图形的不同部分进行转换。如，绘制一个机械部件的装配图时，有时需要将机械部件的某个部分进行放大，然后缩小图形以显示整个部件。尽管可以使用平移和缩放命令或是鸟瞰视图做到这些，但是将图形的不同视图保存成命名视图，将会使上述操作更容易一些，可以在这些命名视图中快速转换。

在保存一个视图时，将保存该视图的中心、查看方向、缩放比例、透视位置以及视图创建在模型空间还是布局中。也可以将当前的 UCS 保存在视图中，以便在恢复视图的同时恢复 UCS。

既可以将当前视图保存为命名视图，也可以将一个窗口区域保存成命名视图。在保存了一个或多个命名视图后，在当前视图中可以恢复那些视图中的任意一个。

1．将当前视图保存为一个命名视图

操作步骤如下：

(1) 执行【视图】/【命名视图】命令，显示【视图管理器】对话框，如图 9-16 所示。

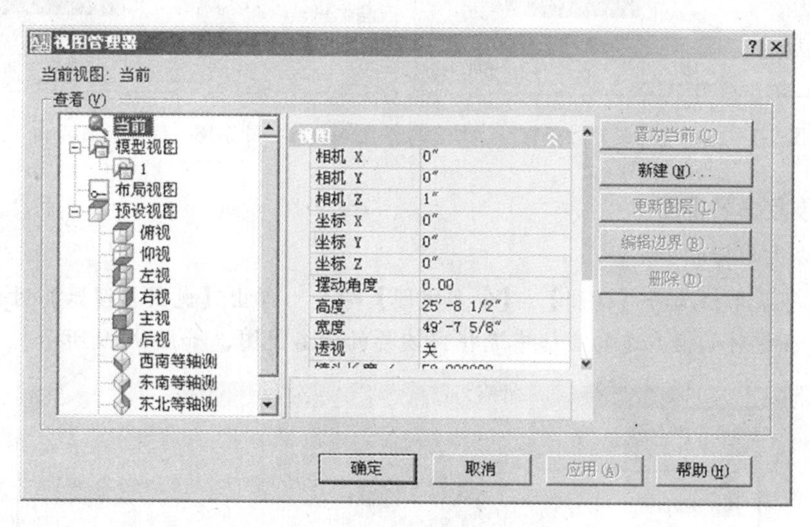

图 9-16　【视图管理器】对话框

(2) 单击【视图管理器】对话框中的【新建】按钮，显示【新建视图】对话框，如图 9-17 所示。在【视图名称】文本框中输入新建视图的名称，选中【当前显示】单选按钮，再单击【确定】按钮，关闭【新建视图】对话框，结束操作。

2．将当前视口的一个窗口区域保存为一个命名视图

操作步骤如下：

(1) 从菜单栏选择【视图】/【命名视图】命令，显示【视图管理器】对话框。

(2) 单击该对话框中的【新建】按钮，显示【新建视图】对话框。选中【定义窗口】单选按钮，单击【定义视图窗口】按钮。

(3)【新建视图】对话框会临时消失。在命令行“指定第一个角点：”的提示下，指定视图窗口的第一个角点；在“指定对角点：”的提示下，拖动鼠标指定视图窗口的对角点。按 Enter 键，返回【新建视图】对话框，然后在【视图名称】文本框中输入新建视图的名称，如图 9-18 所示。

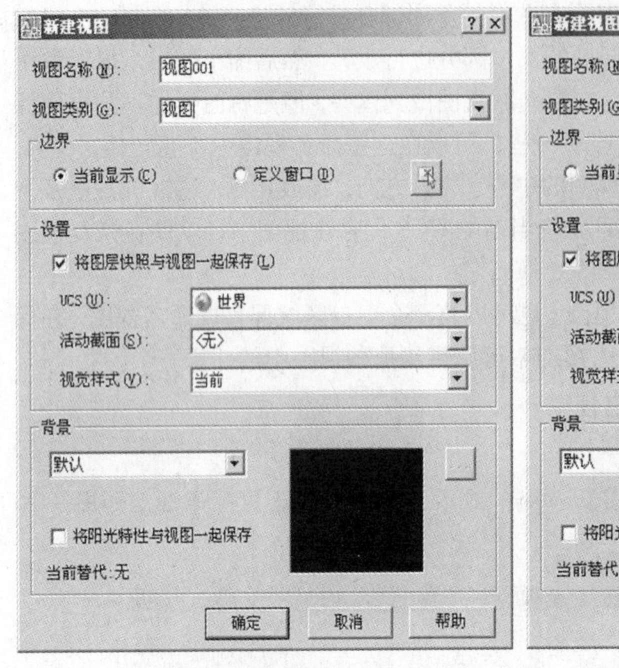

图 9-17 【新建视图】对话框

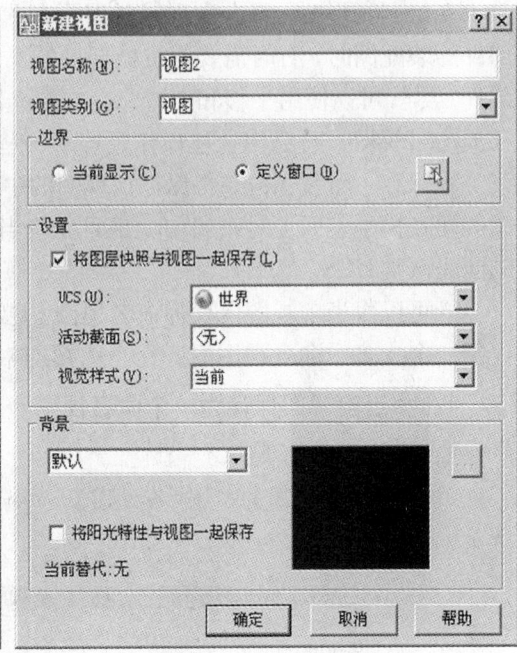

图 9-18 修改视图名称

3．恢复命名视图

操作步骤如下：

(1) 从菜单栏选择【视图】/【命名视图】命令，弹出【视图管理器】对话框。

(2) 在该对话框左边的窗格中选择要恢复的命名视图，如图 9-19 所示。

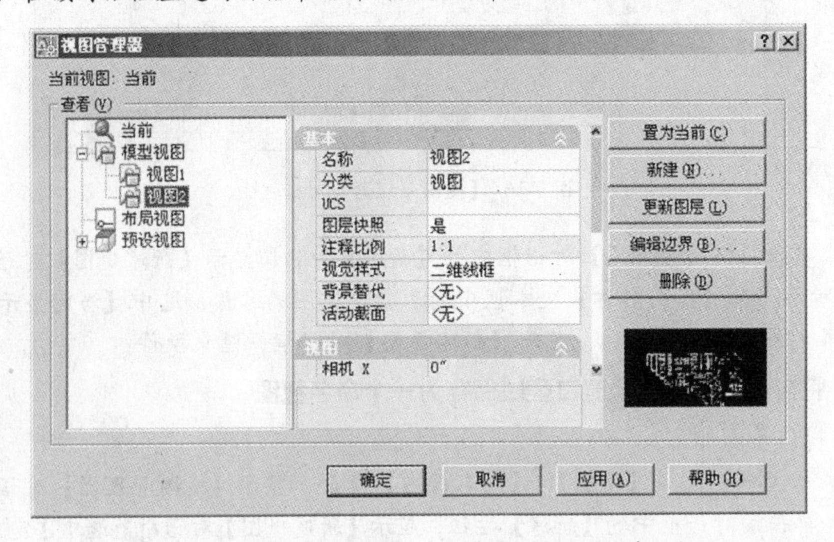

图 9-19 在【视图管理器】对话框中选择要恢复的命名视图

(3) 单击【置为当前】按钮，再单击【确定】按钮，然后关闭【视图】对话框，结束操作。

9.6 课后练习题

1．填空题

(1) 可以使用绘图清理命令 ________ 清理屏幕并重画图形对象。

(2) 从菜单栏选择【视图】/________ 命令，就可以重生成所有视口中的激活图形。

(3) 可以在命令行中输入 ________ 启动平移命令。

2．选择题

(1) 指定比例进行缩放时，输入倍数的方式有（　　）种。

A．4　　B．8　　C．3　　D．12

(2) 可以在命令行输入（　　），按Enter键启动鸟瞰视图。

A．DSVIEWER　　B．VIEW　　C．VIEWER　　D．DSVIEW

(3) 为了保证整个图形边界在屏幕上可见，应使用（　　）缩放选项。

A．全部　　B．上一个　　C．范围　　D．图形界限

第10章　三维图形的绘制与编辑

本章要点：

- 三维坐标系
- 创建线框模型
- 创建曲面模型
- 创建实体模型

AutoCAD 2008提供了强大的三维造型功能。利用AutoCAD 2008，可以方便地绘制三维曲面与三维造型实体，可以对三维图形进行各种编辑，对实体模型进行布尔运算，对三维曲面或三维实体进行着色、渲染，从而能够生成更加逼真的显示效果。

10.1　三维坐标系

AutoCAD 2008采用世界坐标系和用户坐标系。世界坐标系简称WCS，用户坐标系简称UCS。在屏幕上绘图区的左下角有一个反映当前的坐标系，图标中X、Y的箭头表示当前坐标系X轴、Y轴的正方向。系统默认当前坐标系为WCS，如图10-1所示。树立正确的空间观念，灵活建立和使用三维坐标系，是整个三维绘图的基础。

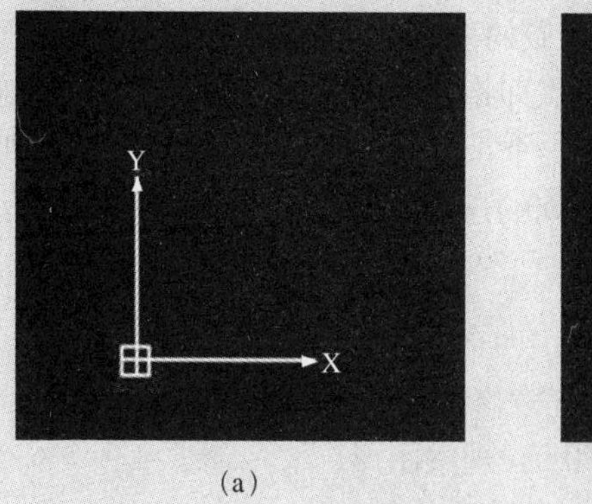

(a)

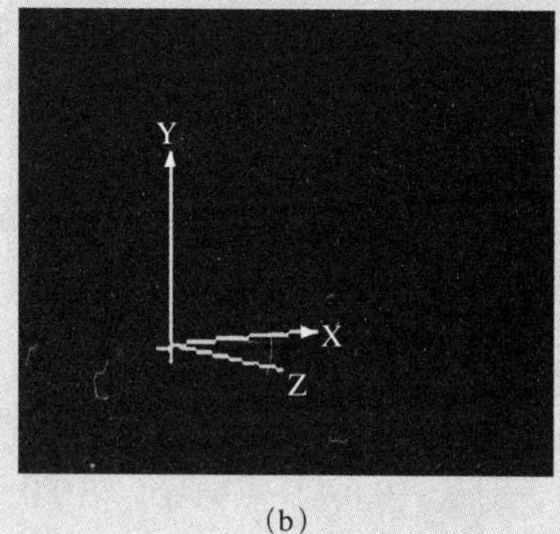

(b)

图10-1　坐标系的图标示例

10.1.1　三维坐标系的类型

在AutoCAD中，要绘制三维图形，就一定要使用三维坐标系和三维坐标，这样在不同的角度观察会得到不同的效果。前面介绍的平面坐标的变化和使用方法同样适用于三维坐标系。在三维坐标系下，用户同样可以使用直角坐标系和极坐标系来定义点，在

绘制三维图形时可以用笛卡儿坐标系、柱坐标系和球坐标系来定义点，笛卡儿坐标系是默认的坐标系。

1. 柱坐标系

柱坐标系使用XY平面的角和沿Z轴的距离来表示，如图10-2（a）所示，其格式如下：

- XY平面距离<XY平面角度，Z坐标（绝对坐标）
- @ XY平面距离<XY平面角度，Z坐标（绝对坐标）

2. 球坐标系

球坐标系有三个参数：点到原点的距离、在XY平面上的角度和XY平面的夹角，如图10-2（b）所示，其格式如下：

- XYZ距离< XY平面角度<点和XY平面的夹角（绝对坐标）
- @ XYZ距离< XY平面角度<点和XY平面的夹角（绝对坐标）

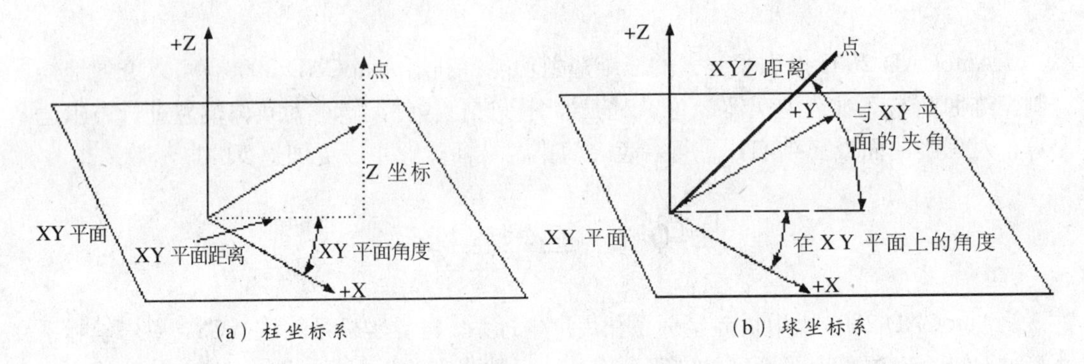

（a）柱坐标系　　（b）球坐标系

图 10-2　柱坐标系和球坐标系

10.1.2　视点设置

用AutoCAD绘制二维图形，实际上所做的事情总是正对着XY平面。然而，在三维绘图中需要在不同的角度去观察图形，视点即指观察图形的方向。例如，绘制一个正方体后，如果从正上面往下看，则只能看到一个正方形；如果从侧方向观察，则能看到一个立体的图形。AutoCAD提供了从三维空间的任何方向设置视点的命令，可以用视点预置、视点命令等多种方法来设置视点。

1. 使用VPOINT命令设置视点

在三维空间中，为便于观察图形，可任意修改视图位置。AutoCAD系统默认的视点是（0,0,1），即从（0,0,1）点向原点（0,0,0）观察图形。

用户要设置视点，可通过如下任一方式激活视点命令：

- 在命令行中输入VPOINT后按回车键。
- 选择【视图】/【三维视图】/【视点】命令。

命令行提示如下：

指定视点或[旋转（R)] <显示坐标球和三轴架>:

其中各选项意义如下：

● 指定视点：直接输入视点的X、Y和Z坐标值确定一点作为视点方向，并作为默认项。确定视点位置后，AutoCAD将该点与坐标原点的连线方向作为观察方向，并在屏幕上按该方向显示图形的投影。例如坐标值（0,0,1）为俯视方向，坐标值（0,1,0）为后视方向。

● 旋转（R）：使用两个角度指定新的方向，第一个角是在XY平面中与X轴的夹角，第二个角是与XY平面的夹角，它位于XY平面的上方或下方。输入R后按Enter键，就可以选择该选项，这时将提示如下信息：

输入XY平面与X轴的夹角:(输入角度后按Enter键，会继续提示信息)

输入与XY平面的夹角：

继续输入一角度，即能生成三维模型。

● 显示坐标球和三轴架：如果不输入任何坐标值而直接按Enter键，就会进入该选项。此时AutoCAD显示如图10-3所示的坐标球和三轴架，坐标球位于视图的右上角，是一个二维显示的球体。

使用坐标球和三轴架确定视点的方法如下：坐标球实际上是球体的俯视投影图，它的中心点为北极（0,0,n），相当于Z轴正方向；内环为赤道（n,n,0），整个外环为南极（0,0,－n）。坐标球上有个十字光标，当光标位于内环之内时，相当于视点在球体的上半球；光标位于内环与外环之间时，相当于视点在球体的下半球。拖动鼠标使光标在球范围内移动时，三轴架根据坐标球指示的观察方向旋转，即视点位置在发生变化。确定视点位置后就单击鼠标或按Enter键，AutoCAD就按该视点方向显示视图。

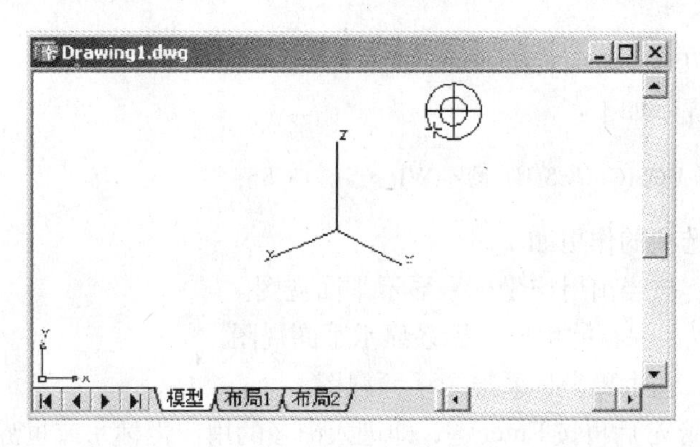

图10-3　坐标球和三轴架

注意：用VPOINT命令设置视点后，得到的投影图是轴测投影图而不是透视投影图。

视点只确定方向，没有距离含义，即在视点与原点的连线及其延长线上任意一点作为视点的效果是一样的。

2．使用【视点预置】对话框

选择如下任一种方式：

● 在命令行输入DDVPOINT命令后按Enter键。

● 选择【视图】/【三维视图】/【视点预置】命令。

系统将弹出【视点预置】对话框，在对话框中可以设置需要的视点，如图 10-4 所示。

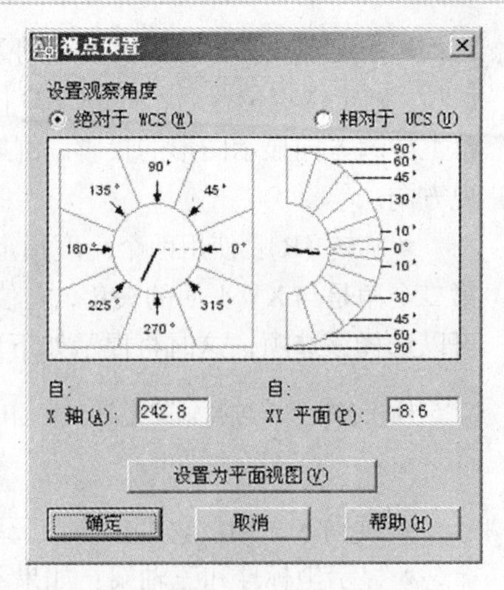

图 10-4 【视点预置】对话框

定义视点时需要两个角度：一个为在 XY 平面中与 X 轴的夹角，另一个为与 XY 平面的夹角，这两个角度共同决定了视点相对于目标点的位置。

【视点预置】对话框中，左边的图形用于设置原点与视点的连线在XY平面的投影与X轴的夹角，右边的图形用于设置该连线与 XY 平面的夹角。用户可以在图上直接拾取，也可以在【X 轴】和【XY 平面】两个文本框内输入角度值来定义视点位置。单击【设置为平面视图】按钮，可以将坐标系设置为平面视图，观察角度可以通过选择【绝对于 WCS】和【相对于 UCS】单选按钮设置，默认情况下的观察角度都是相对于 WCS 坐标系。

3. 使用平面视图

用户可以通过如下任一方式产生相对于当前 UCS、世界 UCS 和命名 UCS 的平面视图：

● 选择【视图】/【三维视图】/【平面视图】子菜单的【当前 UCS】、【世界 UCS】或【命名 UCS】命令。

● 直接输入 PLAN 命令后按 Enter 键。

此时命令行提示如下：

输入选项 [当前 UCS(C)/UCS(U)/ 世界(W)] <当前 UCS>:

该提示中各选项的作用如下。

● 当前 UCS：按当前用户坐标系显示平面视图。

● UCS：按以前保存的用户坐标系显示平面视图。

● 世界 UCS：按世界坐标系显示平面视图。

此时输入 U 或 W 后再按 Enter 键，即进入命名的用户坐标系或世界坐标系。直接按 Enter 键会进入当前的用户坐标系。

注意：该命令只影响当前窗口中的视图，不能用于图纸空间。

4. 快速设置特定视图

通过快速设置特定视图，可以从多个特殊方向来观察图形。可使用如下方法之一：

● 选择【视图】/【三维视图】子菜单中的【俯视】、【仰视】、【左视】、【右视】、【主视】、【后视】、【西南等轴测】、【东南等轴测】、【东北等轴测】和【西北等轴测】等命令，如图 10-5（a）所示。

● 选择【视图】/【命名视图】命令，或者在命令行中直接输入 VIEW 命令，系统将

弹出【视图管理器】对话框，如图10-5（b）所示，在【预设视图】选项组中选择一种视图类型后，单击【确定】按钮即可。

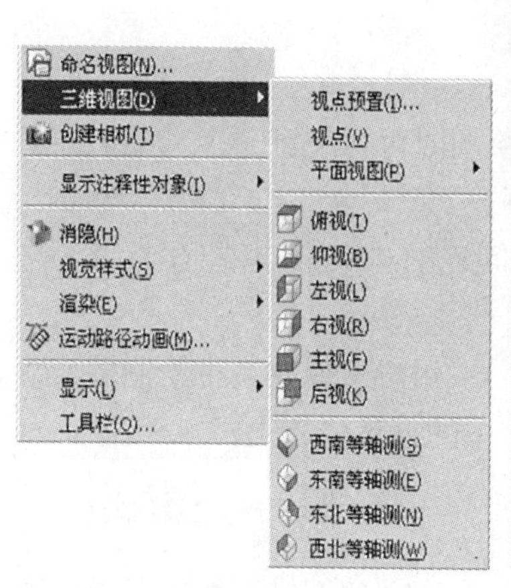

（a）【三维视图】子菜单

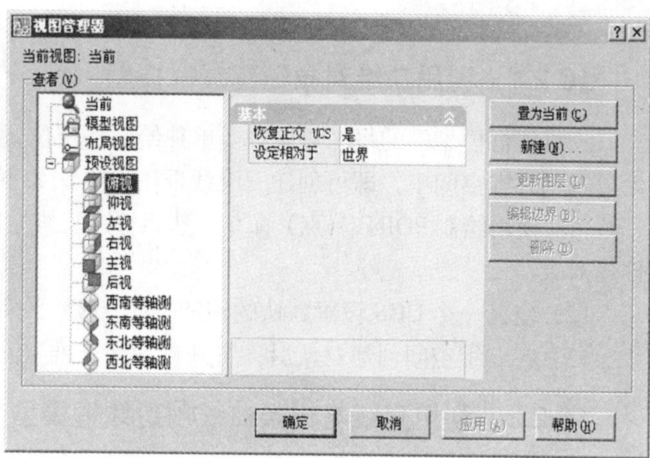

（b）【视图管理器】对话框

图10-5　设置视图

10.1.3　三维模型的三种创建方式

在中文版AutoCAD 2008中，用户可以通过线框模型、曲面模型和实体模型三种方式创建模型。这三种方式从不同的角度来描述一个物体，它们各有侧重，各具特色，如图10-6所示。

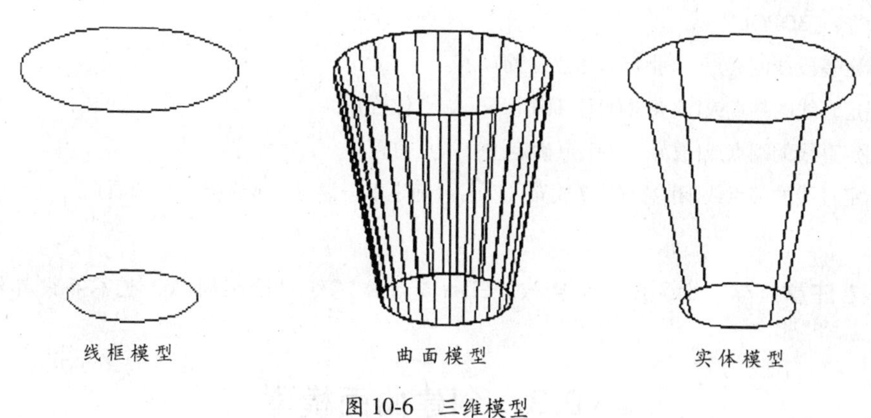

图10-6　三维模型

（1）线框模型方式。用来描述三维对象的轮廓和断面特征，它由三维的点、直线和曲线组成，没有面和体的特征，但线框模型是曲面造型的基础。

（2）曲面模型方式。用面描述三维对象，使用多边形网格定义镶嵌面。它不仅定义了三维对象的边界，而且定义了不透明的曲面。曲面模型一般是将线框模型经过进一步处理得到的。

（3）实体模型方式。该方式创建的模型由一系列不透明的表面包围，这些表面可以是普通的平面，也可以是复杂的曲面，各个实体对象间可以进行各种布尔运算（如对象的相加、相减和求交集），从而可以创建更加复杂的三维图形。

10.2 创建线框模型

10.2.1 利用二维对象创建线框模型

三维线框模型中的每个对象都要单独绘制和定位，绘图时可将任意一个二维平面对象放置到三维空间中，即可创建三维线框图。方法如下：

(1) 使用绘制POINT（点）命令，然后输入三维空间点的“X、Y、Z”坐标值，来创建对象。

(2) 定义一个UCS设置默认的构造平面（XY平面），用户可以在其上绘制图形。

(3) 在二维空间创建对象后，将其移动到三维空间中的合适位置上。

10.2.2 利用直线与样条曲线创建线框模型

可以使用LINE（直线）命令和SPLINE（样条曲线）命令创建三维直线和三维样条曲线，创建时输入三维空间点的“X、Y、Z”坐标值后，即可完成线框模型的创建。

10.2.3 利用三维多段线创建线框模型

利用三维多段线创建线框模型的操作步骤如下：

(1) 执行【绘图】/【三维多段线】命令，或在命令行输入3DPOLY命令。

(2) 命令执行后，系统提示如下：

命令：_3DPOLY

指定多段线的起点：(指定起始点位置)

指定直线的端点或[放弃（U)]：(确定下一端点位置)

指定直线的端点或[放弃（U)]：(确定下一端点位置)

指定直线的端点或[闭合（C）/放弃（U)]：(确定下一端点，或选择一个选项)

注意：与二维多段线相比较，三维多段线不可以绘制圆弧，也不能设置线宽。

10.3 创建曲面模型

在AutoCAD 2008中，用户不仅可以绘制一些基本三维曲面，比如球面、圆锥面、圆柱面等，还可以绘制旋转曲面、平移曲面、直纹曲面和边界曲面等复杂的曲面，分别可以通过在命令行中输入对应的命令来实现。

注意：在AutoCAD 2008以前的版本中，可以使用【绘图】/【曲面】菜单中的子命令或使用【曲面】工具栏创建曲面。而在AutoCAD 2008中已经不再提供这些菜单或工具栏，只能使用对应的曲面命令创建曲面。

10.3.1　创建基本曲面

利用3D命令，可以创建长方体表面、楔体表面、棱锥面、圆锥面、球面、半球面、圆环面以及网格面等基本曲面。

创建基本曲面的操作步骤如下：

(1) 在命令行中输入3D命令。

(2) 命令执行后，根据提示，选择合适的选项或输入适当的数据，最后按Enter建退出。提示内容如下：

命令: 3d

输入选项 [长方体表面(B)/ 圆锥面(C)/ 下半球面(DI)/ 上半球面(DO)/ 网格(M)/ 棱锥面(P)/ 球面(S)/ 圆环面(T)/ 楔体表面(W)] : C

指定圆锥面底面的中心点: 200,100

指定圆锥面底面的半径或 [直径(D)] : 300

指定圆锥面顶面的半径或 [直径(D)] <0>: 100

指定圆锥面的高度: 200

输入圆锥面曲面的线段数目 <16>: 10

此处创建的是圆锥面，效果如图10-7所示。

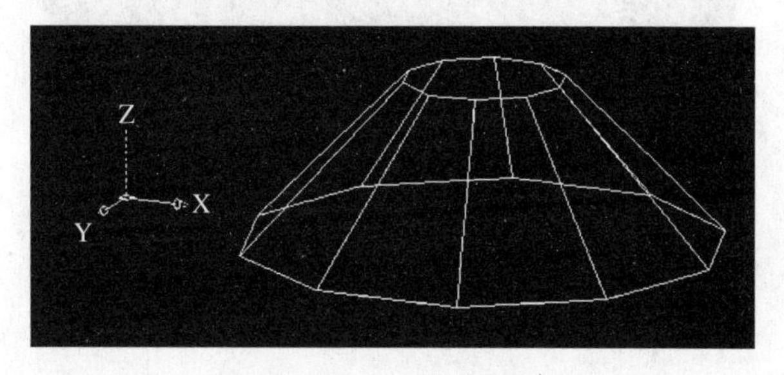

图10-7　创建的圆锥面

命令提示行中，各个选项的作用如下：

- 长方体表面（B）：用于创建长方体的表面。
- 圆锥面（C）：用于创建圆锥或圆台的表面。
- 下半球面（DI）/上半球面（DO）：用于创建球体的下半部分或上半部分表面。
- 网格（M）：用于创建三维的网格。在指定网格的4个顶点时，应按顺时针或逆时针方向依次选择，系统将按指定的行和列创建网格曲面。
- 棱锥面（P）：用于创建棱锥面或棱台表面。
- 球面（S）：用于创建球形表面。
- 圆环面（T）：用于创建圆环的表面。
- 楔体表面（W）：用于创建楔体表面。

10.3.2　创建三维面

使用3DFACE命令，可以创建一个或多个三维面。

操作步骤如下：

(1) 在命令行输入 3DFACE 命令。

(2) 命令执行后，根据系统提示，输入合适的坐标数值，最后按 Enter 键退出。结果如下：

命令: 3DFACE
指定第一点或 [不可见(I)] : 100,30
指定第二点或 [不可见(I)] : 100,200
指定第三点或 [不可见(I)] <退出>: 200,200
指定第四点或 [不可见(I)] <创建三侧面>: 300,200
指定第三点或 [不可见(I)] <退出>:(按 Enter 键退出)

以上操作创建的图形如图 10-8 所示。

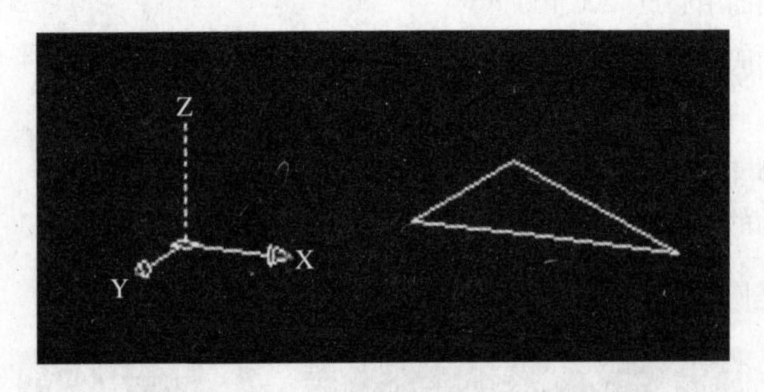

图 10-8 创建的一个三维面

提示：输入一个三维面的四个顶点后，才能创建该三维面。如果继续指定顶点，可以继续创建三维面。在指定三维面的四个顶点时，必须按顺时针或逆时针连续进行。

10.3.3 创建三维网格

该功能可以创建三维网格。

具体操作步骤如下：

(1) 在命令行中输入 3DMESH 命令。

(2) 命令执行后，根据系统提示输入数据，结果如下：

命令: 3DMESH
输入 M 方向上的网格数量: 2
输入 N 方向上的网格数量: 3
指定顶点 (0, 0) 的位置: 60,60
指定顶点 (0, 1) 的位置: 60,200
指定顶点 (0, 2) 的位置: 100,300
指定顶点 (1, 0) 的位置: 200,60
指定顶点 (1, 1) 的位置: 200,200

指定顶点 (1, 2) 的位置: 300,300

以上操作创建的图形如图 10-9 所示。

> 提示：多边形网格由M、N确定的矩阵来定义，M与N的取值在2～256之间。

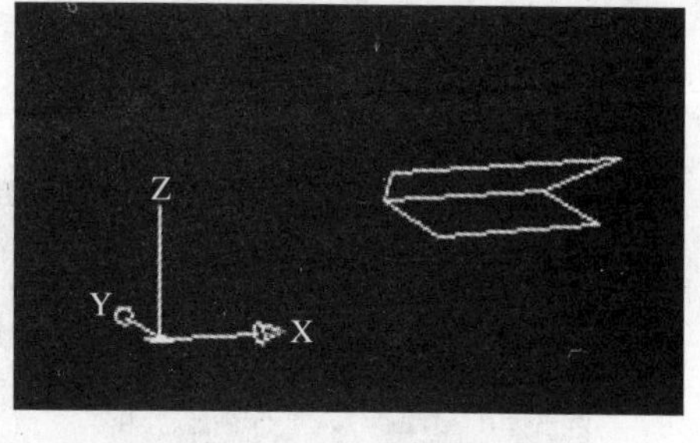

图 10-9　创建多边形网格

10.3.4　创建旋转曲面

曲面绕轴旋转一定的角度，就可以形成旋转曲面。

具体操作步骤如下：

(1) 在命令行中输入 REVSURF 命令。

(2) 命令执行后，根据提示进行设置，内容如下：

命令：REVSURF
当前线框密度：SURFTAB1=30 SURFTAB2=30
选择要选择的对象：(选择曲线)
选择定义旋转轴的对象：(选择直线)
指定起点角度<0>：0
指定包含角 (+ = 逆时针，– = 顺时针)<360>：30

操作效果如图 10-10 所示。

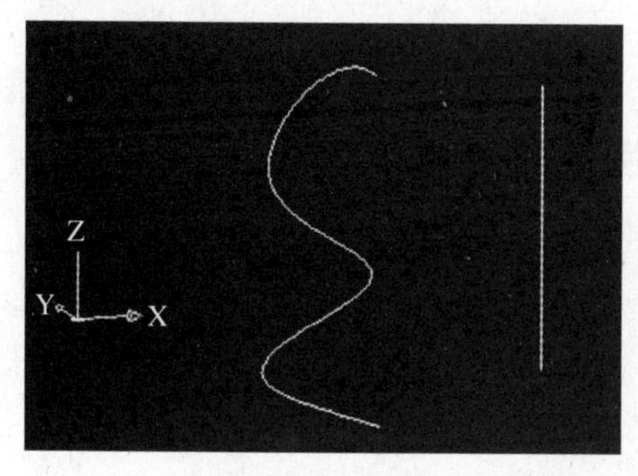

(a) 原始曲线与直线

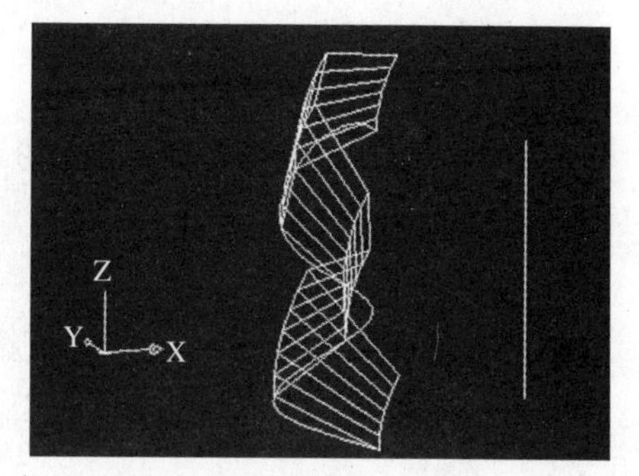

(b) 曲线绕直线旋转 30° 形成的曲面

图 10-10　创建旋转曲面

10.3.5　创建平移曲面

将轮廓曲线沿方向矢量平移一定距离，即可创建平移曲面。

操作步骤如下：

(1) 在命令行输入 TABSURF 命令。

(2) 命令执行后，系统提示如下：

命令: TABSURF
当前线框密度: SURFTAB1=6
选择用作轮廓曲线的对象:(用鼠标选择五边形)

选择用作方向矢量的对象:(用鼠标选择直线)

选择直线作为方向矢量后，即可创建平移曲面，如图 10-11 所示。

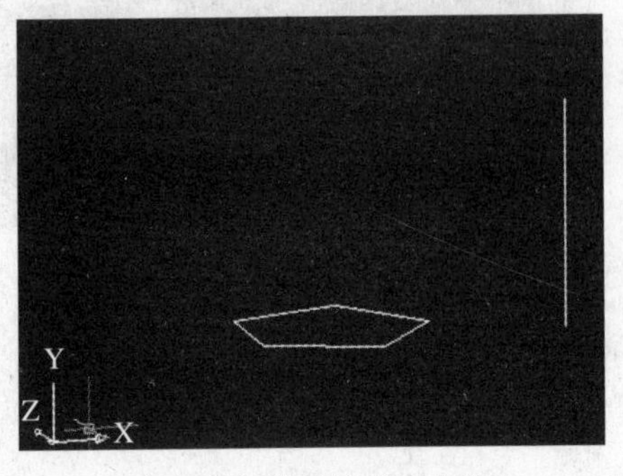

（a）原始的五边形及直线

（b）创建的平移曲面

图 10-11　创建平移曲面

提示：在使用 TABSURF 命令前，首先要绘制出作为轮廓曲线和方向矢量的图形对象。轮廓曲线可以是直线、圆、圆弧、样条曲线或多段线等，作为方向矢量的对象可以是直线或非闭合的多段线等。

10.3.6　创建直纹曲面

该功能可以在两条线之间形成直纹曲面。

操作步骤如下：

(1) 在命令行输入 RULESURF 命令。

(2) 命令执行后，根据系统提示，分别选择两条曲线，内容如下：

命令：RULESURF
当前线框密度：SURTAB1=20
选择第一条定义曲线:
选择第二条定义曲线:

提示：

(1) 用户应先绘制出用于创建直线曲面的两条曲线，如图 10-12 (a) 所示。

(2) 如果其中一条曲线是封闭曲线，另一条曲线也必须是封闭曲线或一个点。

(3) 如果曲线非封闭时，总是从曲线上离拾取点近的一端画出。因此用同样两条曲线绘制直纹曲面时，如果确定曲线时的拾取位置不同，则得到的曲面也不相同，如图 10-12 (c) 所示。

10.3.7　创建边界曲面

要创建边界曲面，必须先创建几条首尾相连的曲线，每条曲线对应一个对象。执行 EDGESURF 命令后，根据提示依次选择各个对象，即可完成边界曲面的创建。

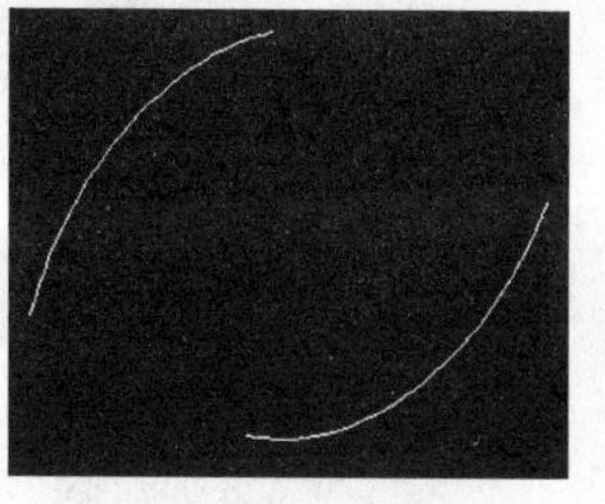

(a) 两条曲线

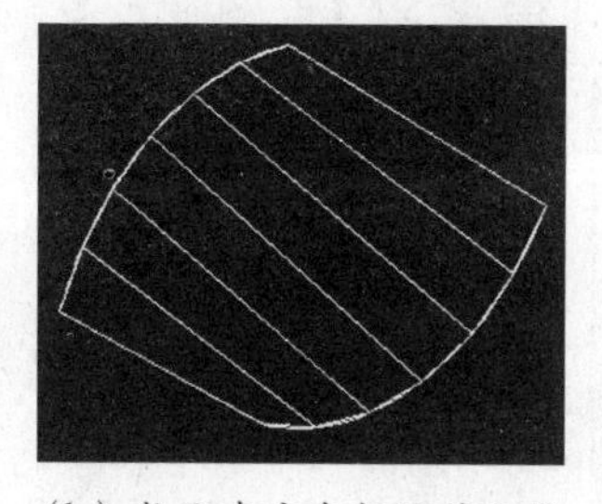

(b) 拾取点方向相同的曲线

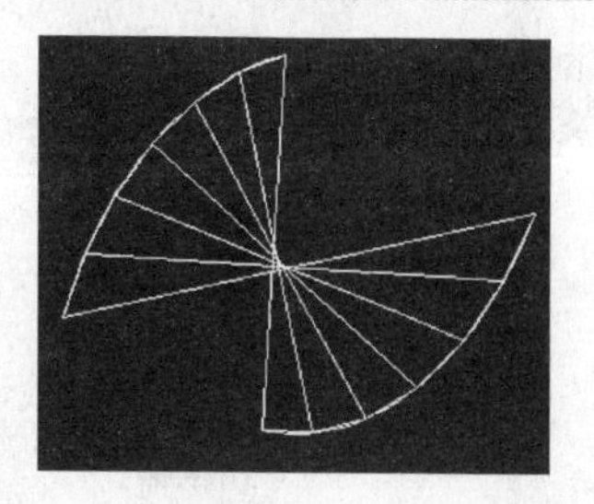

(c) 拾取点方向相反的曲面

图 10-12　创建直纹曲面

操作步骤如下：

(1) 在命令行输入 EDGESURF 命令。

(2) 命令执行后，根据系统提示分别选择多个对象，内容如下：

命令：EDGESURF
当前线框密度：SURFTAB1=10　AURFTAB2=10（当前设置显示）
选择用作曲面边界的对象 1:
选择用作曲面边界的对象 2:
选择用作曲面边界的对象 3:
选择用作曲面边界的对象 4:

最终得到的边界曲面效果如图 10-13 所示。

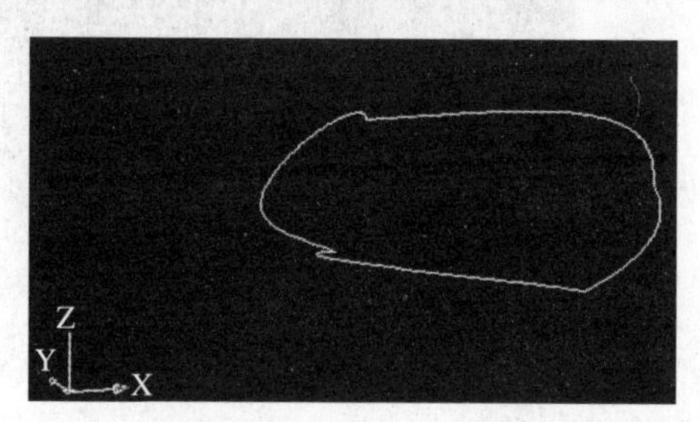

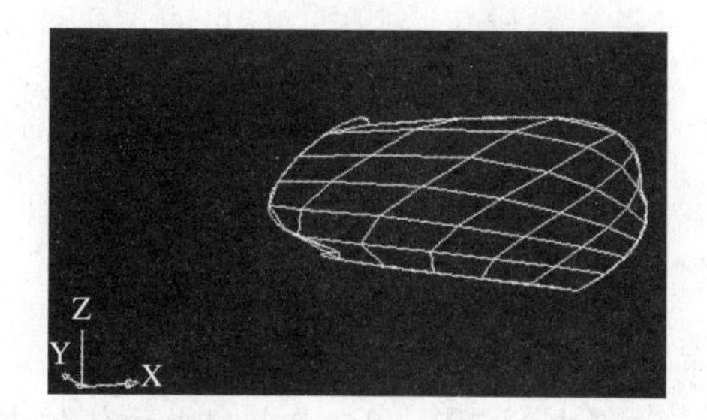

图 10-13　创建边界曲面

10.4　创建实体模型

三维实体比二维实体可以更具体、更直接地表现物体的结构特征。在AutoCAD 2008中，可以直接使用相关的工具创建长方体、球体及圆锥体等三维实体，也可以通过对二维图形进行拉伸、旋转或通过布尔运算等操作来创建各种复杂的实体。

使用【绘图】/【建模】菜单中的子命令，或使用【建模】工具栏，或者在命令行中输入相关的命令，都可以快速、准确地绘制出各种基本实体的模型。【建模】菜单及工具栏如图 10-14 所示

10.4.1　创建长方体

操作步骤如下：

(1) 执行【绘图】/【建模】/【长方体】命令，或在【建模】工具栏中单击【长方

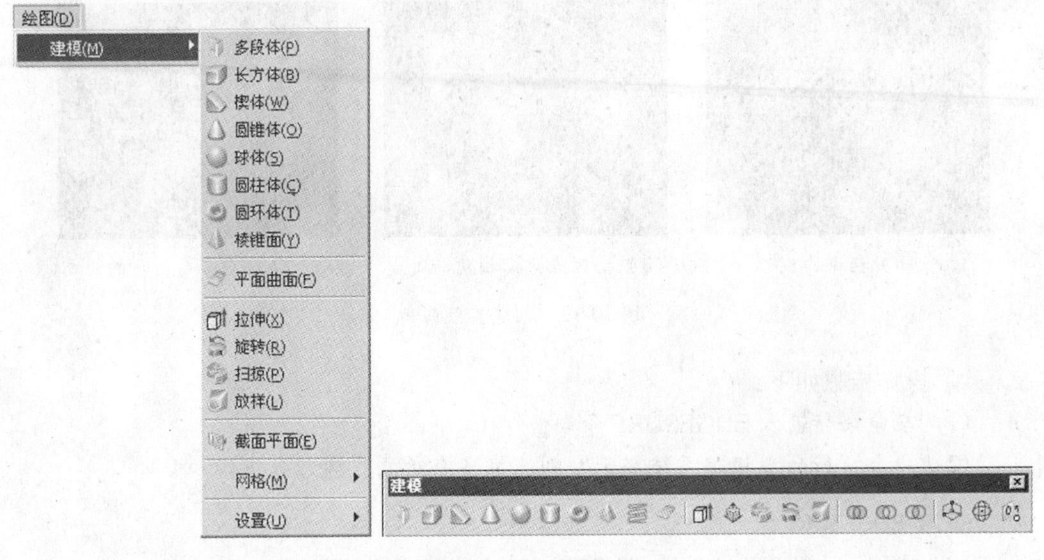

图 10-14 【建模】菜单与工具栏

体】按钮，或在命令行输入 BOX 命令。

(2) 命令执行后，根据提示使用鼠标定位相关数值，即可完成绘制。具体命令提示如下：

命令：BOX

指定第一个角点或 [中心(C)]：

指定其他角点或 [立方体(C)/ 长度(L)]：

指定高度或 [两点(2P)]：

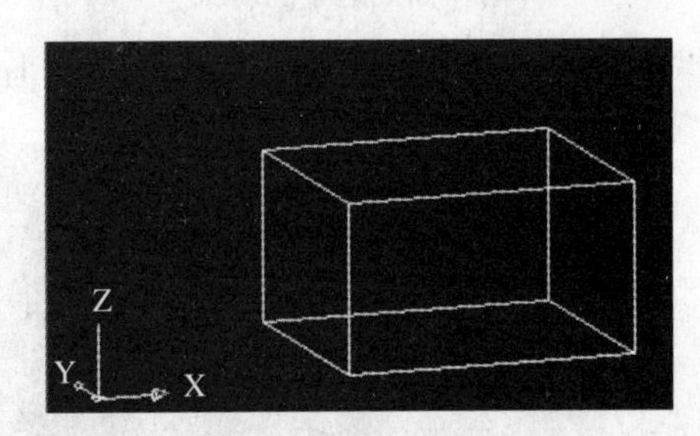

图 10-15 创建长方体

最终创建的长方体如图 10-15 所示。

其中各选项的作用说明如下：

- 【角点】：指定长方体的一个角点。
- 【中心点】：指定要创建长方体的中心点。
- 【立方体】：用于创建一个长、宽、高相等的长方体。
- 【指定高度】：指定长方体的高度。

10.4.2 创建球体

球体的创建非常简单，根据命令提示用鼠标选择球体的相应数值后，即可完成创建。

操作步骤如下：

(1) 执行【绘图】/【建模】/【球体】命令，或在【建模】工具栏中单击【球体】按钮，或在命令行中直接输入 SPHERE 命令后按 Enter 键。

(2) 此时命令行提示如下：

命令: sphere

指定中心点或 [三点(3P)/ 两点(2P)/ 相切、相切、半径(T)]：

指定半径或 [直径(D)]：

10.4.3　创建圆锥体

圆锥体的创建也很简单，单击鼠标确定中心点；再拖动鼠标到一定位置后，单击确定底面的半径；继续拖动鼠标并单击确定高度，即可完成绘制。如果直接在命令行输入对应数值，也可以完成创建。

操作步骤如下：

(1) 使用 ISOLINES 命令设置线框密度为 20 线，这样圆锥体的表面比较细致。

(2) 执行【绘图】/【建模】/【圆锥体】命令，或在【建模】工具栏中单击【圆锥体】按钮，或在命令行输入 CONE 命令。

(3) 命令执行后，根据提示输入相关数值，即可完成绘制。具体命令提示如下：

```
命令: ISOLINES
输入 ISOLINES 的新值 <16>: 20

命令: CONE
指定底面的中心点或 [三点(3P)/ 两点(2P)/ 相切、相切、半径(T)/ 椭圆(E)] : 300,0
指定底面半径或 [直径(D)] <200.0000>: 200
指定高度或 [两点(2P)/ 轴端点(A)/ 顶面半径(T)] <300.0000>: − 350
```

最终创建的圆锥体效果如图 10-16 所示。

10.4.4　创建楔体

楔体是长方体沿对角线切成两半后的结果，因此绘制楔体与绘制长方体方法基本一致。

操作步骤如下：

(1) 执行【绘图】/【建模】/【楔体】命令，或在【建模】工具栏中单击【楔体】按钮，或在命令行中输入 WEDGE 命令后按 Enter 键。

(2) 命令执行后，根据提示输入相关数值，即可完成绘制。具体命令提示如下：

```
命令: WEDGE
指定第一个角点或 [中心(C)] : 300,0
指定其他角点或 [立方体(C)/ 长度(L)] : 400,100
指定高度或 [两点(2P)] <200.0000>: − 200
```

最终创建的楔体效果如图 10-17 所示。

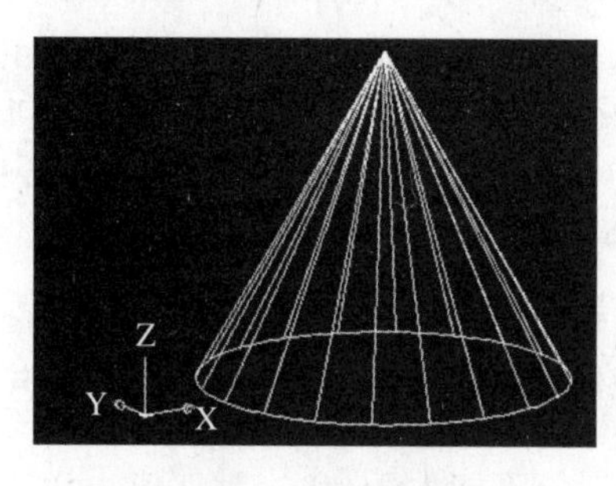

图 10-16　创建圆锥体

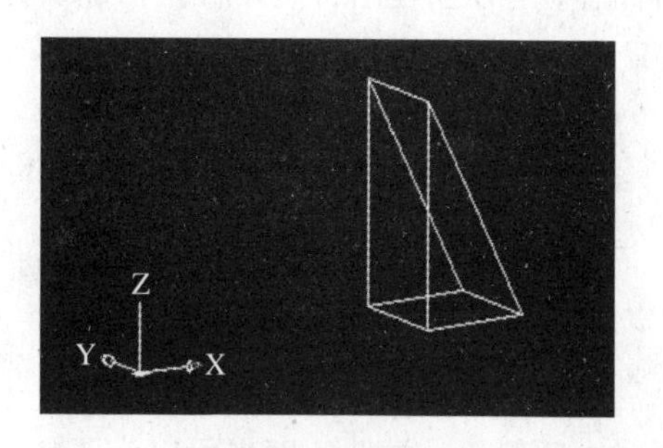

图 10-17　创建楔体

10.4.5 创建拉伸实体

通过对二维图形沿特定路径或方向进行拉伸，就可以创建特定的拉伸实体模型。

具体操作步骤如下：

(1) 首先创建一个六边形和一个圆形，如图 10-18 (a) 所示。

(2) 选择【绘图】/【建模】/【拉伸】命令，或在【建模】工具栏中单击【拉伸】按钮，或者在命令行中直接输入 EXTRUDE 命令并按 Enter 键。

(3) 执行命令后，根据提示选择图形进行拉伸，本实例是对已经创建好的六边形和圆形进行拉伸。命令提示如下：

命令: EXTRUDE

当前线框密度: ISOLINES=20

选择要拉伸的对象: 找到 1 个（用鼠标选择六边形）

选择要拉伸的对象: 找到 1 个，总计 2 个（用鼠标选择圆形）

选择要拉伸的对象:(按 Enter 键结束选择对象)

指定拉伸的高度或 [方向(D)/ 路径(P)/ 倾斜角(T)] <-200.0000>: 100

操作结束后，获得的拉伸实体如图 10-18 (b) 所示。

另外，也可以在命令行中选择其他选项来拉伸出不同类型的实体模型。选项作用具体说明如下。

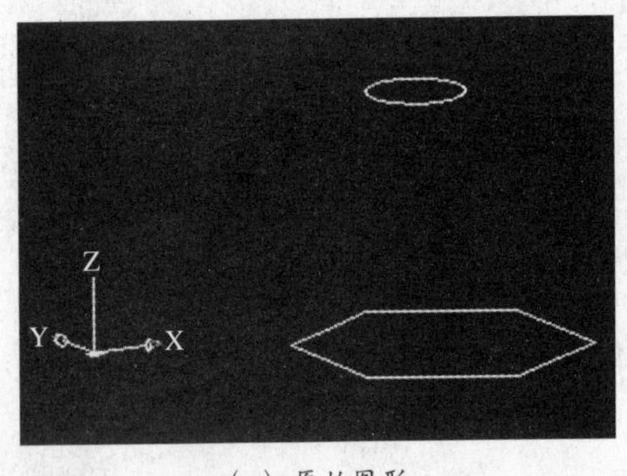

(a) 原始图形

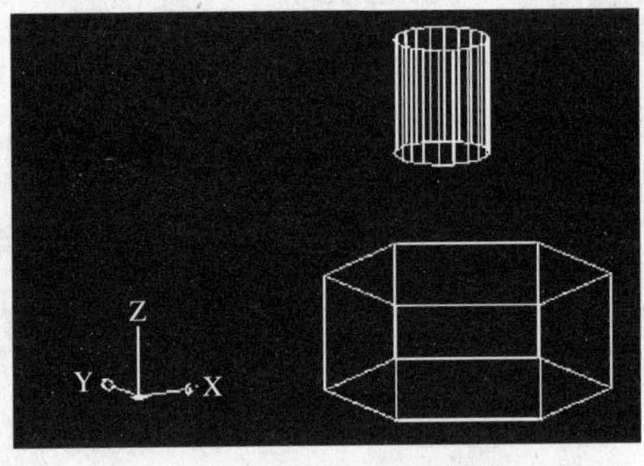

(b) 拉伸出的实体

图 10-18 拉伸图形

● 路径：选择要拉伸的图形后，再在命令提示后输入 P 并按 Enter 键，然后选择拉伸路径，可以创建沿特定路径拉伸的实体。如图 10-19 所示为一个圆沿曲线拉伸的效果。

> 注意：拉伸路径可以是开放的，也可以是闭合的，可以使用直线、圆、圆弧、多线段和样条曲线等。另外，路径曲线不能与轮廓曲线共面，或与轮廓曲线的平面相切，且路径不能带尖角。
>
> 如果路径是样条曲线，则样条曲线的一个端点应与拉伸对象所在的平面垂直。
>
> 如果路径是封闭的，轨迹应位于衔接面上，以使起始截面和终止截面互相贴合。

● 倾斜角：拉伸角度也可以为正或为负，其绝对值不能大于 90°。默认值为 0°，此

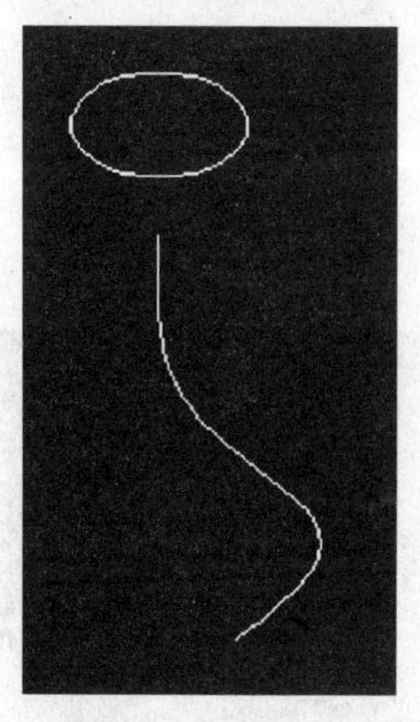
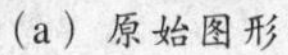
（a）原始图形

（b）拉伸后的效果

图 10-19　沿指定路径拉伸图形

时生成的实体的侧面垂直于 XY 平面，没有倾斜，如图 10-20（a）所示。如果倾斜角为正值，生成的侧面向里靠，如图 10-20（b）所示；如果倾斜角为负值，生成的侧面向外，如图 10-20（c）所示。

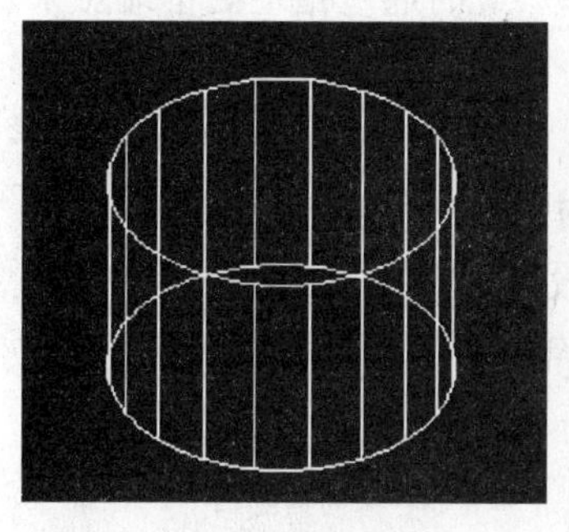
（a）倾斜角为 0°

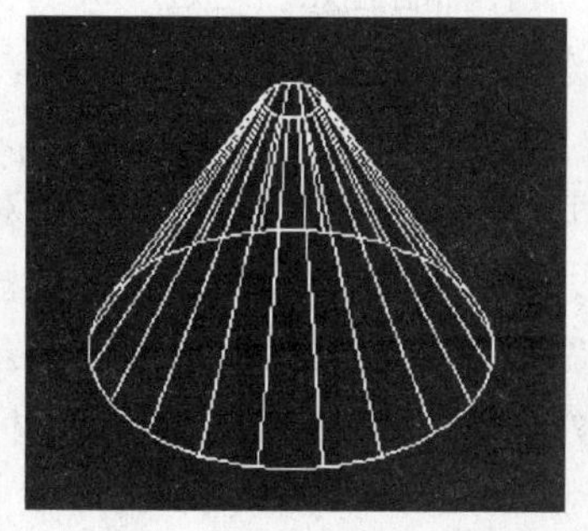
（b）倾斜角为 30°

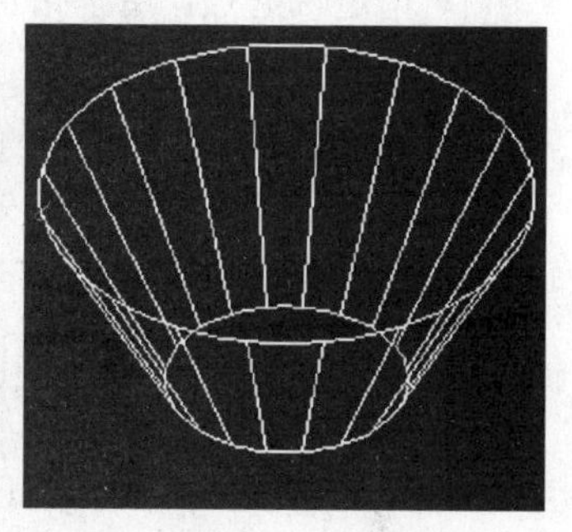
（c）倾斜角为 −30°

图 10-20　不同倾斜角的拉伸效果

10.4.6　将二维图形旋转成实体

在 AutoCAD 2008 中，将二维图形绕某一轴旋转，就可以生成三维实体。用于旋转的对象可以是封闭多线段、多边形、圆、椭圆、封闭样条曲线及封闭区域。

具体操作步骤如下：

（1）绘制如图 10-21（a）所示的直线和矩形。

（2）选择【绘图】/【建模】/【旋转】命令，或在【建模】工具栏中单击【旋转】按钮，或在命令行中直接输入 REVOLVE 命令后按 Enter 键。

（3）执行此命令后，命令行提示如下：

```
命令: REVOLVE
当前线框密度: ISOLINES=20
选择要旋转的对象: 找到 1 个 (选择矩形)
选择要旋转的对象:(按 Enter 键)
```

指定轴起点或根据以下选项之一定义轴 [对象(O)/X/Y/Z] <对象>: O

选择对象:(选择直线)

指定旋转角度或 [起点角度(ST)] <360>:(按 Enter 键)

最终得到的实体如图 10-21（b）所示。

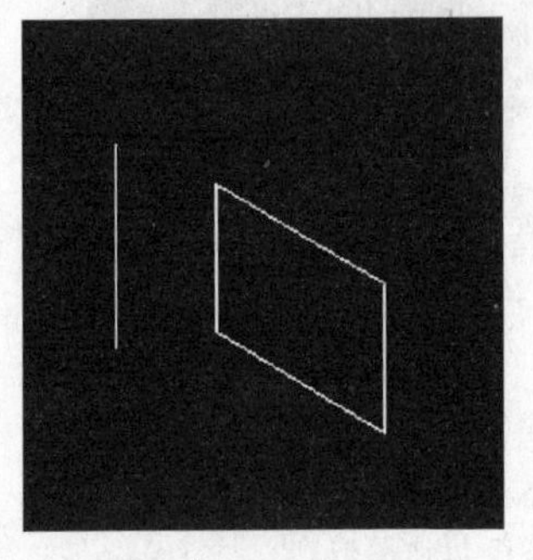

（a）原始图形

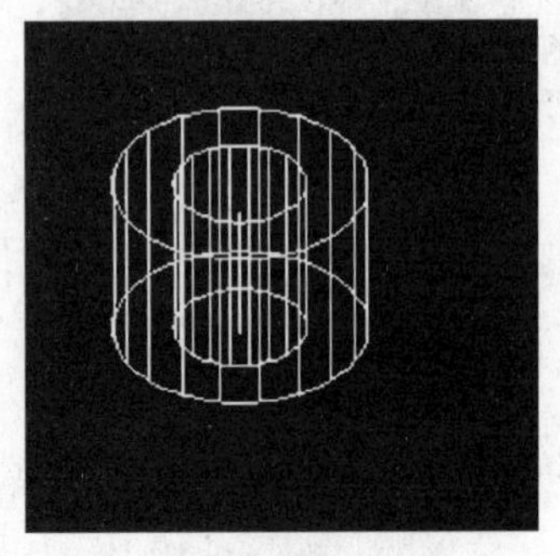

（b）旋转后的实体

图 10-21　将二维图形旋转成实体

在命令行提示中，部分选项的作用说明如下：

● 指定轴起点：用于指定旋转轴的起点。这是默认选项，此时通过指定两个端点来确定旋转轴。选择该选项后，后面会提示“指定轴端点:”，此时需要指定旋转轴的另一个端点。

● 对象（O）：在命令提示行后输入 O，然后选择一个对象作为旋转轴。此时可以选择直线或多线段。选择多线段时，如果拾取的多线段是线段，对象将绕该线段旋转；如果选择的是圆弧段，则以该圆弧的两端点的连线作为旋转轴。

● X 轴（X）/Y 轴（Y）/Z 轴（Z）：用于指定旋转坐标轴。

10.5　上 机 操 作

下面利用本章所学的知识，制作一个降落伞。

（1）新建并保存文件

首先新建一个文件，在【选择样板】对话框中选择 acadiso.dwt 模板，然后选择适当的路径保存该文件。

（2）绘制球面下半部分

在命令行中输入 ai_dish，启动“下半球面”绘制命令。命令行提示和参数设置如下：

命令：ai_dish

指定中心点给下半球：1000,50,0

指定下半球面的半径或[直径（D）]：200

输入曲面的经线数目给下半球面<16>：16

输入曲面的纬线数目给下半球面<8>：8

单击【三维导航】工具栏中的【连续动态观察】按钮，适当旋转图形，可以看到如图10-22所示的效果。

（3）绘制圆锥面

在命令行中输入ai_cone，启动圆锥命令。命令行提示和参数设置如下：

命令：ai_cone

指定圆锥面底面的中心点：1000,500,0

指定圆锥面底面的半径或[直径（D)]：200

指定圆锥面顶面的半径或[直径（D)] <0>：0

指定圆锥面的高度：300

输入圆锥面的线段数目<16>：16

效果如图10-23所示。这里通过绝对尺寸的限定，保证了半球纬度大圆和圆锥底面圆底重合。

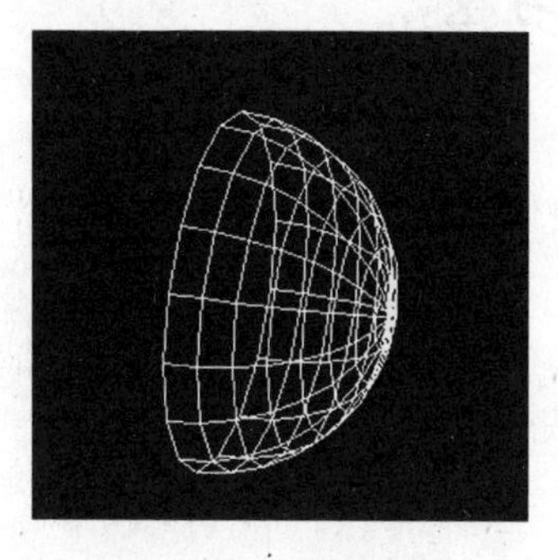

图10-22　下半球面

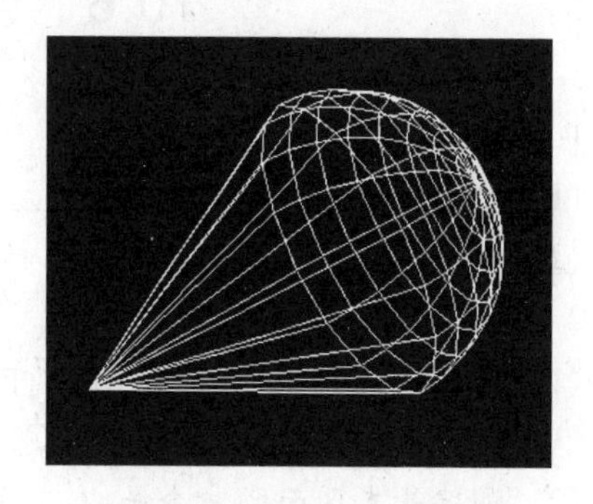

图10-23　圆锥和半球面相接

（4）绘制三维样条曲线

首先定义UCS。选择【工具】/【新建UCS】/【原点】命令，或单击UCS工具栏中的原点UCS按钮，或在命令行中输入UCS，都可以启动UCS命令。命令行提示和参数设定如下：

命令：UCS

当前UCS名称＊世界＊

指定UCS的原点或[面(F)/命名(NA)/对象(OB)/上一个(P)/视图(V)/世界(W)/X/Y/Z轴(ZA)] <世界>:_O

指定新原点<0,0,0>:<对象捕捉 开>

提示的最后一行表示启用捕捉功能来捕捉圆锥的顶点。

选择【绘图】/【样条曲线】菜单命令，或单击【绘图】工具栏中的【样条曲线】按钮，或在命令行中输入spline，都可以启动样条曲线命令。命令行提示和参数设定如下：

命令:_spline

指定第一个点或[对象(o)]:

指定下一点:10,10,20,

指定下一点或[闭合(c)/拟合公差(F)/] <起点切向>:10,20,50

指定下一点或[闭合(c)/ 拟合公差(F)/] <起点切向>:20,30,100

指定下一点或[闭合(c)/ 拟合公差(F)/] <起点切向>:-20,10,150

指定下一点或[闭合(c)/ 拟合公差(F)/] <起点切向>:

指定下一点或[闭合(c)/ 拟合公差(F)/] <起点切向>:

指定起点切向:

指定端点切向:

这样就完成了降落伞的绘制，得到的最终效果如图 10-24 所示。

图 10-24　降落伞的最终效果

10.6　课后练习题

1．填空题

(1) 绘制圆锥体的命令是________，绘制楔体的命令是________。

(2) 三维模型的三种创建方式包括________、________和________。

2．选择题

(1) 下面对象（　）不是 CAD 中的基本实体类型。

A．球　B．长方体　C．楔体　D．圆顶　E．圆锥体

(2) 创建基本区面的命令是（　）。

A．3D　B．CONE　C．AI_DISH　D．ISOLINES

3．上机题

绘制如图 10-25 所示的三维图形，并使用三维动态观察器进行观察。

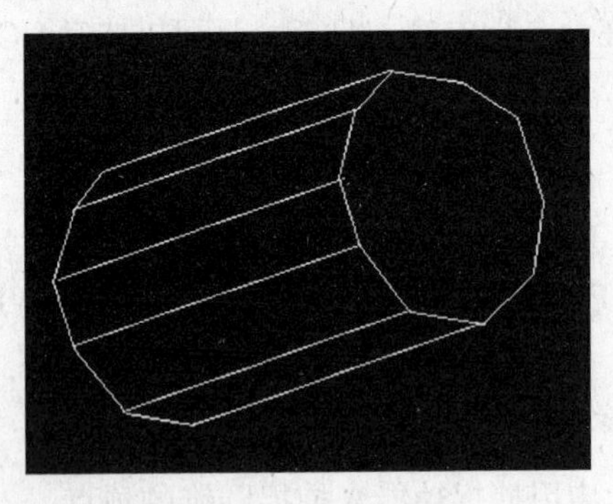

图 10-25　绘制三维图形

第11章　编辑及渲染三维实体

本章要点：

- 三维基本编辑命令
- 布尔运算
- 三维动态观察
- 消隐、着色与渲染

在实体编辑完成后，通常要进行多次修改才能正式使用。在AutoCAD 2008中，可以对实体进行分解、圆角、倒角、剖切及切割等编辑操作。

11.1　三维基本编辑命令

11.1.1　旋转三维对象

使用ROTATE命令，可以绕指定点旋转二维对象。当前UCS决定了旋转的方向。用ROTATE3D命令，则可以绕指定的轴旋转三维对象。可以根据两点指定轴方向、指定某对象为轴、指定X、Y或Z轴或者当前视图的Z方向。若要旋转三维对象，既可以使用ROTATE命令，也可以使用ROTATE3D命令。

指定点旋转对象。要决定旋转角度，请输入角度值或指定第二点。输入正角度值逆时针或顺时针旋转对象，这取决于【图形单位】对话框中的【方向控制】设置。旋转平面和零度角方向取决于用户坐标系的方位。

旋转的操作步骤如下：

(1) 创建一个三维对象。

(2) 从菜单栏选择【修改】/【三维操作】/【三维旋转】命令，也可以在命令行输入ROTATE3D，执行【三维旋转】命令。

(3) 根据提示“选择对象：”，选择三维对象。

(4) 再次提示“选择对象：”时，按Enter键。

(5) 在提示“指定轴上的第一个点或定义轴依据[对象(O)/最近的(L)/视图(V)/X轴(X)/Y轴(Y)/Z轴(Z)/两点(2)]：”时，按Enter键。

(6) 在提示“指定X轴上的点<0，0，0>：”时，按Enter键。

(7) 在提示“指定旋转角度或[参照(R)]：”时输入角度“270”，按Enter键，完成三维对象的旋转。

11.1.2 三维对象的阵列

使用3DARRAY命令，可在三维空间创建对象的矩形阵列或环形阵列。除了指定列数（X方向）和行数（Y方向）以外，还要指定层数（Z方向）。

创建三维阵列的操作步骤如下：

(1) 创建一个三维对象。

(2) 从菜单栏中选择【修改】/【三维操作】/【三维阵列】命令，或在命令行输入3DARRAY命令，在提示“选择对象：”时选择三维对象，按Enter键。

(3) 在提示“输入阵列类型[矩形（R）/环形（P）]<矩形>：”时，按Enter键，选择矩形阵列。

(4) 在提示“输入行数（…）<1>：”时输入4，在提示“输入列数（|||）<1>：”时输入4。

(5) 在提示“输入层数（…）<1>：”时，按Enter键。

(6) 在提示“指定行间距（…）：”时输入50；在提示“指定列间距（|||）：”后输入50，按Enter键，完成三维对象的矩形阵列，如图11-1所示。

(7) 执行【编辑】/【放弃】命令，取消矩形阵列。从菜单栏选择【修改】/【三维操作】/【三维阵列】命令，在提示“选择对象：”时选择三维对象，按Enter键。在提示“输入阵列类型[矩形（R）/环形（P）]<矩形>：”时输入P，选择环形阵列。

(8) 在提示“输入阵列中的项目数目：”后输入6，按Enter键。

(9) 在提示“指定要填充的角度（+=逆时针，-=顺时针）<360>：”时，按Enter键。

(10) 在提示“旋转阵列对象？[是（Y）/否（N）]<是>：”时，按Enter键。

(11) 在提示“指定阵列的中心点：”时，指定阵列的中心点。在提示“指定旋转轴上的第二点：”时，指定旋转轴上的第二点。从而完成三维对象的环形阵列，如图11-2所示。

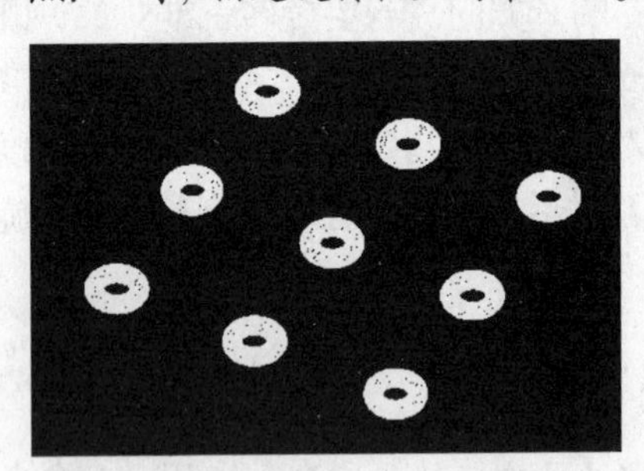

图11-1 三维对象的矩形阵列

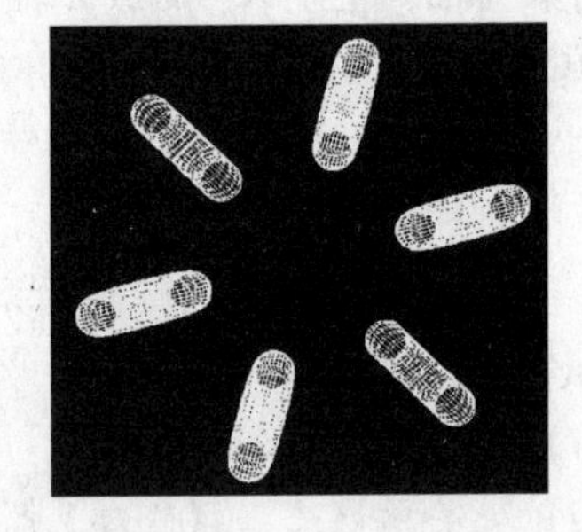

图11-2 三维对象的环形阵列

提示：三维极坐标（即环形）阵列中，实体是绕着一条指定的轴进行阵列的，这与二维极坐标阵列中绕着一点进行阵列不同，这也是三维极坐标阵列与二维极坐标阵列唯一的区别所在。

11.1.3 镜像三维对象

镜像可以创建对象的轴对称映象。这对创建对称的对象非常有用，因为这样可以快速地绘制半个对象，然后创建镜像，而不必绘制整个对象。

用 MIRROR3D 命令可以沿指定的镜像平面创建镜像。

镜像三维对象的操作步骤如下：

(1) 创建一个三维对象，从菜单栏中选择【修改】/【三维操作】/【三维镜像】命令。

(2) 在提示“选择对象：”时选择三维对象，按 Enter 键。

提示：镜像平面可以是下列平面：平面对象所在的平面、通过指定点且与当前 UCS 的 XY、YZ 或 XZ 平面平行的平面和由选定三点定义的平面。

(3) 在提示“指定镜像平面（三点）的第一个点或[对象（O）/最近的（L）/Z 轴（Z）/视图（V）XY 平面（XY）/YZ 平面（YZ）/ZX 平面（ZX）/三点（3）]<三点>：”时输入 ZX，按 Enter 键。

(4) 在提示“指定 ZX 平面上的点<0，0，0>：”时选择一点。

(5) 在提示“是否删除源对象？[是（Y/否（N））]<否>：”时，按 Enter 键，完成三维对象的镜像，如图 11-3 所示。

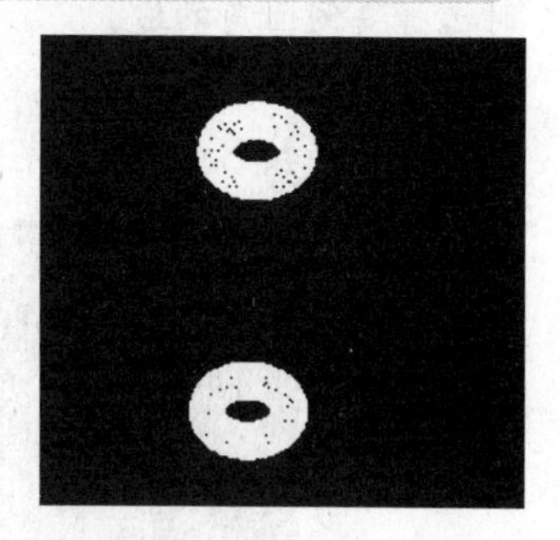

图 11-3　三维对象的镜像

11.1.4　对齐三维实体

对齐三维对象的操作步骤如下：

(1) 创建两个三维对象，从菜单栏中选择【修改】/【三维操作】/【三维对齐】命令。

(2) 在提示“选择对象：”时选择两个三维对象，按 Enter 键。

(3) 在提示“指定第一个源点：”时指定第一个源点。在提示“指定第一个目标点：”时指定第一个目标点。在提示“指定第二个源点：”时按 Enter 键，对象将从源点移到目标点。

提示：只选取 1 对点时，Align 命令相当于移动；只选取 2 对点时，Align 命令相当于移动和缩放命令的组合；选取 3 对点时，Align 命令相当于移动和三维旋转命令的组合使用。

11.1.5　三维实体倒角

三维实体倒角的操作步骤如下：

(1) 创建一个三维对象，从菜单中选择【修改】/【倒角】命令。

(2) 在提示“选择第一条直线或[多段线（P）/距离（D）/角度（A）/修剪（T）/方式（M）/多个（U）]：”时选择要倒角的基面边，AutoCAD 2008 会高亮显示选定的边是两相邻曲面之一。

(3) 在提示“输入曲面选择选项[下一个（N）/当前（OK）]<当前>：”时按 Enter 键。

(4) 在提示“指定基面的倒角距离：”时输入4，按Enter键。

(5) 在提示“指定其他曲面的倒角距离<4.0000>：”时按Enter键。

(6) 在提示“选择边或[环（L）]：”时选择一条边，再按Enter键，完成三维对象的倒角，如图11-4所示。

11.1.6 三维实体的倒圆角

三维实体倒圆角的操作步骤如下：

(1) 创建一个三维对象，从菜单栏选择【修改】/【倒角】命令。

(2) 在提示“选择第一个对象或[多段线（P）/半径（R）/修剪（T）/多个（U）]：”时选择要倒圆角的边。

(3) 在提示“输入圆角半径：”时输入5，按Enter键。

(4) 再按Enter键，完成三维对象的倒圆角，如图11-5所示。

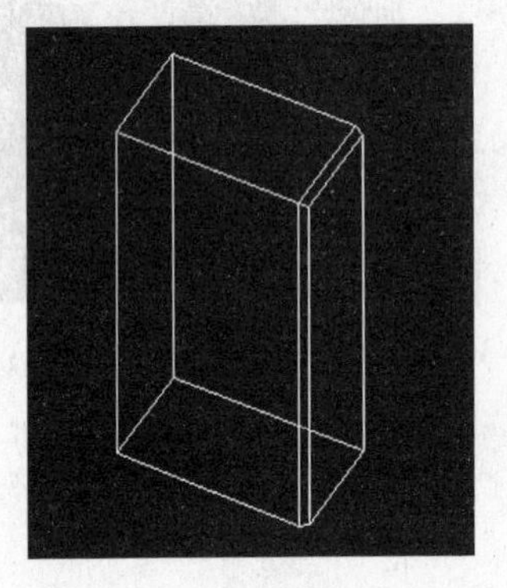

图11-4 三维对象的倒角

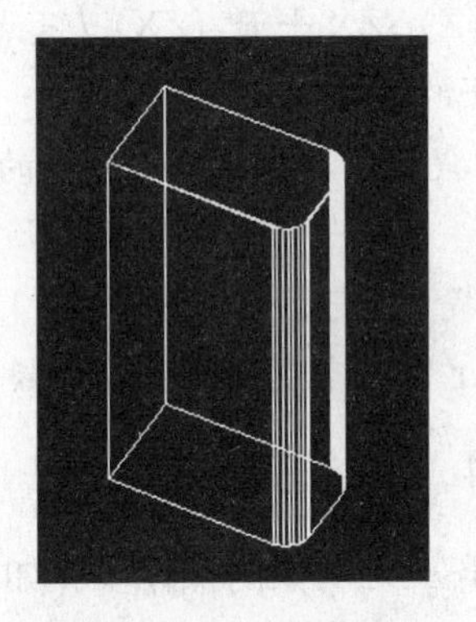

图11-5 三维对象的倒圆角

11.1.7 剖切实体

剖切实体是指切开实体并移去指定部分来创建新的实体。

剖切实体的操作步骤如下：

(1) 创建一个三维对象，选择【修改】/【三维操作】/【剖切】命令，或在命令行输入SLICE，在提示“选择对象：”时选择三维对象。

(2) 在提示“指定切面的第一个点，依照[对象（O）/Z轴（Z）/视图（V）/XY平面（XY）/YZ平面（YZ）/ZX平面（ZX）/三点（3）]<三点>：”时选择图中的A、B和C三点，如图11-6所示。

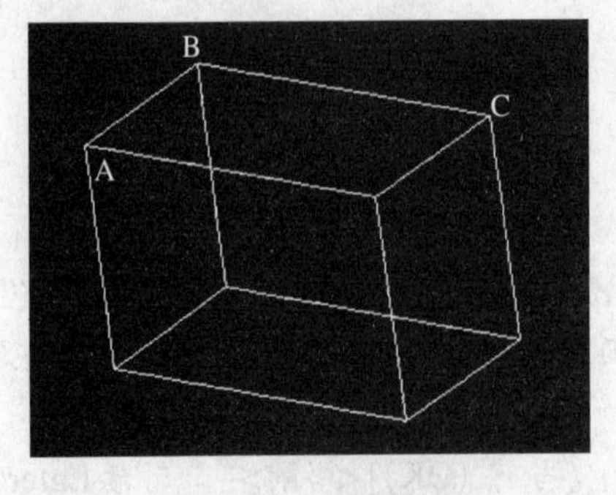

图11-6 三维对象

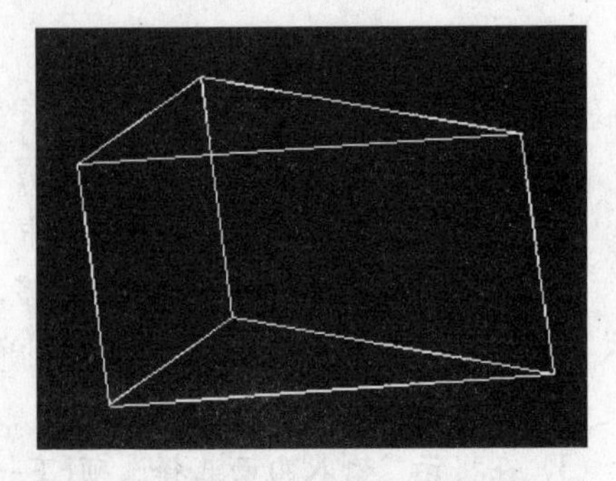

图11-7 剖切实体

（3）在提示“在要保留的一侧指定点或[保留两侧（B)]：”时，在要保留的一侧用鼠标单击一点，完成实体的剖切，如图 11-7 所示。

提示：剖切实体的默认方法是：先指定三点定义剪切平面，然后选择要保留的部分。也可以通过其他对象、当前视图、Z 轴或 XY、YZ 平面来定义剪切平面。

11.2 布尔运算

布尔运算是两个或多个已有实体通过并集、差集和交集运算组合成新的实体并删除原有实体，如图 11-8 所示。另外，可以使用【干涉检查】命令来检查进行布尔运算的效果。

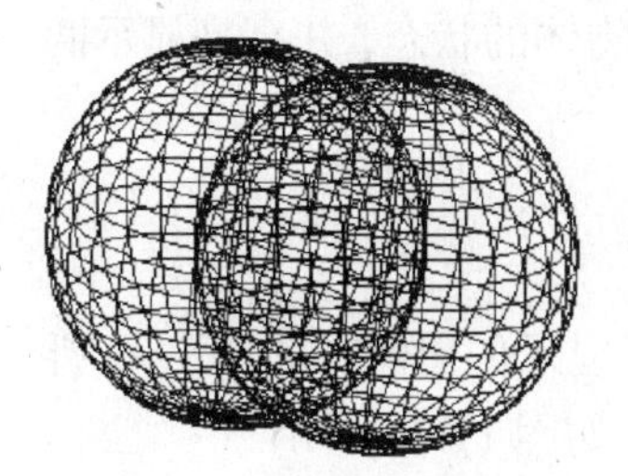
（a）原始的两个实体

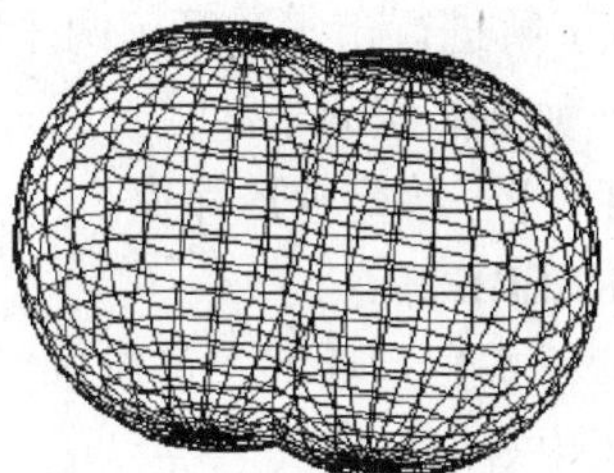
（b）并集运算后的效果

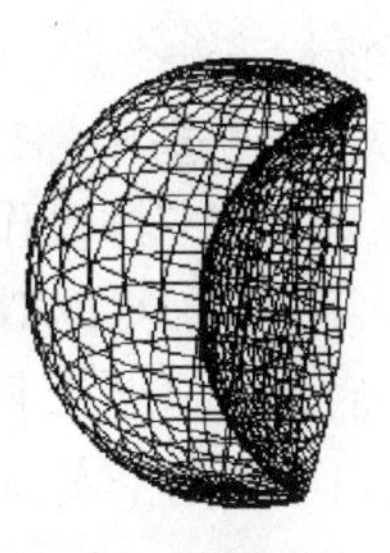
（c）差集运算后的效果

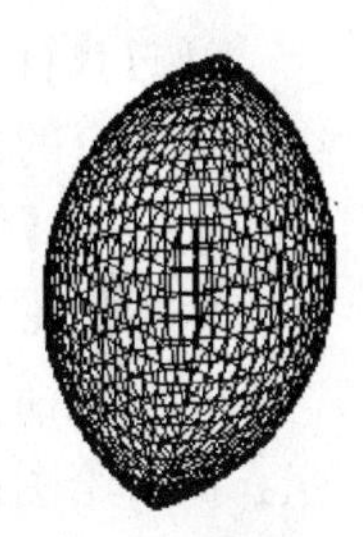
（d）交集运算后的效果

图 11-8　实体布尔运算示例

11.2.1 并集

通过执行并集命令，可以组合多个实体来生成一个新实体。该命令主要用于将多个相交或相接触的对象组合在一起。当组合一些不相交的实体时，其显示效果看起来还是多个实体，但实际上被当作一个对象。通过下述任一方法激活并集的命令：

- 选择【修改】/【实体编辑】/【并集】命令。
- 直接在命令行中输入 UNION 命令后按回车键。
- 在【实体编辑】工具栏中单击【并集】按钮。

执行该命令后，选择如图 11-8（a）所示的两个球体，进行并集运算后效果如图 11-8（b）所示。

11.2.2 差集

通过执行差集命令，可从一些实体中去掉部分实体，从而得到一个新实体。通过下述任一种方法激活差集命令：

- 选择【修改】/【实体编辑】/【差集】命令。
- 直接在命令行中输入 SUBTRACT 命令。
- 在【实体编辑】工具栏中单击【差集】按钮。

执行该命令后，选择如图 11-8（a）所示的两个球体，进行差集运算后效果如图 11-8（c）

所示。

11.2.3 交集

通过执行交集命令，可以利用各个实体的公共部分创建新实体。通过下述任一种方法激活交集的命令：

- 选择【修改】/【实体编辑】/【交集】命令。
- 直接在命令行中输入 INTERSECT 命令。
- 在【实体编辑】工具栏中单击【交集】按钮。

执行该命令后，选择如图11-8 (a) 所示的两个球体，进行交集运算后效果如图11-8 (d) 所示。

11.2.4 干涉检查

通过执行干涉检查命令，可以了解进行布尔运算前两个物体的状态，并高亮显示两个物体相交的部分。通过下述任一种方法激活干涉检查的命令：

- 选择【修改】/【三维操作】/【干涉检查】命令。
- 直接在命令行中输入 INTERFERE 命令。

执行该命令后，会弹出【干涉检查】对话框，可以选择显示的对象，如图 11-9 所示；同时绘图窗口中的两个实体的相交部分也会高亮显示，如图 11-10 所示。

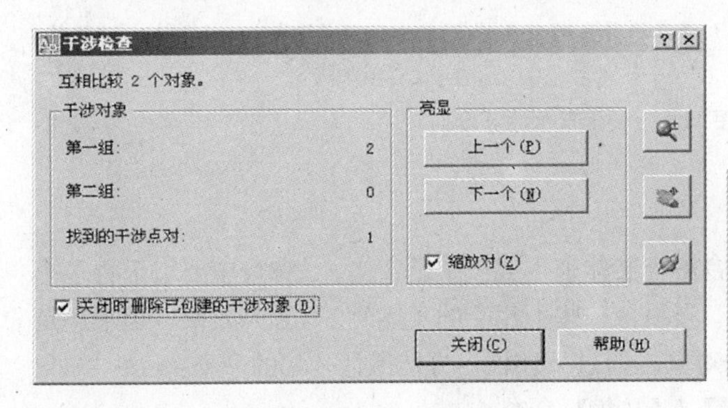

图 11-9 【干涉检查】对话框

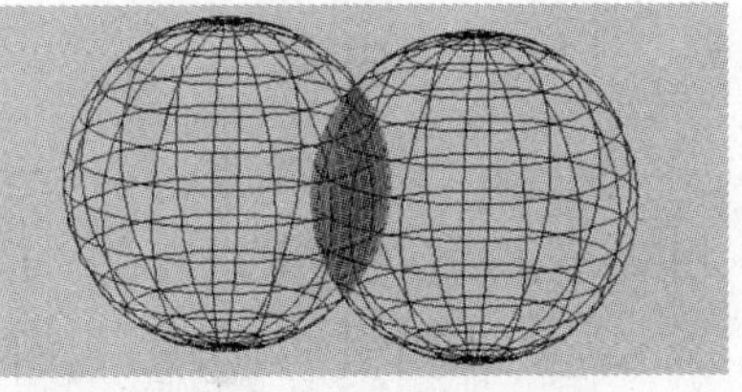

图 11-10 干涉检查时高亮显示实体的相交部分

11.3 三维动态观察

在命令行中输入 3DORBIT 命令后按 Enter 键，或选择【视图】/【动态观察】/【自由动态观察】命令，系统将在当前窗口中激活一个交互的三维动态观察器，如图 11-11 所示，此时通过单击和拖动的方式，既可以查看整个图形，也可以从不同视点查看图形中的任一个对象。

另外，也可以使用【视图】/【动态观察】子菜单中的【受约束的动态观察】或【连续动态观察】命令，来对图形进行不同方式的动态观察。

按下 Esc 或 Enter 键，或右击并从弹出的快捷菜单中选择【退出】命令，即可以退出动态观察状态。

光标移动到观察球的不同位置时，光标形状将发生变化。当光标处于不同位置或形状时，作用如下：

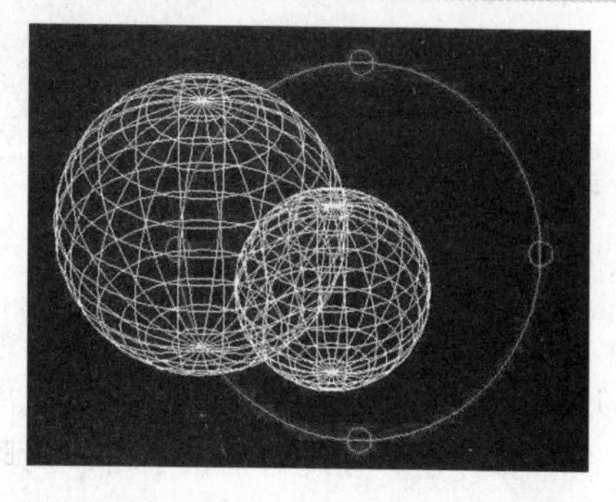

图 11-11　使用三维动态观察器观察图形

● 当光标位于观察球以内的区域时，按住左键并拖动光标，可以自由移动对象。

● 当光标位于观察球以外的区域时，按住左键并拖动光标，视图将围绕着一条穿过观察球中心且与屏幕垂直的轴移动。

● 当光标位于左右小圆中时，按住左键并拖动光标，视图将围绕通过观察球中心的垂直线或Y轴旋转。

● 当光标位于上下小圆中时，按住左键并拖动光标，视图将围绕通过观察球中心的水平线或Z轴旋转。

11.4　消隐、着色与渲染

11.4.1　消隐

消隐是AutoCAD 2008中形象地显示三维实体的重要手段之一，通过消隐处理后，可以更加清楚三维实体的结构模型。

1．消除对象的隐藏线

在查看或打印线框时，复杂图形往往会显得十分杂乱，以至于无法表达正确的信息。隐藏被前景对象遮掩的背景对象，可使图形的显示更加清晰。

通过下述任一方法激活消隐命令：

● 执行【视图】/【消隐】命令。

● 单击【渲染】工具栏中的【隐藏】按钮。

● 在命令行输入HIDE命令后按Enter键。

即可使当前视图中的所有实体进行消隐。消隐完成后，效果如图11-12所示。

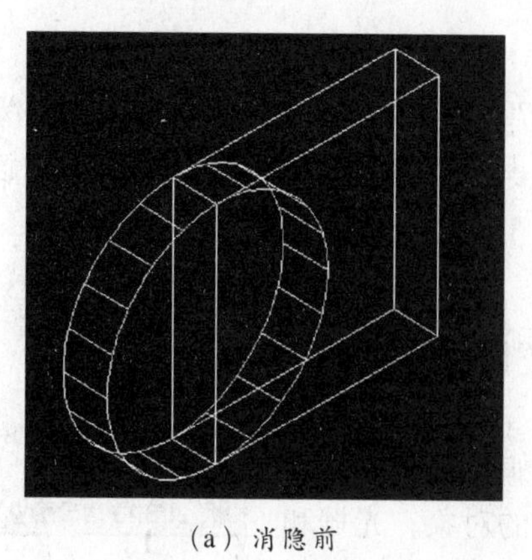

（a）消隐前

（b）消隐后

图 11-12　消隐

注意：执行消隐命令后，系统将无法执行平移和缩放等命令，直到选择【视图】/【重生线】命令并重新生成图形为止。

2．更改隐藏线的显示特征

隐藏线的属性可以在【视觉样式管理器】对话框中进行设置，直接在命令行输入 HLSETTINGS 命令即可打开它，也可以选择【视图】/【视觉样式】/【视觉样式管理器】命令打开它。在此对话框中可以对隐藏线的线型、颜色或隐藏精度等进行设置。

11.4.2 着色

要创建逼真的模型图像，就需要对三维实体进行着色，它不仅能对实体进行消隐，而且能对实体进行效果着色。在着色模式下可以查看和编辑用线框或着色表示的对象，实际上是对当前图形画面进行阴影处理的效果。

1．使用着色命令

● SHADE 命令：在命令行中直接输入该命令，系统将对当前线框图形进行消隐处理，并对图形产生着色处理。着色命令只影响图形的可见层，只有使用 REGEN 命令、HIDE 命令或其他导致画面刷新的命令时，画面才重新显示线框模型，而且着色后的图形只能在屏幕上显示，不能打印输出。

● SHADEDGE 命令：在命令行中直接输入该命令后，可以设置阴影的填充类型，命令行将提示：

输入 SHADEDGE 的新值<3>:

此时，在命令行可以输入填充类型的变量值。值为 0 表示曲面产生阴影但没有高亮度，而且视角的变化不影响边的颜色；值为 1 时表示曲面产生阴影但有高亮度，而且视角的变化影响边的颜色；值为 2 时表示用背景色填充，边用对象颜色绘出；值为 3 时表示曲面用对象颜色填充，边用背景色绘出。

● SHADEDIF 命令：该命令主要用于控制漫反射光与环境的比例。在命令行中直接输入该命令后，系统提示：

输入 SHADEDIF 的新值<70>:

在命令行中输入反射量的新值。默认值为 70，表示模型中 70% 的光来自 SHADE 单光源的漫反射光，剩下 30% 的光来自自然光。只有当 SHADEDIF 为 1 或 0 时，该系统变量对 SHADE 命令才有影响。

2．使用着色模式

在 AutoCAD 2008 中，可以使用【视图】/【视觉样式】子菜单中的命令来着色对象，如图 11-13 所示。

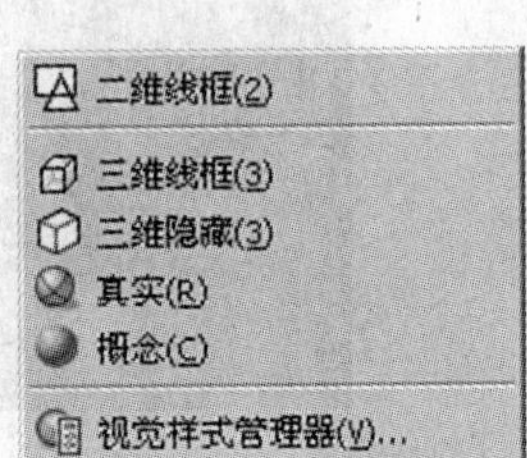

图 11-13 【视觉样式】子菜单

【视图】/【视觉样式】菜单中命令的功能如下：

● 二维线框：显示用直线或曲线表示边界的对象。光栅和 OLE 对象、线型和线宽都是可见的。即使当系统变量 COMPASS 设置为“开”时，在此视图中也不显示坐标球。

● 三维线框：显示用直线或曲线表示边界的对象。此时UCS坐标为一个着色的三维图标。光栅和OLE对象、线型和线宽都是不可见的。当系统变量COMPASS设置为"开"时，可以显示坐标球，并能够显示已使用的颜色。

● 三维隐藏：显示用三维线框表示的对象，同时消除对象的隐藏线。该命令与【视图】/【消隐】命令效果类似，但此时UCS为一个着色的三维图标。

● 真实：该命令合并了体着色和线框命令，对象显示为带边框的体着色效果，如图11-14（a）所示。如果要将着色对象恢复到线框模式，可使用【视图】/【视觉样式】/【二维线框】命令。

● 概念：用于着色对象并在多边形面之间平滑边界，给对象一个光滑、具有真实感的形象，并可以显示应用到的材质，如图11-14（b）所示。

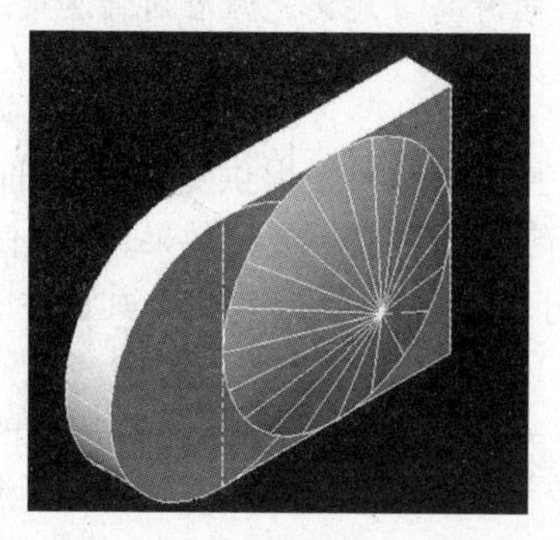
（a）真实着色

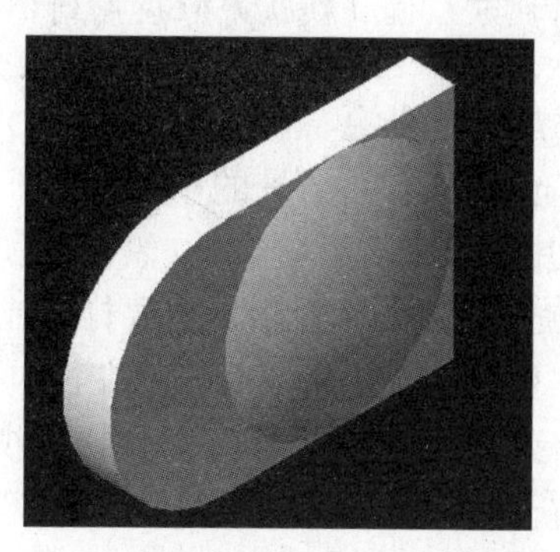
（b）概念着色

图11-14　真实着色与概念着色

11.4.3　渲染

使用【渲染】命令可以将场景中的三维实体及场景输出为二维的图像，从而获得物体更加真实的效果。进行渲染前，通常需要对场景设置光源、添加材质和环境设置（例如背景和雾化），以便模拟自然环境下物体的显示状态。在AutoCAD 2008中，可以用【渲染】工具栏中的按钮或【视图】/【渲染】子菜单中的命令进行灯光、材质、环境的设置并进行渲染，分别如图11-15和图11-16所示。

图11-15　【渲染】工具栏

图11-16　【渲染】子菜单

1．添加光源

自然界中的所有物体，都是在一定的光照下才能反射到我们的眼睛中，这些光照可能是日光、灯光或其他类型的光线。恰当地添加光源，才能真实地模拟物体的光照效果。

AutoCAD提供了三种光源单位：标准(常规)、国际(国际标准)和美制。LIGHTINGUNITS

系统变量设置为 0 表示标准（常规）光源；设置为 1 表示使用国际标准单位的光度控制光源；设置为 2 表示使用美制单位的光度控制光源。

（1）光源的类型

AutoCAD 中的光源分为多种类型，下面分别进行描述。

① 默认光源

场景中没有添加任何光源时，AutoCAD将使用系统自动设置的默认光源对场景进行着色或渲染。默认光源是来自视点后面的两个平行光源，模型中所有的面均被照亮，以使其可见。可以对默认光源的亮度和对比度进行控制，但不需要自己创建或放置光源。

提示：插入自定义光源或启用阳光时，将会为用户提供禁用默认光源的选项。另外，用户可以仅将默认光源应用到视口，同时将自定义光源应用到渲染。

② 添加标准光源

添加光源可增强场景的清晰度和三维性，可为场景提供更加真实的外观。在AutoCAD中，可以创建点光源、聚光灯和平行光，以达到需要的效果。可以使用夹点工具移动或旋转光源，可以根据需要打开或关闭某个光源，也可以更改其特性（例如颜色和衰减）。更改的效果将实时显示在视口中。

添加标准光源的方法如下：选择【视图】/【渲染】/【光源】子菜单中的【新建点光源】、【新建聚光灯】、【新建平行光】等命令，或者在【渲染】工具栏的【光源】图标下拉列表中选择一种光源，在视图中单击或拖动鼠标，即可创建对应的光源。

要修改光源的特性，可以直接在场景中光源上面双击；或者从工具栏或菜单中打开【光源列表】面板，如图 11-17 所示，然后在需要修改特性的光源上面双击，即可打开该光源【特性】面板，如图 11-18 所示。

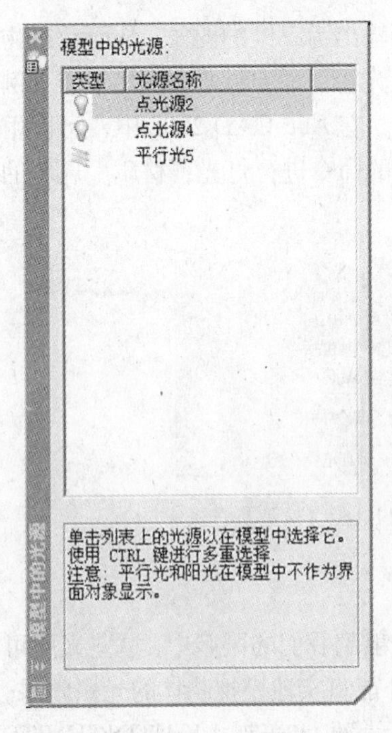

图 11-17 【光源列表】面板

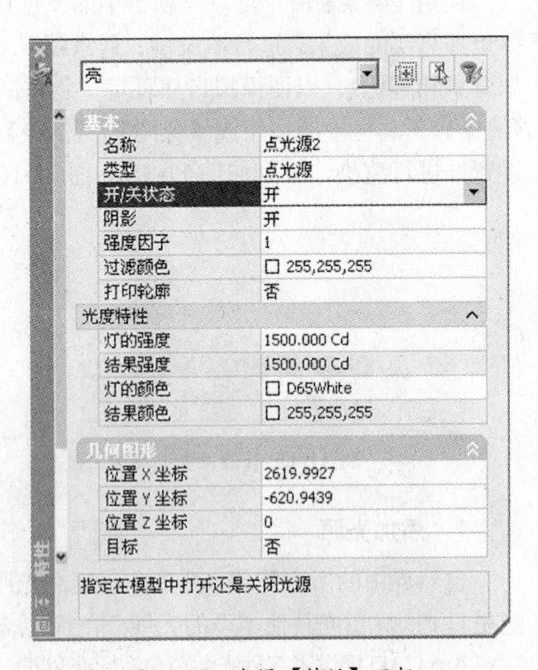

图 11-18 光源【特性】面板

提示：添加到场景中的聚光灯和点光源会使用不同的光线轮廓表示（图形中显示光源位置的符号），但是平行光和阳光没有对应的轮廓，因为它们没有离散的位置，并且也不会影响到整个场景。绘图时，可以打开或关闭光线轮廓的显示。默认情况下，打印时不会打印出光线轮廓。

- 点光源：点光源从其所在位置向四周发射光线。点光源不以一个对象为目标。使用点光源可以达到基本的照明效果。可以通过输入 POINTLIGHT 命令或者对应的菜单及快捷工具创建点光源。

提示：可以使用 TARGETPOINT 命令创建目标点光源。目标点光源和点光源的区别在于可用的一些目标特性，目标光源可以指向一个对象。也可以通过将普通点光源的【目标】特性从“否”更改为“是”，将其转换为目标点光源。

- 聚光灯：聚光灯（例如闪光灯、剧场中的跟踪聚光灯或前灯）会投射一个聚焦的锥形光束。可以控制光源的方向和圆锥体的尺寸。聚光灯可用于亮显模型中的特定特征和区域。使用 FREESPOT 命令可以创建自由聚光灯，其特性与聚光灯类似。

点光源与聚光灯照射效果的比较如图 11-19 所示。

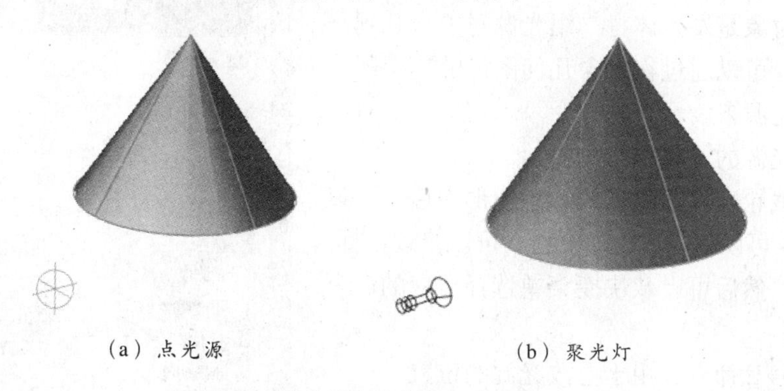

（a）点光源　　　　（b）聚光灯

图 11-19　点光源与聚光灯照射效果的比较

- 平行光：平行光仅向一个方向发射统一的平行光光线。可以在视口中的任意位置指定 FROM 点和 TO 点，以定义光线的方向。平行光的强度并不随着距离的增加而衰减；对于每个照射的面，平行光的亮度都与其所在光源处相同。可以用平行光统一照亮对象或背景。

③ 阳光与天光

阳光是一种类似于平行光的特殊光源。用户为模型指定的地理位置以及指定的日期和当日时间，确定了阳光的角度。阳光与天光是自然照明的主要来源。使用【阳光与天光模拟】，用户可以调整它们的特性，比如可以更改阳光的强度及其光源的颜色。

在光度控制流程中，还可以启用天空照明（通过天光背景功能），这样会添加由于阳光和大气之间的相互作用而产生的柔和、微薄的光源效果。比如，天光中的【强度因子】分别为 0.4000 和 0.0700 时，光照的效果如图 11-20 所示。

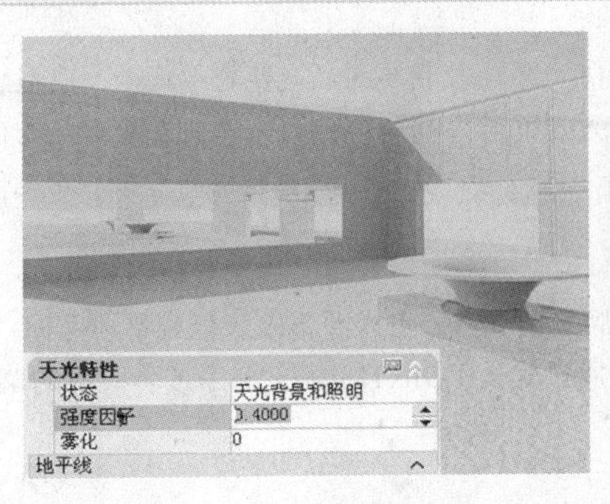

图 11-20 天光中不同【强度因子】的光照效果

④ 光度控制光源和灯具对象

要更精确地控制光源，可以使用光度控制光源照亮模型。光度控制光源使用户能够按光源在现实中显示的使用光度（光能量）值更精确地对其进行定义。可以创建具有各种分布和颜色的特征，也可以输入光源制造商提供的特定光域网文件（IES 标准文件格式）。

灯具对象是发光体将一组光源对象合并到一个灯具中，可以通过在包含几何图形的块中嵌入光度控制光源来表示。

（2）光源的调整

由光线轮廓表示的光源置于图形中后，可以重新定位，可以移动和旋转光源，可以修改目标。右击光源，然后可以从快捷菜单选择对应的命令进行操作。

- MOVE 命令：用于更改光源的位置。
- ROTATE 命令：用于更改光源的方向。除了访问快捷菜单，也还可以使用 ROTATE、3DROTATE 和 ROTATE3D 命令。
- FLIP 命令：将光源目标向相反的方向旋转。

2．添加材质和贴图

（1）材质。图形中的对象添加了材质后，可以增强其真实的效果。系统在【材质】面板中已为用户创建了大量材质，可以选择需要的材质并应用到场景中的对象。还可以自己创建和修改材质。选择【视图】/【渲染】/【材质】命令，或者在【渲染】工具栏中单击【材质】按钮，就可以打开【材质】面板，如图 11-21 所示。

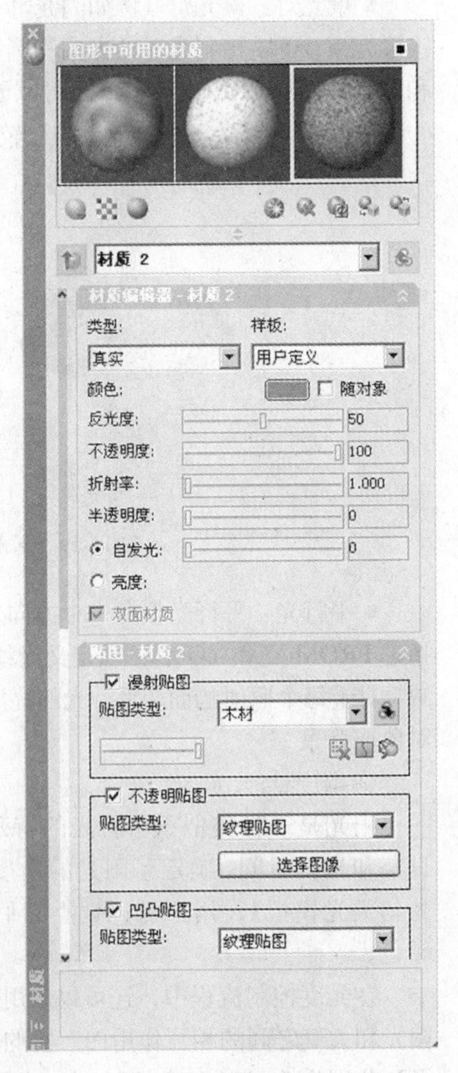

图 11-21 【材质】面板

（2）贴图。使用贴图可以增加材质的复杂性和纹理的真实性。例如，可以通过使用木材贴图来体现课桌的效果。

将贴图应用到材质并且根据用户偏好进行修改后，可以使用【材质】面板上的多种选项在对象上调整贴图。

提示：由全局照明或最终聚集中的间接照明照亮场景时，使用“高级光源替代”功能，可以为影响渲染场景的材质添加特性。

按照贴图的效果划分，包括如下几种类型。

- 漫射贴图：为材质提供多种颜色的图案。
- 反射贴图：模拟在有光泽对象的表面上反射的场景。
- 不透明贴图：可以创建不透明和透明的图案。
- 凹凸贴图：可以模拟起伏的或不规则的表面。

按照贴图使用的对象划分，分为如下两种类型。

- 纹理贴图：可以由多种文件类型中的图像定义。图像对于创建多种类型的材质都十分有用。可以使用以下文件类型创建纹理贴图：BMP（.bmp、.rle、.dib）、GIF (.gif)、JFIF（.jpg、.jpeg）、PCX (.pcx)、PNG (.png)、TGA (.tga)、TIFF (.tif)。
- 程序贴图：由数学算法生成，进一步增加了材质的真实感。可以在二维空间或三维空间中生成程序贴图。也可以在程序贴图中嵌套其他的纹理贴图或程序贴图，以增加材质的深度和复杂性。主要的程序贴图类型包括：大理石、棋盘、斑点、波、瓷砖、噪波和木材等，它们对应的贴图效果如图 11-22 所示。

3．环境设置

可以使用环境功能来设置雾化效果或背景图像。通过雾化效果（例如雾化和深度设置）或将位图图像添加为背景，可以增强渲染图像的效果。

（1）雾化 / 深度设置效果

雾化和深度设置具有非常相似的大气效果，可以使对象随着与相机距离的增大而逐渐淡化。雾化使用白色，而深度设置使用黑色。

选择【视图】/【渲染】/【渲染环境】命令，或者在【渲染】工具栏中单击【渲染环境】按钮，或在命令行中输入 RENDERENVIRONMENT 命令，都可以打开【渲染环境】对话框设置雾化或深度参数，如图 11-23 所示。要设置的关键参数包括：雾化或

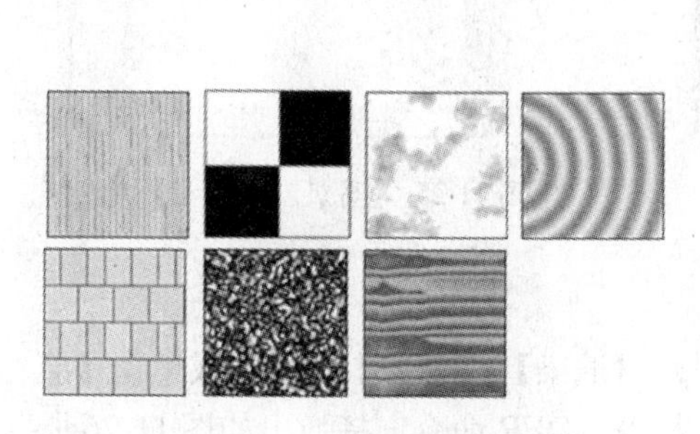

图 11-22　各种程序贴图的效果

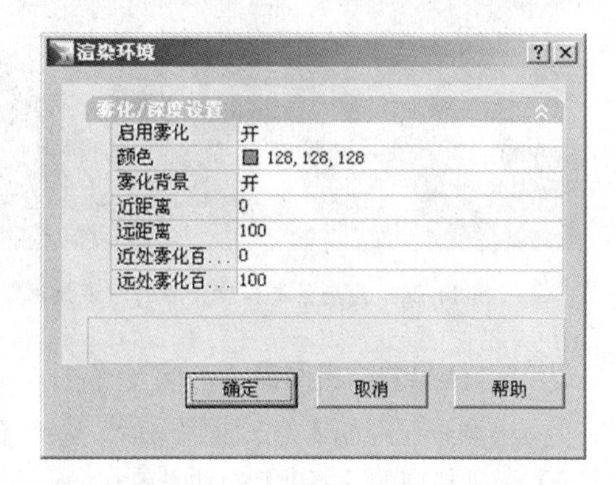

图 11-23　【渲染环境】对话框

深度的颜色、近距离和远距离以及近处雾化百分率和远处雾化百分率。

雾化和深度设置均基于相机的前向或后向剪裁平面，以及【渲染环境】对话框中的近距离和远距离的设置。例如，相机的后向剪裁平面处于活动状态，并且距离相机30英尺时，如果要从距相机15英尺处开始雾化并且无限延伸，则应将【近距离】设置为50，【远距离】设置为100。

(2) 背景

背景主要是显示在模型后面的背景幕。背景可以是单色、渐变色或位图图像。

渲染静止图像，或渲染视图不变化或相机不移动的动画时，使用背景效果最佳。设置背景以后，背景将与命名视图或相机相关联，并且与图形一起保存。为场景添加背景后的渲染效果如图11-24所示。

4. 高级渲染设置

高级渲染技术使用户可以渲染非常详细和具有照片级真实感的图像。高级渲染设置主要包括光线跟踪反射和折射、间接发光技术、最终采集处理等。

选择【视图】/【渲染】/【高级渲染设置】命令，或者在【渲染】工具栏中单击【高级渲染设置】按钮，或在命令行中输入RPREF命令，都可以打开【高级渲染设置】对话框，如图11-25所示，可以修改相应的参数来改变渲染的效果。

图11-24 为场景添加背景后的渲染效果

图11-25 【高级渲染设置】对话框

5. 渲染并输出图像

当场景已经创建好三维物体后，选择【视图】/【渲染】/【渲染】命令，或单击【渲染】工具栏中的【渲染】按钮，或在命令行中输入RENDER命令，将弹出如图11-26所示的【渲染】对话框，可以用其对场景或指定的对象进行渲染。

渲染完成后，可以使用 SAVEIMG 命令保存渲染完的图像。

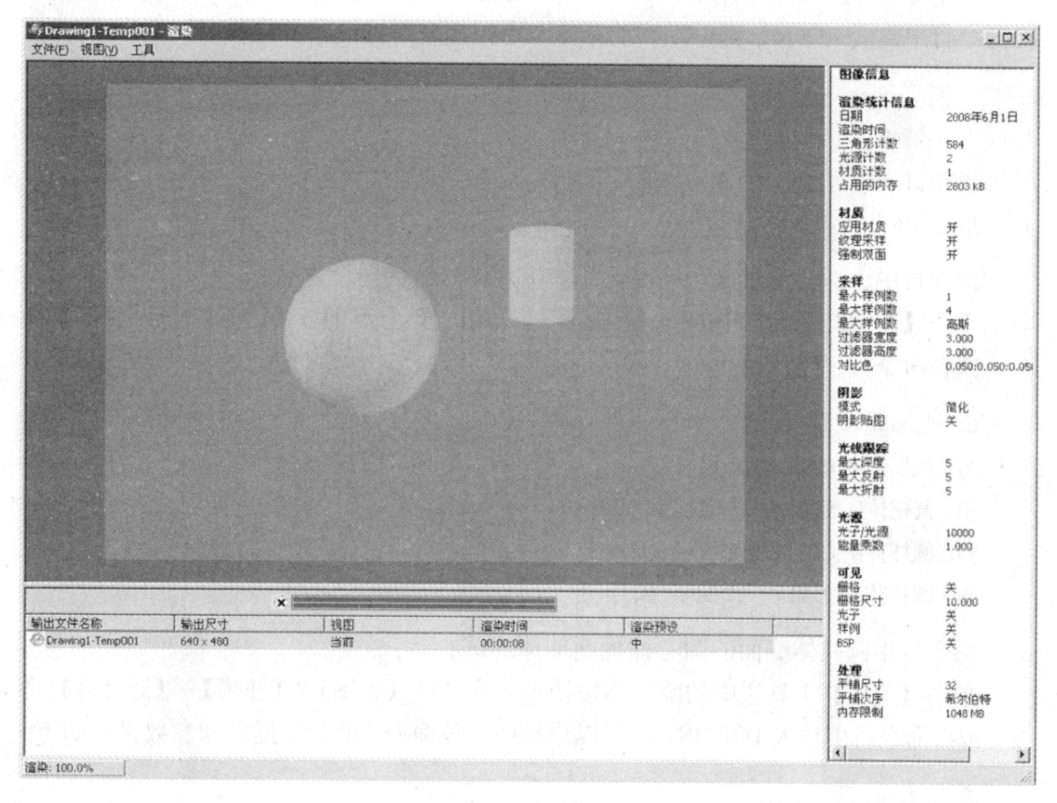

图 11-26 【渲染】对话框

11.5 上机实践

下面通过一个绘制铅笔的实例，巩固本章所学的知识。

(1) 新建并保存文件

首先新建一个文件，在【选择样板】对话框中选择 acadiso 模板项，然后选择适当路径保存该文件。

(2) 绘制自动铅笔的头部

为了观察和作图方便，先切换视图。单击【视图】/【三维视图】/【东南等轴测】命令或单击【视图】工具栏中的【东南等轴测】按钮，切换到东南等轴测视图。在命令行中输入 isolines 命令，将密度值修改为 10。

接下来需要绘制一条直线作为自动铅笔的中心线。单击【绘图】栏中的【直线】按钮，或选择【绘图】/【直线】命令，或在命令行中输入 line，都可启动绘制直线的命令。命令行提示如下：

```
命令:_line
指定第一点:
指定下一点或[放弃（u)]:@0,0,250
```

指定下一点或[放弃（u)]：

单击【建模】工具栏中的球体按钮，或选择【绘图】/【建模】/【球体】命令，或在命令行中输入 sphere，都可以启动球体命令。命令行提示和参数设定如下：

命令：_sphere
当前线框密度：isoline=10
指定球体球心<0，0，0>：<对象捕捉 开>
指定球体半径或[直径（D)]：10

命令行中，球心通过自动捕捉功能捕捉到中心线的一个端点。

单击【建模】工具栏中的圆柱体按钮，或选择【绘图】/【建模】/【圆柱体】命令，或在命令行中输入 cylinder，都可启动圆柱体命令。命令行提示和参数设定如下：

命令:_cylinder
当前线框密度:ISOLINES=10
指定圆柱体底面的中心点或[椭圆（E)] <0,0,0>:_cen 于
指定圆柱体底面的半径或[直径（D)] :5
指定圆柱体高度或[另一个圆心（C)] :78

命令行中圆柱体底面的圆心捕捉到球体的球心。

单击【建模】工具栏中的圆环体按钮，或选择【绘图】/【建模】/【圆环体】命令，或在命令行中输入TORUS，都可以启动圆环体命令。命令行提示和参数设定如下：

命令:_torus
当前线框密度:ISOLINES=10
指定圆环体中心<0,0,0>:_cen 于
指定圆环体半径或[直径（D)] :10
指定圆管半径或[直径（D)] :5

命令行中圆环体的中心捕捉到前面所作圆柱体一端的中心处。

通过三维动态观察可以看到如图 11-27 所示的效果。

(3）绘制笔的笔身

用步骤（2）所述方法绘制圆柱体，命令行提示和参数的设置如下：

命令:_cylinder
当前线框密度:ISOLINES=10
指定圆柱体底面的中心点或[椭圆（E)] <0,0,0>:
指定圆柱体底面的半径或[直径（D)] :7.5
指定圆柱体高度或[另一个圆心（C)] :180

圆柱体底面中心通过自动捕捉功能捕捉到圆环体的中心，最终效果如图11-28所示。

(4）绘制自动铅笔笔尖

笔尖部分由一个圆锥和一段半径很小的圆柱组成，圆柱作为笔芯。

单击【建模】工具栏中的圆锥体按钮，或选择【绘图】/【建模】/【圆锥体】命

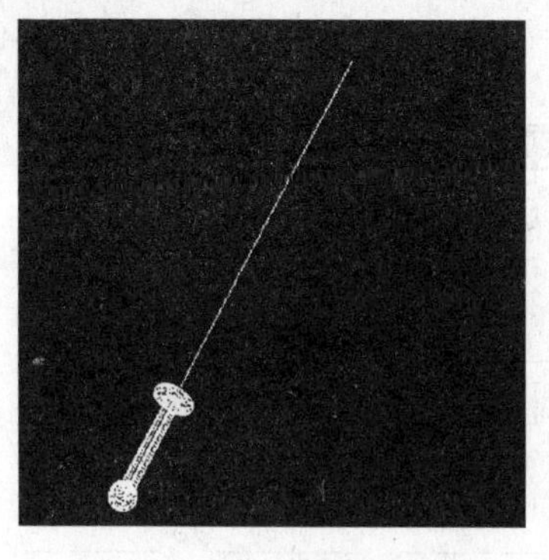

图 11-27　自动铅笔头部

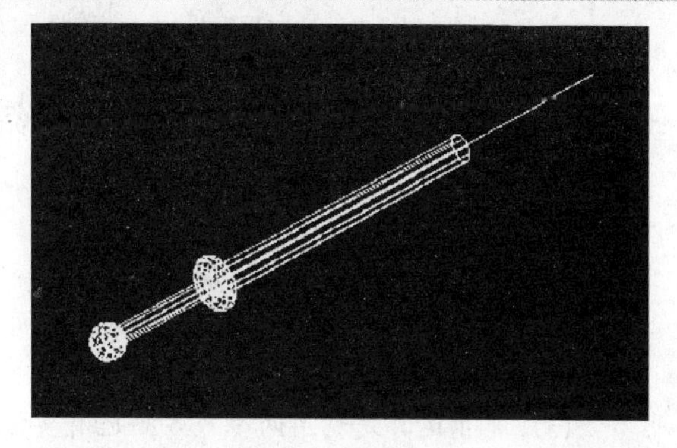

图 11-28　自动铅笔的笔身

令，或在命令行中输入 cone，都可以启动圆锥体命令。命令行提示和参数设定如下：

命令:_cone
当前线框密度:ISOLINES=10
指定圆锥体底面的中心点或[椭圆（E)] <0,0,0>:_cen 于
指定圆锥体底面的半径或[直径（D)] :7.5
指定圆锥体高度或[顶点（A)] :30

命令行提示中，圆锥体底面的中心捕捉到圆柱端面圆心上。

接下来用前面所述方法，启动 cylinder 命令绘制一个细长圆柱作为笔芯：

命令:_cylinder
当前线框密度:ISOLINES=10
指定圆柱体底面的中心点或[椭圆（E)] :<0,0,0>
指定圆柱体底面的半径或[直径（D)] :0.5
指定圆柱体高度或[另一个圆心（C)] :34

其中圆柱体底面圆心捕捉到圆锥底面的圆心上，效果如图 11-29 所示。

(5）渲染

设置适当的材质和灯光，然后单击【渲染】工具栏中的渲染按钮，或者单击【视图】/【渲染】/【渲染】命令，或在命令行中输入 render，进行渲染，渲染的效果如图 11-30 所示。

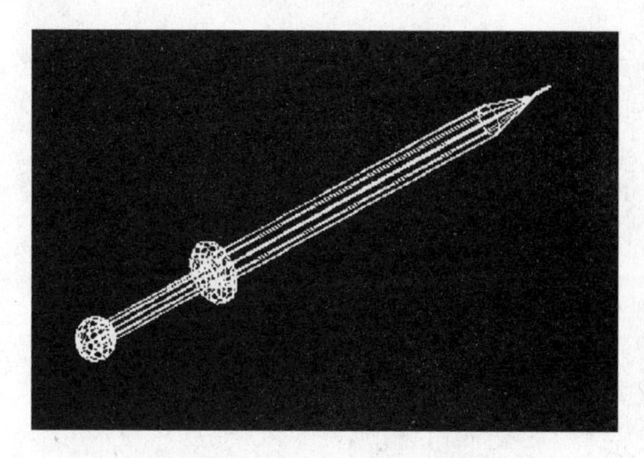

图 13-29　整个自动铅笔的造型

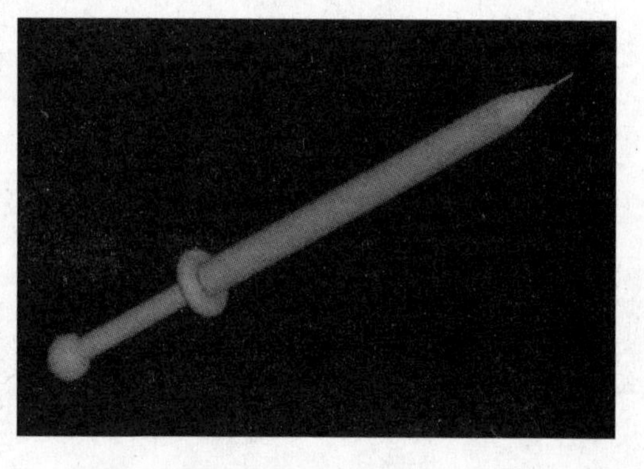

图 11-30　最终效果

11.6 课后练习题

1．填空题

(1) 旋转三维对象，可以使用_______和_______命令。

(2) 使用3DARRAY命令，可在三维空间创建对象的_______阵列或_______阵列。

(3) 布尔运算是利用两个或多个已有实体进行_______、_______和_______运算。

2．选择题

(1) 在三维空间中镜像三维对象，应调用的命令是（　）。

A．MIRROR3D　　B．ROTATE

C．3DROTATE　　D．TRANSRORM

(2) 用于将一个实体剖切成两个实体的命令是（　）。

A．TRIM　　B．SLICE　　C．CUT　　D．SPLIT

3．上机题

绘制如图 11-31 所示的三维实体。

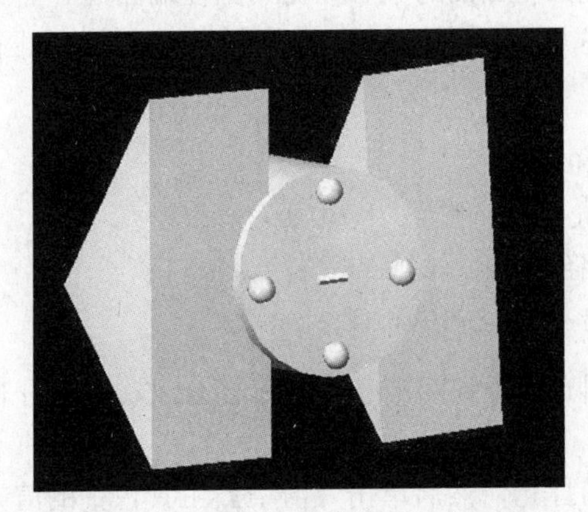

图 11-31　绘制图形

第12章　图形的输出

本章要点：

- 设置绘图设备
- 打印样
- 布局
- 打印输出

在中文版AutoCAD 2008中，不仅可以将其他应用程序中处理好的数据传送进来，还可以将绘制好的图形打印输出，或者发送到其他应用程序中。

12.1　设置绘图设备

通常情况下，安装好AutoCAD 2008后，就可以在其默认状态下绘制图形，但有时为了使用特殊的定点设备及打印机，或为了提高绘图效率，需要在绘制图形前先对系统参数、绘图环境做必要的设置。

1．设置参数选项

选择【工具】/【选项】命令，或执行OPTIONS命令，可打开【选项】对话框，该对话框中包含了10个选项卡，可用于进行基本参数的设置。下面介绍几个与输出相关的选项卡。

- 【打印和发布】选项卡：用于设置AutoCAD的输出设备。默认情况下，输出设备为Windows打印机。但在许多情况下，为了输出较大幅面的图形，也可能需要使用专门的绘图仪。
- 【系统】选项卡：用于设置当前三维图形的显示特性，设置顶点设备、是否显示OLE特性对话框、是否显示所有警告信息、是否检查网络连接、是否显示启动对话框、是否允许长符号名等。
- 【选择集】选项卡：用于设置选项集模式、拾取框大小以及夹点大小等。

2．设置图形单位

在AutoCAD中，可以采用1：1的比例因子绘图，因此，所有直线、圆和其他对象都可以以真实大小来绘制。例如，如果一个零件长200cm，那么它也可以按200cm的真实大小来绘制，在需要打印出图时，再将图形按图纸大小进行缩放。

在中文版AutoCAD 2008中，可以选择【格式】/【单位】命令，在打开的【图形单

位】对话框中设置绘图时使用的长度单位、角度单位，以及单位的显示格式和精度等参数，如图 12-1 所示。

●【长度】选项组：可以改变长度类型和精度。从【类型】下拉列表框中选择一个适当的长度类型，如“小数”，然后在【精度】下拉列表框中选择长度单位的显示精度。默认情况下，长度类型为“小数”的精度是小数点后保留 4 位。

【类型】下拉列表中的【工程】和【建筑】类型是以英尺和英寸作为计量单位的，每一个图形单位代表 1 英寸。其他类型，如【科学】和【分数】没有这样的假定，每个图形单位都可以代表任何真实的单位。

●【角度】选项组：可以设置图形的角度类型和精度。从【类型】下拉列表框中选择一个适当的角度类型，如“十进制度数”，然后在【精度】下拉列表框中选择角度单位的显示精度。默认情况下，角度以逆时针方向为正方向。如果选中【顺时针】复选框，则以顺时针方向为正方向。

●【插入比例】选项组：单击【用于缩放插入内容的单位】下拉列表框，可以选择设计中心块的图形单位，默认为“毫米”。

●【方向】按钮：单击该按钮，可以打开【方向控制】对话框，用来设置起始角度（0°）的方向，如图 12-2 所示。默认情况下，角度的 0° 方向是指向右（即正东方或 3 点钟）的方向，逆时针方向为角度增加的正方向。

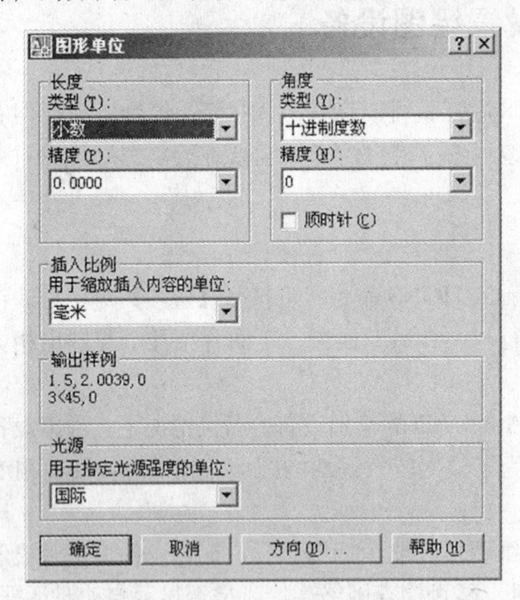

图 12-1 【图形单位】对话框

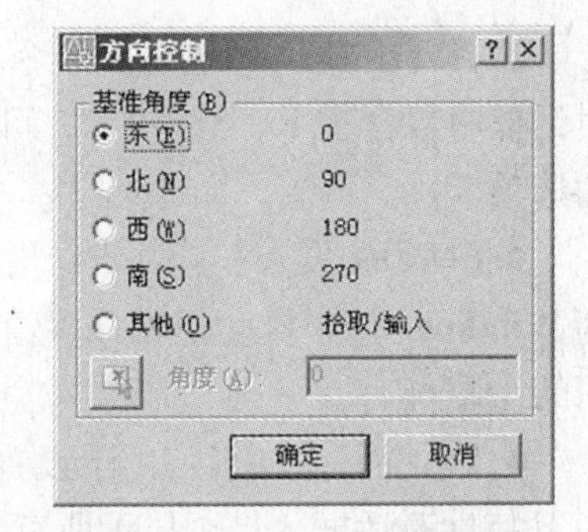

图 12-2 【方向控制】对话框

在【方向控制】对话框的【基准角度】选项组中，可以通过选择 5 个单选按钮来改变角度测量的起始位置。当选中【其他】单选按钮时，可以单击【拾取角度】按钮切换到 AutoCAD 绘图区域中，通过拾取两个点来确定基准角度的 0° 方向。

当在【图形单位】对话框中完成所有的图形单位设置后，单击【确定】按钮，可将设置的单位应用到当前图形，并关闭该对话框。此外，也可以使用 UNITS 命令来激活【图形单位】对话框并设置图形单位。

3. 设置绘图图限

在中文版 AutoCAD 2008 中，使用 LIMITS 命令可以在模型空间中设置一个想象的矩形绘图区域，也称为图限。它确定的区域是可见栅格指示的区域，这也是选择【视图】/【缩放】/【全部】命令时决定显示多大图形时的一个参数。

在世界坐标系下，界限由一对二维点确定，即左下角点和右下角点。在发出LIMITS命令时，将显示如下信息：

重新设置模型空间界限:

指定左下角点或 [开(ON)/ 关(OFF)] <-300.0000,690.0000>:(单击选择左下角点)

指定右上角点 <-290.0000,1040.0000>:(单击选择右上角点)

通过选择【开】或【关】选项，可以决定能否在图限之外指定一点。如果选择【开】选项，那么将打开界限检查，不能在界限之外结束一个对象，也不能使用【移动】或【复制】命令将图形移到图限之外，但可以指定两个点（中心或圆周上的点）来画圆，圆的一部分可能在界限之外；如果选择【关】选项时，AutoCAD 禁止界限检查，可以在图限之外画对象或指定点。

注意：界限检查只是帮助避免将图形画在矩形区域外。打开界限检查对于避免在图形界限之外指定点是一种安全检查机制，但是，如果需要指定这样的点，则界限检查是个障碍。

12.2 打印样式表

1. 打印样式表的基本概念

在输出图形时，根据对象的类型不同，其线条宽度是不一样的。例如，图形中的实线通常粗一些，而辅助线通常细一些。尽管在绘图时直接通过设置图层或对象的属性可以为对象设置线宽，但用打印样式表可以进行更多的设置。可用打印样式表为不同颜色的对象设置打印颜色、抖动、灰度、笔指定、淡显、线型、线宽、端点样式、连接样式和填充样式等。

注意：在实际工作中，人们通常利用打印样式表进行某些特殊打印。例如，在输出建筑图形时，为了更好地观察管道走向，可将这部分图形元素以深色打印，而将其他图形元素以浅色进行。

2. 打印样式表的类型

打印样式表有两种类型，一类是颜色相关打印样式表，它实际上是一种根据相对颜色设置的打印方案。在创建图层时，如果选择的颜色不同，系统将根据颜色为其指定不同的打印样式。

如果相同颜色的对象需要进行不同的打印设置，则可用命名打印样式表。在命名打印样式表时，可以根据需要创建多种命名打印样式，将其指定给对象。但是，在实际工作中，人们很少使用这种打印样式表。

3．选择打印样式表

要选择系统内置的打印样式表，可选择【文件】/【打印】命令打开【打印】对话框，单击右下角的⊙按钮，可以展开扩展面板，此时该对话框的显示如图 12-3 所示。然后在【打印样式表】选项组的无下拉列表框中选择合适的样式表即可。

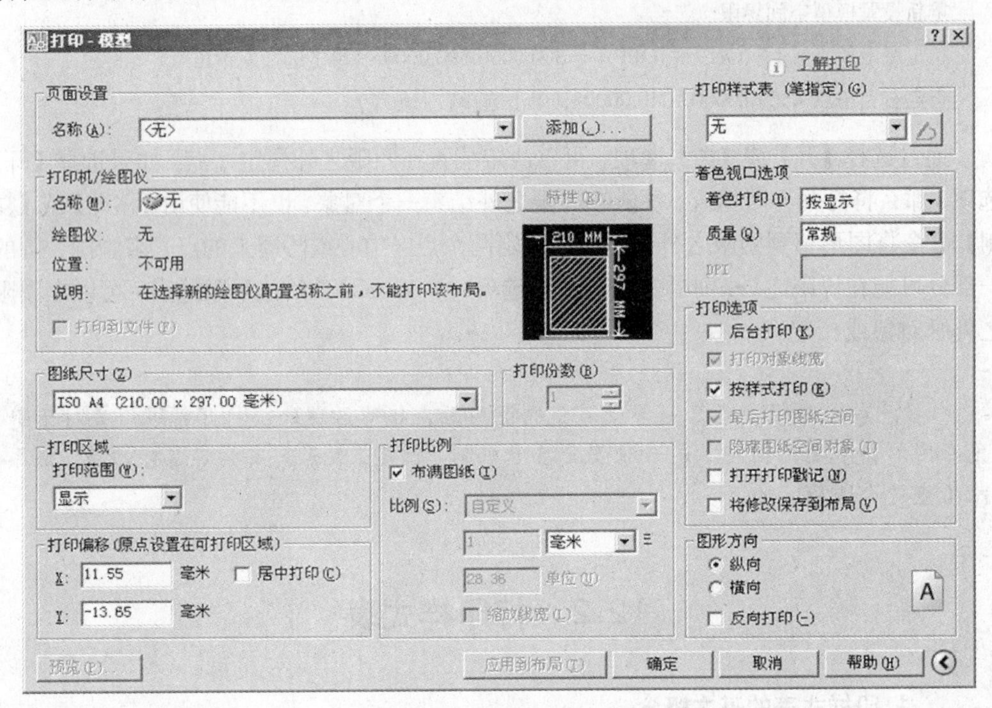

图 12-3 【打印】对话框

该对话框中部分选项组中选项的功能如下：

● 【图纸尺寸】选项组：指定图纸尺寸及纸张单位。

● 【打印份数】选项组：指定打印纸张的数量。

● 【打印区域】选项组：用于指定输出哪些布局或视图。

● 【打印偏移】选项组：在 X 和 Y 文本框中输入偏移量，以指定相对于可打印区域左下角的偏移。如果选择【居中打印】复选框，则可以自动计算输入的偏移值以便居中打印。

● 【打印比例】选项组：选择标准缩放比例。布局空间的默认比例为 1：1。如果要按打印比例缩放线宽，可选择【缩放线宽】复选框。布局空间的打印比例一般为 1：1。如果要缩小为原尺寸的一半，则打印比例为 1：2，线宽也随之进行比例缩放。

● 【打印选项】选项组：选择【打印对象线宽】复选框，可以控制是否打印线宽；选择【按样式打印】复选框，可以使用为布局或视口指定的打印样式特性。

4．创建打印样式表

要新建打印样式表，可在【打印样式表】选项组的下拉列表框中选择"新建"选项，此时系统将打开如图 12-4 所示的【添加颜色相关打印样式表】的向导，选中【创建新打印样式表】单选按钮后，单击【下一步】按钮，然后根据向导提示就可建立新的打印样式表。

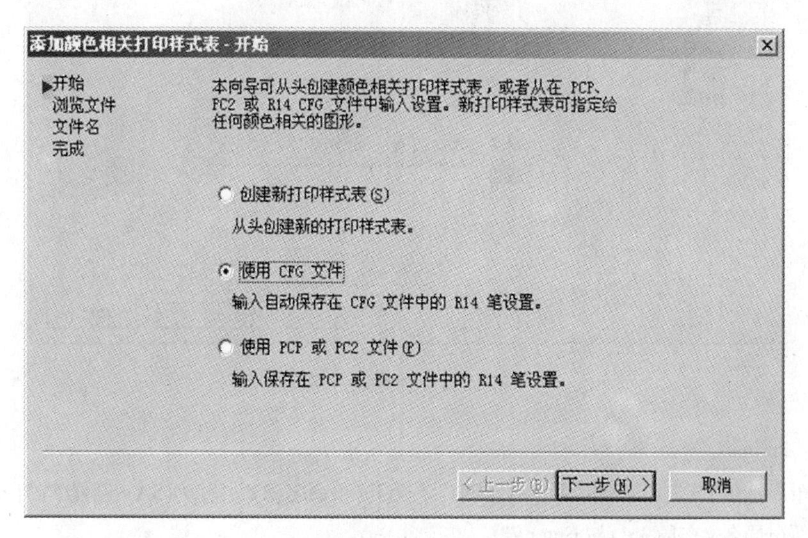

图 12-4　创建新打印样式表

12.3　布　　局

布局是增强的图纸空间，既有图纸空间的功能，同时还可以模拟打印图纸、进行打印设置等功能。在图纸空间环境下可以创建任意数量的布局，在不同的布局上可以对同一个图纸进行不同的显示和页面设置。

12.3.1　创建布局

在中文版 AutoCAD 2008 中可以创建多种布局，每个布局都代表一张单独的打印输出图纸。创建新布局后，就可以在布局中创建浮动视口。视口中的各个视图可以使用不同的打印比例，并能够控制视口中图层的可见性。

1．使用布局向导创建布局

选择【工具】/【向导】/【创建布局】命令，打开【创建布局】向导对话框，如图 12-5 所示，可以使用【创建布局】向导指定打印设备、确定相应的图纸尺寸和图形的打印方向、选择布局中使用的标题栏或确定视口设置。单击【下一步】按钮，然后根据提示完成新布局的创建。

2．直接创建布局

可以选择如下方法之一创建布局：

● 从菜单中选择【插入】/【布局】/【新建布局】命令。

● 执行命令LAYOUT。

选用其中一种方法后，在提示信息后输入 N（表示新建布局），然后在新的提示后按 Enter 键，即使用默认名称创建了一个新的布局。具体操作如下：

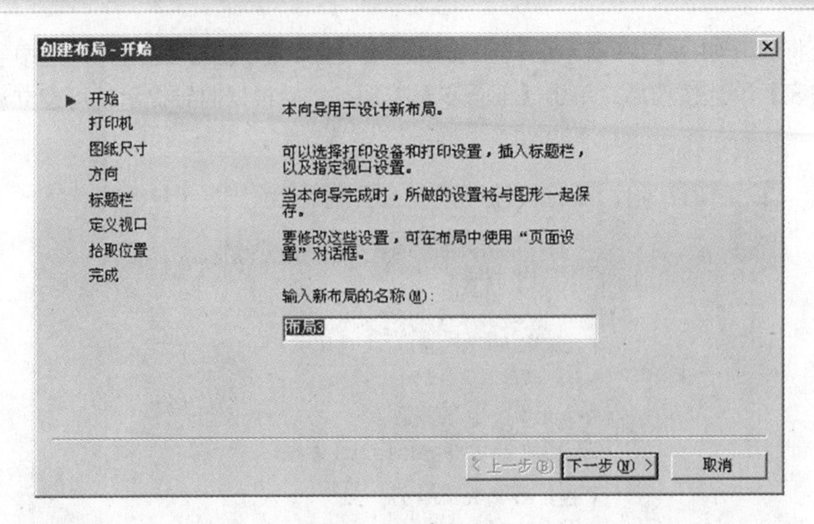

图 12-5 创建新布局

命令：layout

输入布局选项 [复制(C)/ 删除(D)/ 新建(N)/ 样板(T)/ 重命名(R)/ 另存为(SA)/ 设置(S)/?] <设置>: N

输入新布局名 <布局 3>: (按 Enter 键)

12.3.2 布局的页面设置

在模型空间中完成图形的设计和绘图工作后，就要准备打印图形。此时，可使用布局功能来创建图形中多个视图的布局，以完成图形的输出。

1. 新建或修改页面设置

在绘图区域底部单击【布局 1】或【布局 2】标签，进入布局编辑环境，然后打开需要打印的布局。再选择【文件】/【页面设置管理器】命令，打开【页面设置管理器】对话框，如图 12-6 所示。

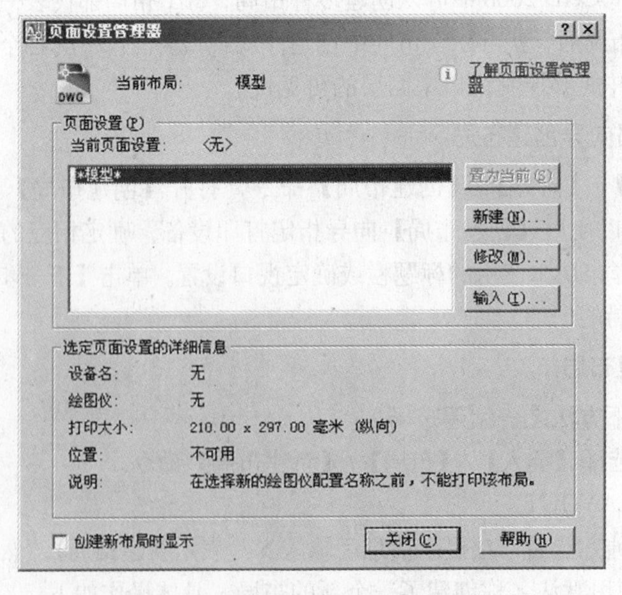

图 12-6 【页面设置管理器】对话框

单击【新建】按钮，打开【新建页面设置】对话框，如图 12-7 所示，在【新页面设置名】文本框中输入新页面的名称，单击【确定】按钮，打开【页面设置】对话框（该对话框与【打印】对话框中的大部分选项都相同），如图 12-8 所示，可对新页面进行适当设置。设置完成后单击【确定】按钮，返回【页面设置管理器】对话框，并完成新页面的创建。

新建页面设置
新页面设置名(N):
设置1
基础样式(S):
<无>
<默认输出设备>
模型
确定(O)　取消(C)　帮助(H)

图 12-7 【新建页面设置】对话框

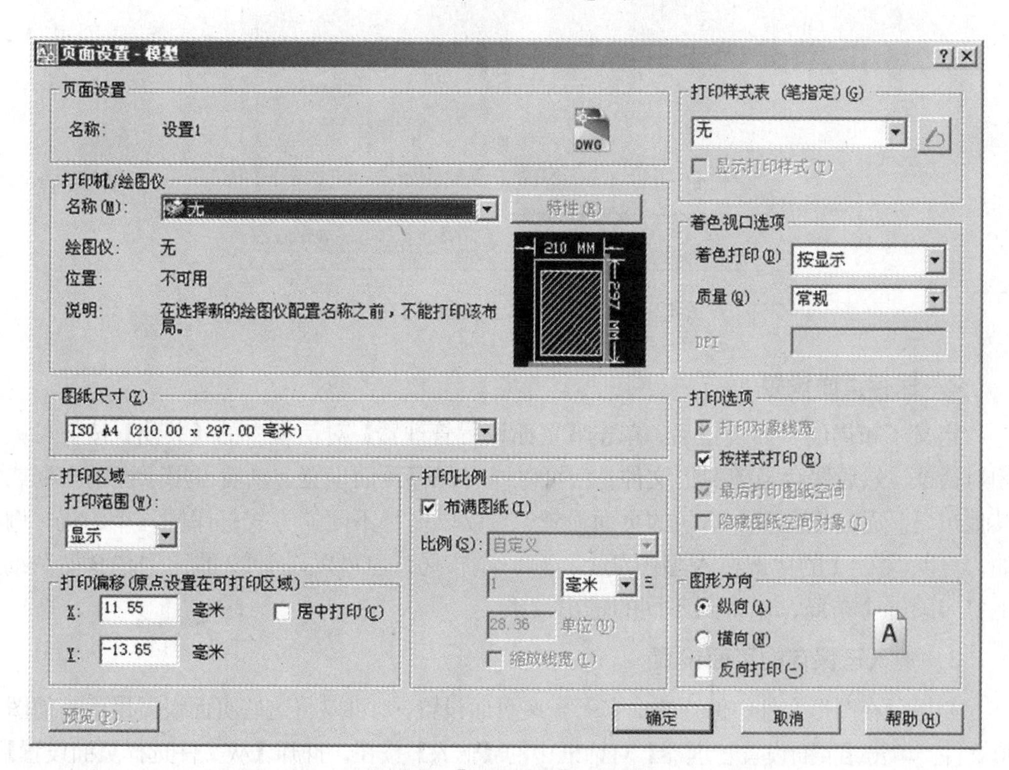

图 12-8 【页面设置】对话框

提示： 如果要删除或重命名已经定义的页面设置，或者要将其置为当前页面，可在【页面设置管理器】对话框的【页面设置】选项组的列表框中对应的页面设置名称上右击，从弹出的快捷菜单中选择合适的命令即可。

如果要修改页面设置，可在【页面设置管理器】对话框中单击【修改】按钮，也会

打开【页面设置】对话框，此时可以对已经创建的页面设置进行修改。比如，可在【页面设置】对话框的【打印机/绘图仪】选项组检查已配置的打印机是否正确，如果不正确，可以在【名称】下拉列表框中选择合适的打印机；如果要查看或修改打印机的配置信息，可单击【特性】按钮，在打开的【绘图仪配置编辑器】对话框中进行设置，如图 12-9 所示；打印样式表的设置方法可参考 12.2 节。还可以进行其他设置。

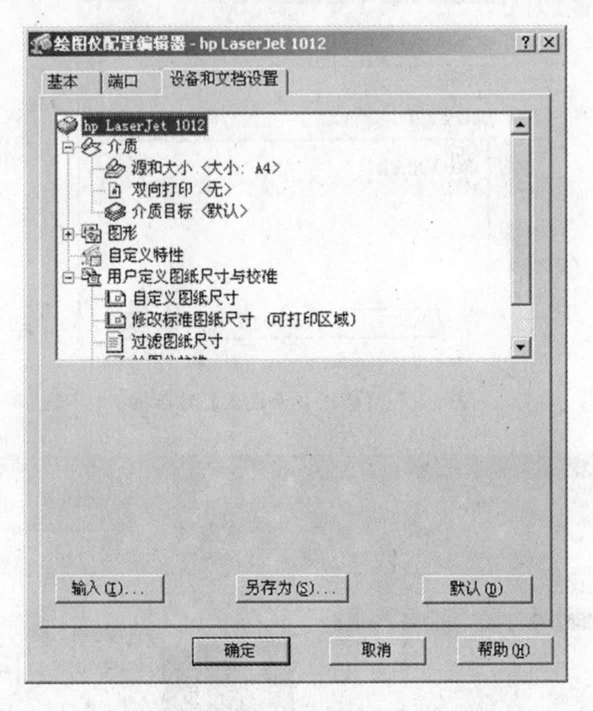

图 12-9 【绘图仪配置编辑器】对话框

2．保存页面设置

定义了布局的页面设置后，单击【页面设置管理器】对话框中的【关闭】按钮可关闭对话框，然后保存当前图形文件，就可以同时保存页面设置，以后可用于当前布局或其他布局。通过建立多个不同的页面设置，可以以多种不同的方式打印同一个布局。例如，可以以1：1的比例在A型图纸上打印一个布局，也可以以1：2的比例在B型图纸上打印同一个布局，以得到不同的输出效果。

3．输入已保存的页面设置

如果已在图形文件中保存或命名了一些页面设置，则可以将这些页面设置用于其他图形文件。单击【页面设置管理器】对话框中的【输入】按钮，打开【从文件选择页面设置】对话框，如图12-10所示。从该对话框中选择保存了页面设置的图形文件，单击【打开】按钮，将显示【输入页面设置】对话框，如图 12-11 所示。在对话框中选择要输入的页面设置名称，此时在【位置】一栏显示了页面设置是模型页面设置还是布局页面设置。单击【确定】按钮，所选择的页面设置将输入到当前图形文件中，并用于当前图形的布局中。

4．使用布局样板

布局样板是 DWG 或 DWT 文件中导入的布局，利用现有样板中的信息，可以创建

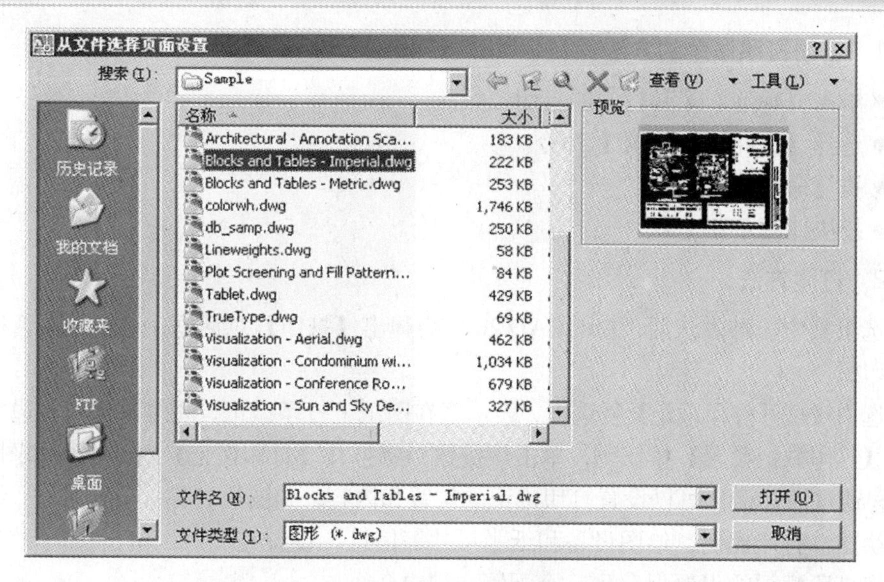

图 12-10 【从文件选择页面设置】对话框

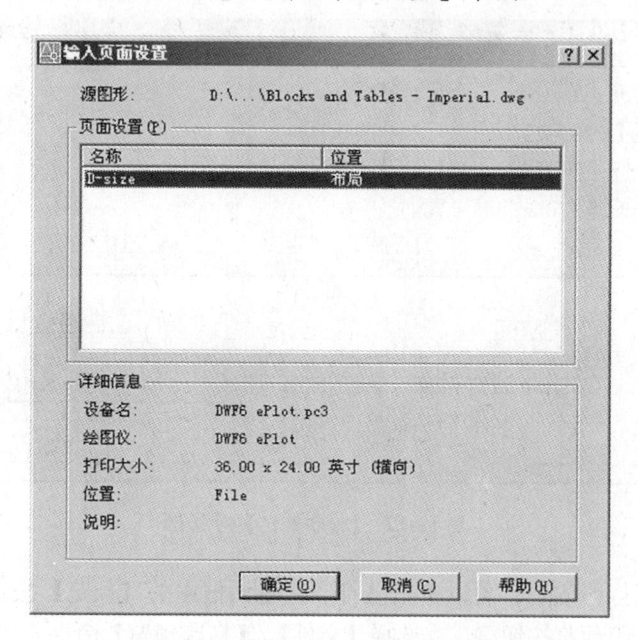

图 12-11 【输入页面设置】对话框

新的布局。AutoCAD提供了众多布局样板，以供设计新布局环境时使用。根据布局样板创建新布局时，新布局中将使用现有样板中的图纸空间几何图形及其页面设置。这样，将在图纸空间显示布局几何图形和视口对象，可以决定保留从样板中导入的几何图形，还是删除几何图形。

12.4 打印输出

对打印效果满意后，就可以打印输出了。无论在哪个空间打印输出，均可按以下方法启动打印命令。

1．启动打印命令的方法

- 单击【标准】工具栏中的打印按钮。
- 选择【文件】/【打印】命令。
- 执行命令 PLOT。
- 按快捷键 Ctrl + P。

2．打印方法

选用其中一种方法后，AutoCAD 2008 会弹出【打印】对话框，可以在对话框中选择打印机。

选中【打开打印戳记】复选框，表示将在图纸上打印戳记，同时该选项右边将出现一个【打印戳记设置】按钮，单击该按钮，将打开【打印戳记】对话框，如图 12-12 所示。通过该对话框可以设置打印戳记的位置和内容，如图形名称、布局名称、绘图时间和绘图、打印比例、绘图设备和纸张尺寸等信息。设置完成后，单击 另存为(E) 按钮，可以将打印戳记的设置保存到一个配置文件中。

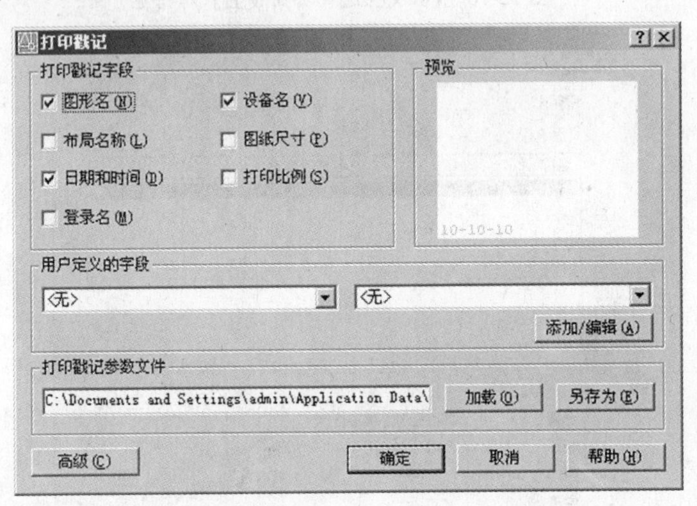

图 12-12 【打印戳记】对话框

如果要预览打印效果，可以单击【打印】对话框中的【预览】按钮，或在【标准】工具栏中单击打印预览按钮，或选择【文件】/【打印预览】命令，都可以打开打印预览窗口来预览最终的打印效果。

在【打印】对话框中单击【确定】按钮，即可将图纸打印出来。

12.5 课后练习题

1．填空题

(1) 在中文版 AutoCAD 2008 中，使用 ________ 功能，可以很方便地配置多种打印输出样式。

(2) 在中文板 AutoCAD 2008 中，使用 LIMITS 命令，可以在模型空间中设置一个想象的矩形绘图区域，也称为 ________ 图限。

2．选择题

(1) 通过打印预览，可以看到（　　）。

A．打印的图形的一部分

B．图形的打印尺寸

C．与图纸尺寸相关的打印图形

D．在打印页的四周显示标尺用于比较尺寸

(2) 作为默认设置，用度数指定角度时，正数代表（　　）方向。

A．顺时针　　　　B．逆时针

C．当用度数指定角度时无影响　　　　D．以上都不是

3．上机题

(1) 使用布局向导创建布局 Layout。

(2) 将第 (1) 题创建的布局保存。

第13章 经典实例

13.1 实例1：绘制校园平面图

（1）新建并保存文件。首先新建一个文件，在【选择样板】对话框中选择acadiso模板项，然后选择适当路径保存该文件。

（2）绘制整个学校的大体轮廓，为正方形。单击【绘图】工具栏中的直线按钮，或选择【绘图】/【直线】菜单命令，或在命令行中输入LINE命令，都可以启动绘制直线命令。命令执行后，系统将做以下提示：

命令：_LINE

指定第一点

指定下一点或[放弃（U)]：@1000，0

指定下一点或[放弃（U)]：@0，1000

指定下一点或[闭合（C）/放弃（U)]：@－1000，0

指定下一点或[闭合（C）/放弃（U)]：C

（3）绘制校园内的建筑物。学校内的建筑物都用矩形来表示。为了能方便地定位，采用复制直线后再剪切编辑来得到矩形。单击【修改】工具栏中的复制按钮，或选择【修改】/【复制】菜单命令，或在命令行中输入COPY，都可启动复制命令，然后将所有的矩形左边的竖直边向右水平复制到距离50的位置。命令行方式的执行过程和参数设定如下：

命令：COPY

选择对象：找到1个

选择对象：<正交 关>

指定基点或位移，或者[重复（M)]：

指定位移的第二点或<用第一点作位移>：50

重复使用复制命令COPY，将左竖直边再分别向右水平复制到距离250、300、600、650、770、820、940的位置，并将矩形的下水平边垂直向上复制到距离80、280、380、400、680、730、950的位置，效果如图13-1所示。然后利用剪切命令TIRM将复制的边剪切成为建筑平面图，同时利用删除命令ERASE删除不能剪切掉的直线，如图13-2所示。

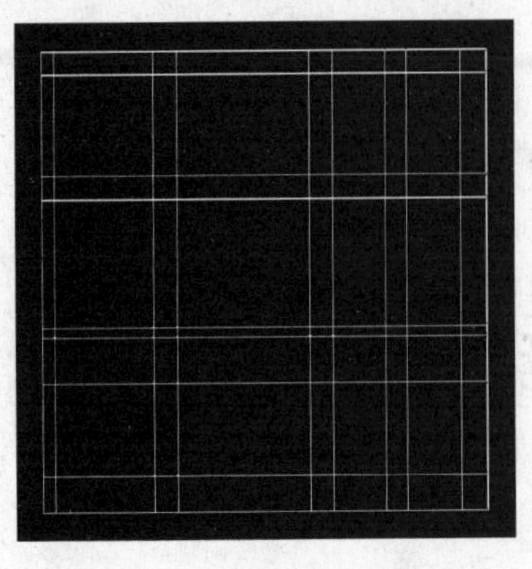

图 13-1　复制后的图形

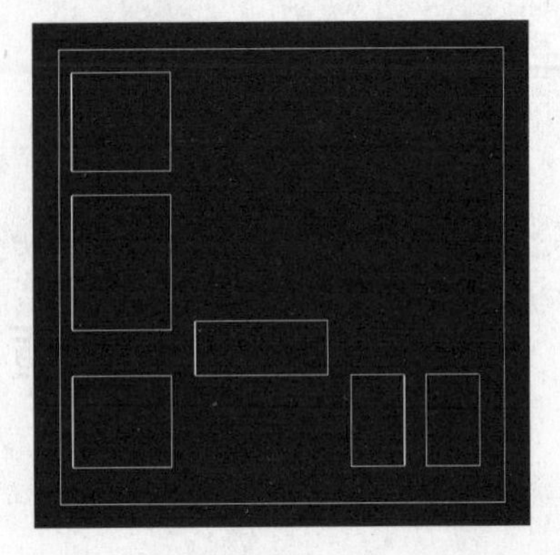

图 13-2　学校内的建筑图形

（4）绘制学校内的操场

操场由篮球场、足球场和排球场组成。先绘制足球场，效果如图 13-3 所示。以学校的轮廓矩形的右顶点为端点绘制并复制直线，然后以复制直线的另一个端点作为矩形端点绘制矩形。命令行方式的执行过程和参数设定如下：

命令：LINE
指定第一点
指定下一点或[放弃（U)]：@-50，-50
指定下一点或[放弃（U)]：@-650，0
指定下一点或[闭合（C）/放弃（U)]：@0，-300
指定下一点或[闭合（C）/放弃（U)]：650，0
指定下一点或[放弃（U)]：@0，300
指定下一点或[放弃（U)]：

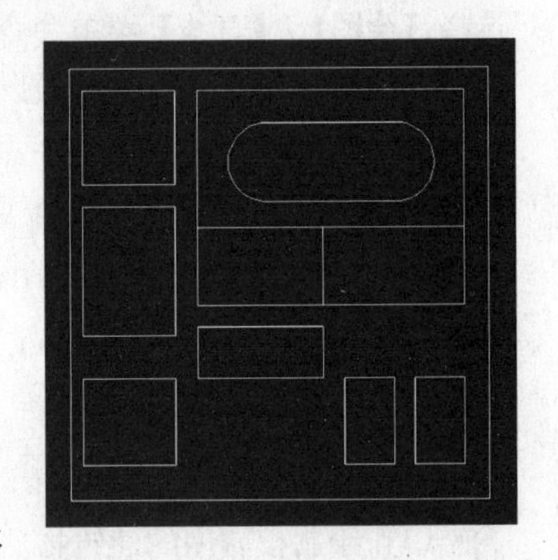

图 13-3　运动场

将刚刚绘制的矩形的上水平边和左竖直边利用偏移命令 OFFSET 向下偏移 50 和 250，向左偏移 175 和 475，并以刚偏移的竖直直线的中点为圆心绘制半径为 100 的两个圆。完成后，删除刚偏移的竖直直线和辅助直线，并利用剪切命令 TIRM 修剪图形。

利用矩形命令绘制篮球场和排球场，以足球场矩形的左下端点为矩形的端点。单击【绘图】工具栏中的矩形按钮▭，或选择【绘图】/【矩形】菜单命令，或在命令行中输入 RECTANG，都可启用绘制矩形命令。命令行方式的执行过程和参数设定如下：

命令：RECTANG
指定第一个角点或[倒角（C）/标高（E）/圆角（F）/厚度（T）/宽度（W)]：
指定另一个角点或[尺寸（D)]：@300，－200

命令：RECTANG
指定第一个角点或[倒角（C）/标高（E）/圆角（F）/厚度（T）/宽度（W)]：
指定另一个角点或[尺寸（D)]：@350，－200

（5）绘制校门和方向标志

校门可利用多线段来绘制。单击【绘图】/【多线段】菜单命令，或单击【绘图】工具栏多线段按钮，或在命令行中输入命令PLINE，都可启动多线段绘制命令，然后在学校轮廓的大矩形的下水平边的适当位置绘制门。命令行方式的执行过程和参数设定如下：

命令：PLINE
指定起点：_NEA 到
当前线宽为 0.0000
指定下一个点或[圆弧（A）/半宽（H）/长度（L）/放弃（U）/宽度（W）]：W
指定起点宽度<0.0000>：20
指定端点宽度<20.0000>
指定下一个点或[圆弧（A）/半宽（H）/长度（L）/放弃（U）/宽度（W）]：@150，0
指定下一个点或[圆弧（A）/闭合（C）半宽（H）/长度（L）/放弃（U）/宽度（W）]：

方向标志为一个带箭头的直线。由于此图中的箭头较大，所以先设置箭头的尺寸大小。在【修改标注样式】对话框的【直线和箭头】选项卡下设置【箭头大小】为20。然后在【标注】工具栏中单击【快速引线】按钮，在学校平面图外的适当位置，利用引线方便的绘制带箭头的直线。命令行方式的执行过程和参数设定如下：

命令：_QLEADER
指定第一个引线点或[设置（S）]<设置>：
指定下一点：

（6）书写文字

在绘制学校平面图中标出名称。单击【绘图】工具栏中的文字按钮，或选择【绘图】/【文字】/【多行文字】菜单命令，或在命令行中输入MTEXT，都可启动书写文字命令，然后设置文字的大小为35，并在图中的适当位置书写文字。最后的图形效果如图13-4所示。

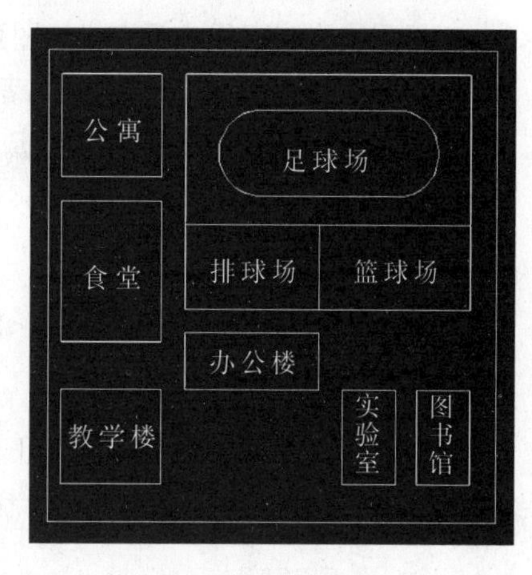

图13-4　最终效果

13.2　实例2：定位压盖

（1）新建一个文件，在【选择样板】对话框中选择acadiso模板项，然后选择适当路径保存该文件。

（2）在该实例中含有中心线、粗实线以及尺寸标注，故将其放置在不同层。单击【图层】工具栏的图层特性管理器按钮，弹出【图层特性管理器】对话框，然后分别设置图层名称、颜色和线型，效果如图13-5所示。最后单击【确定】按钮，完成图层设置。

其中center层为中心线层，thick层为粗实线层，thin层为细实线层，dimension层为标注层。

（3）绘制中心线。

本例仍然先绘制中心线，并作为当前绘制图的基准。本例中心线包括主视图的中

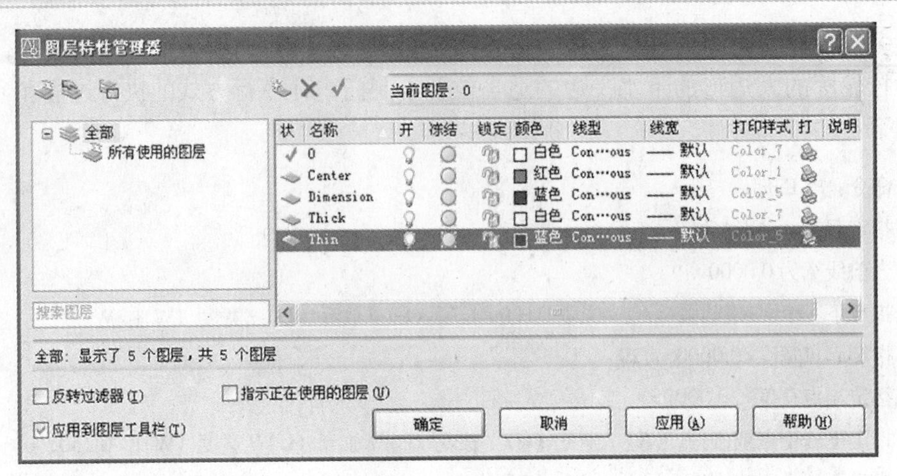

图 13-5 【图层特性管理器】对话框

心线和左视图的圆中心线，即包括直线和中心基圆。直线类中心线长度可由图的尺寸估计出。

单击【图层】工具栏中的下拉列表框，选择 center 图层。

下面先绘制直线。单击【绘图】工具栏的直线按钮，或选择【绘图】/【直线】菜单命令，或在命令行输入 LINE，都可以启动绘制直线命令。这里只给出一条与水平成 45° 中心线的绘制过程，其他类似。命令行方式的执行过程和参数设定如下：

命令：_LINE

指定第一点：

指定下一点或[放弃（U）]：@145<45

指定下一点或[放弃（U）]：

然后绘制圆。单击【绘图】工具栏的圆按钮，或选择【绘图】/【圆】菜单命令，输入CIRCLE命令，都可以启动绘制圆的命令。命令行方式的执行过程和参数设定如下：

命令：_CIRCLE

指定圆的圆心或[三点（3P）/两点（2P）/相切、相切、半径（T）]：

指定圆的半径或[直径（D）]：130

效果如图 13-6 所示。

（4）绘制压盖左视图的 1/4。

左视图由很多圆组成，这都比较简单。难点是边缘半径为 20 的圆与半径为 130 的圆的公切线。

先做图中的圆和圆弧。单击【图层】工具栏中的下拉列表框，选择 thick 图层。用前面第（3）步的方法绘制圆。假设已经绘制出如图 13-7 的一些圆。由于有一个圆与中心基圆重合，故先锁定 center 层。

下面我们来使用直线命令绘制盖边缘的公切线。命令行方式的执行过程和参数设定如下：

命令：_LINE

图 13-6　主中心线

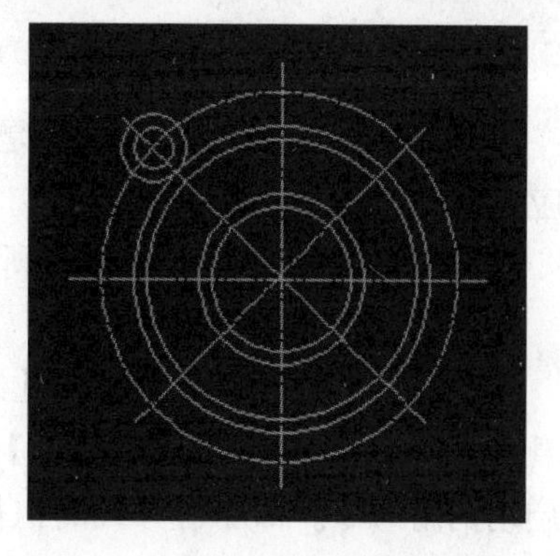

图 13-7　左视图的主要圆

指定第一点：

指定下一点或[放弃（U）]：_TAN 到

指定下一点或[放弃（U）]：

上面命令中，_TAN 可以捕捉到切点。

单击【修改】工具栏的偏移按钮，或选择【修改】/【偏移】菜单命令，或输入 OFFSET 命令，都可以启动偏移命令。命令行方式的执行过程和参数设定如下：

命令：_OFFSET

指定偏移距离或[通过（T）] <10.0000>：20

选择要偏移的对象或<退出>：

指定点以确定偏移所在一侧：

选择要偏移的对象或<退出>：

最后得到的这条偏移线如图 13-8 中的 AB，也就是公切线。

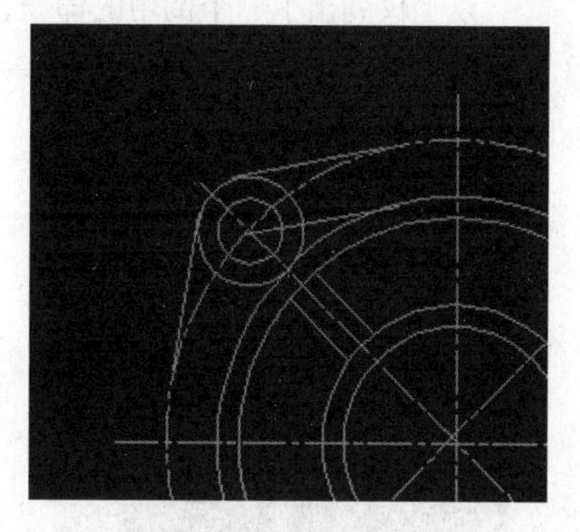

图 13-8　做公切线和肋板

下面我们把图 13-8 中的中心线用刚才的偏移方法偏移 5，便得到如图 13-8 所示的直线 CD。

然后单击【修改】工具栏的镜像菜单命令，或输入 MIRROR 命令，都可启动镜像命令，对 AB 和 CD 进行镜像操作，得到如图 13-8 所示的完整图形。镜像的轴从图中看是很明显的。

（5）绘制出左视图。

单击【修改】工具栏的阵列按钮，或选择【修改】/【阵列】菜单命令，或输入 ARRAY 命令，都可启动阵列命令，并打开【阵列】对话框，再选中【环形阵列】单选按钮，其他选项使用默认设置，然后对已经完成的部分图形进行阵列操作。

下面来使用修剪操作进行修剪。单击【修改】工具栏的修改按钮，或选择【修改】/【修剪】菜单命令，或输入 TRIM 命令，都可以启动修剪命令。命令行提示和参数设定如下：

命令：_TRIM

指定第一点：_NEA 到

指定下一点或[放弃（U）]：<正交开>150

指定下一点或[闭合（C）/放弃（U）]：

其他直线的绘制方法类似，但是要注意最终效果的尺寸，也可以用主视图和左视图的对应关系来获得轮廓线。

粗绘制出来的轮廓如图 13-9 所示。

(6) 绘制主视图倒角。

主视图有多处倒角，尤其内孔处有一倒角。倒角以后要添加轮廓线。单击【修改】工具的倒角按钮，或选择【修改】/【倒角】菜单命令，或输入CHAMFER命令，都可以启动倒角命令。命令行方式的执行过程和参数设定如下：

命令：_CHAMFER

("修剪"模式）当前倒角距离 1=0.0000，距离 2=0.0000

选择第一条直线或[多线段（P）/距离（D）/角度（A）/修剪（T）/方式（M）/多个（U）]：d

指定第一个倒角距离<0.0000>：1.5

指定第二个倒角距离<1.5000>：1.5

选择第一条直线或[多线段（P）/距离（D）/角度（A）/修剪（T）/方式（M）/多个（U）]：

选择第二条直线：

以上仅列出了一个倒角的命令，其他类似。注意，当倒内孔左端角时，会破坏原有轮廓线，需要用绘制直线命令补上。效果如图 13-10 所示。

图 13-9 修剪后的结果

图 13-10 主视图倒角以后的图形

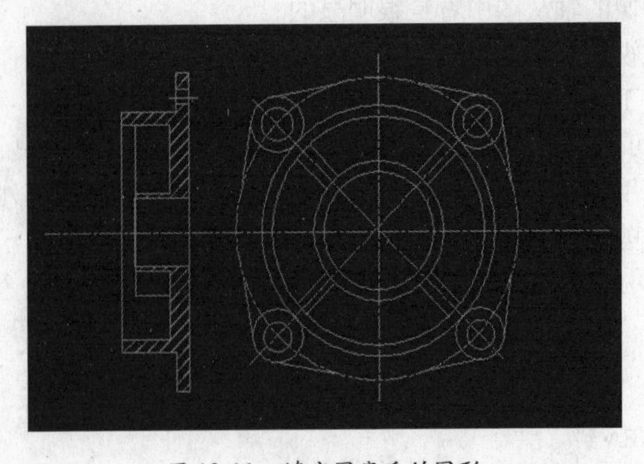

图 13-11 填充图案后的图形

(7) 填充剖面线。

单击【图层】工具栏中的下拉列表框，选择 thin 图层。

单击【绘图】工具栏的图案填充按钮，或选择【绘图】/【图案填充】菜单命令，然后选择合适的填充图案、角度和比例后进行图案填充。完成的效果如图 13-11 所示。

(8) 对整个图形进行标注。最终结果如图 13-12 所示。

图 13-12　定位压盖效果图

13.3　实例 3：轴承支座

(1) 新建并保存文件

首先新建一个文件，在【选择样板】对话框中选择 acadiso 模板项，然后选择适当路径保存该文件。

(2) 图层设置

该实例中含有中心线、粗实线、细实线、虚线以及尺寸标注，故将其放置在不同图层。单击【图层】工具栏的图层特性管理器按钮，弹出【图层特性管理器】对话框，然后设置图层名称、颜色和线型，效果如图 13-13 所示。单击【确定】按钮完成图层设置。

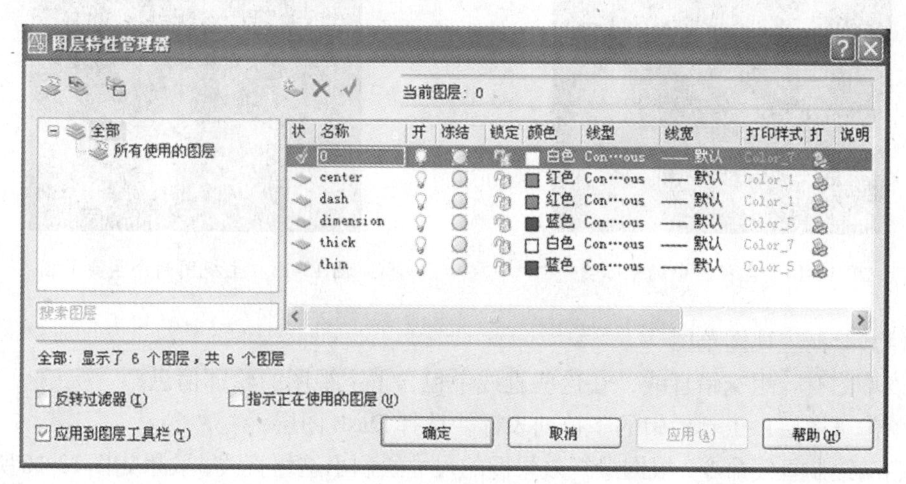

图 13-13　【图层特性管理器】对话框

其中Center层为中心线层，Dash层为虚线层，Thick层为粗实线层，Thin层为细实线层，Dimension层为标注层。

（3）绘制主视图中心线

本例先从主视图开始绘制，先绘制圆锥齿轮的中心线和局部对称线。

单击【图层】工具栏中的下拉列表框，选择Center图层。

单击【绘制】工具栏的直线按钮⁄，或选择【绘图】/【直线】菜单命令，或在命令行中输入LINE，都可以启动绘制直线命令。仅其中一个操作的命令行方式的执行过程和参数设定如下：

```
命令：_LINE
指定第一点：
指定下一点或[放弃（u)]：@120，0
指定下一点或[放弃（u)]：
```

这一步效果如图13-14所示。目前只有两条中心线，底板上的孔的中心线将在下一步中用另外的方法绘制出。

（4）绘制主视图中的圆

单击【图层】工具栏中的下拉列表框，选择Thick图层。

单击【绘制】工具栏的圆按钮⊙，或选择【绘制】/【圆】菜单命令，或输入CIRCLE命令，都可启动绘制圆的命令。其中一个操作的命令行方式的执行过程和参数设定如下：

```
命令：_CIRCLE
指定圆的半径或[直径（D)]：15
```

完成的效果如图13-15所示。

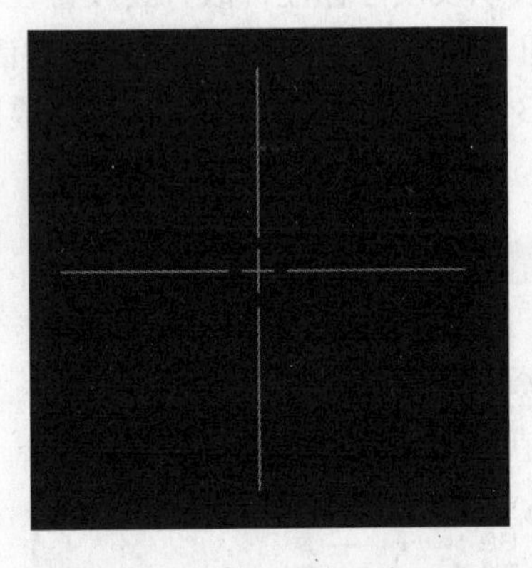

图13-14　主视图中的中心线

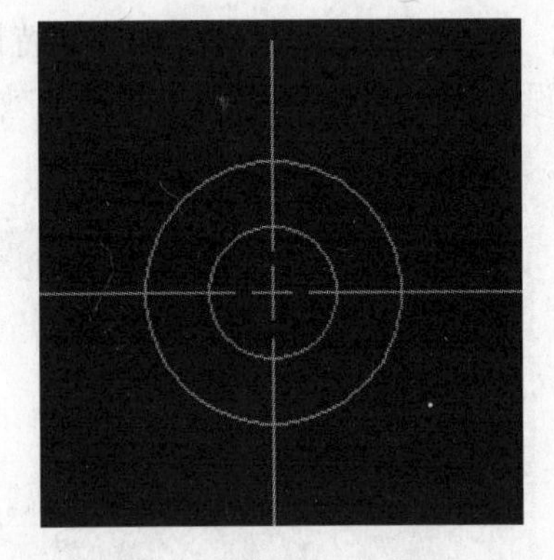

图13-15　主视图两个主要的圆

（5）绘制主视图草图

该草图有一组交错直线，在这些直线中包含了主视图的轮廓信息。

单击【图层】工具栏中的下拉列表框，选择Dash图层。

启动绘制直线命令，根据最终效果图的尺寸绘制出这组直线，效果如图13-16所示。当然也可以用复制和偏移等方法。

从图中可以看出，下面两条水平虚线包含了底板的信息，中间两条垂直虚线则包含了肋板信息。

（6）得到主视图主要轮廓

这一步主要是通过TRIM命令得到轮廓线。先给出如图13-17所示的结果。单击【修改】工具栏按钮，或选择【修改】/【修剪】菜单命令，或输入TRIM命令，都可以启动修剪命令。仅其中一个操作的命令行方式的执行过程和参数设定如下：

```
命令：_TRIM
当前设置：投影=UCS，边=无
选择剪切边…
选择对象：找到1个
选择对象：
选择要修剪的对象，或按住Shift键选择要延伸的对象，或[投影（P）/边（E）/放弃（U）]：
选择要修剪的对象，或按住Shift键选择要延伸的对象，或[投影（P）/边（E）/放弃（U）]：
```

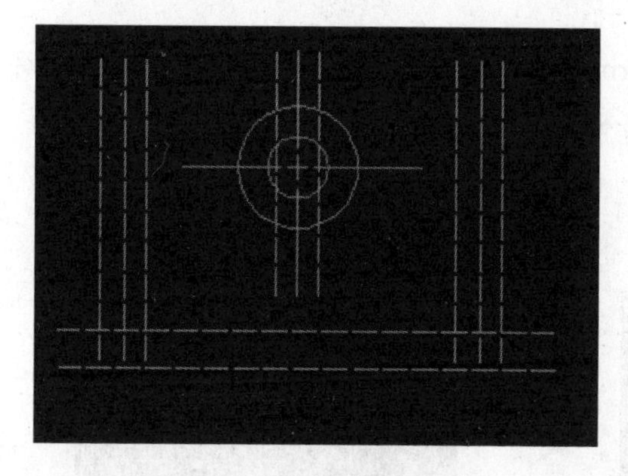

图13-16　草图中的直线组

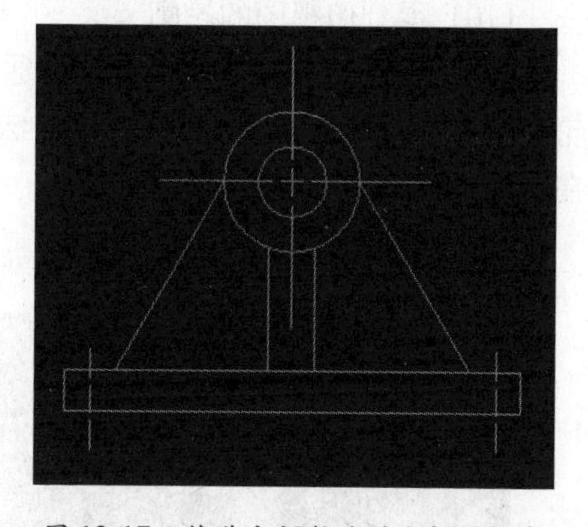

图13-17　修剪和调整后的主视图轮廓

修剪后，再补上支座腰部两条直线。这是很容易的，因为起点和端点都由上面一步确定了。刚才的草图为了区别，将直线组绘制到了Dash层，这时可以将得到的轮廓转换到其本来所在的图层。

（7）绘制出主视图完整轮廓

上面步骤完成后，还缺少底座上的凸台和孔。凸台和孔的中心线已经在上一步中修剪得到。用上面先绘制直线组后剪切调整的方法，很容易得到凸台和孔，效果如图13-18所示。

注意底座孔应该调整到Dash层。

当然也可以用前面实例采用的连接绘制直线，并使用相对坐标，然后用镜像的方法来完成。

（8）从主视图引出俯视图参照线

先给出如图13-19所示的效果。要保证主视图和俯视图的对应关系，又要绘制出线条复杂的俯视图，可以直接从主视图引导出两个视图有对应关系的直线作为俯视图参照线。仍然先绘制在dash层。单击【图层】工具栏中的下拉列表框，选择dash图层。然后启动并绘制直线，具体命令行方式的过程和参数设定略。

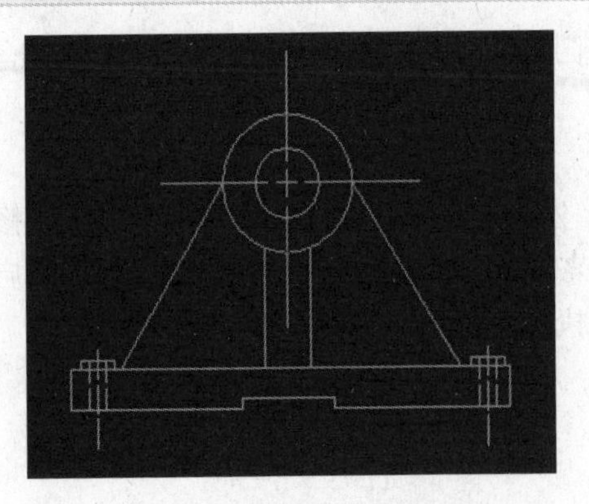

图 13-18　完整的主视图轮廓

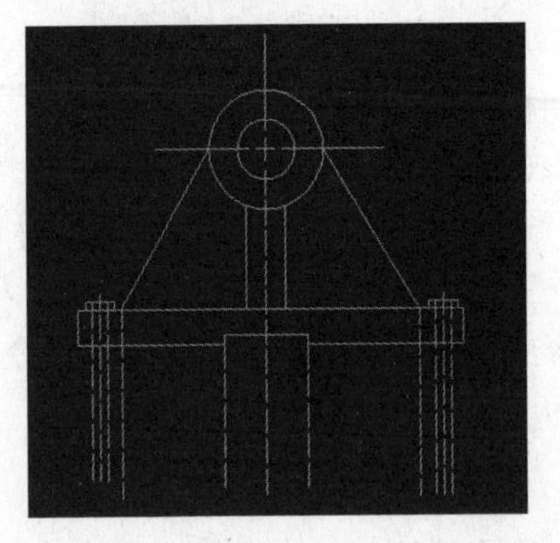

图 13-19　绘制出俯视图参照线

（9）绘制俯视图草图

仍然是绘制出一组包含轮廓信息的交错直线，这在上面绘制主视图时已经讲述得比较清楚了。尺寸可以参见最终效果图，该步效果如图 13-20 所示。

（10）得到俯视图的轮廓

先给出如图 13-21 所示的效果。通过 tirm 操作，将得到主要的俯视图轮廓。然后将轮廓线调整到其实际所在的图层，方法有多种，如，可以双击对象弹出【特性】对话框，在其中找到【图层】项进行修改。

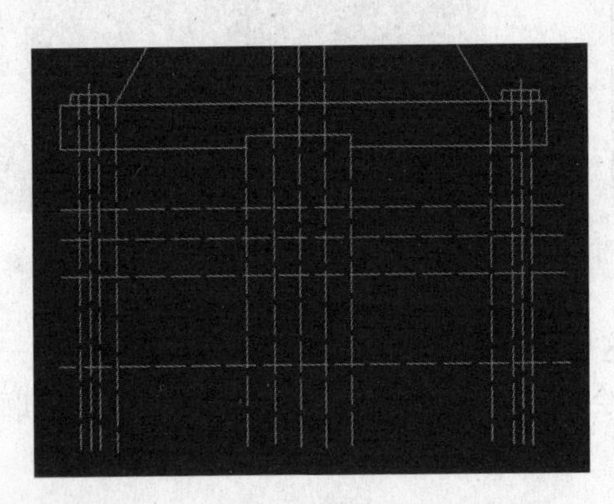

图 13-20　俯视图草图轮廓线

图 13-21　修剪后俯视图的轮廓

然后绘制出俯视图中底板上圆台和通孔的外形。由于其圆心已经确定，半径可以从最终效果图中得到，也可以从主视图中对应得到，故用 circle 命令不难完成。

（11）绘制左视图草图交错直线组

左视图与主视图的对应关系更加明显，从主视图引出左视图的参照线，并添加其他包含左视图轮廓信息的直线，得到的效果如图 13-22 所示。这里仍然是先将其绘制在 Dash 层上。

（12）绘制出左视图完整轮廓

将图 13-22 的交错线进行剪切，得到如图 13-23 所示的效果。然后将这些直线的图层特性调整到实际所在的图层。此外还需要补充绘制 70° 的倾斜直线。效果如图 13-24 所示。

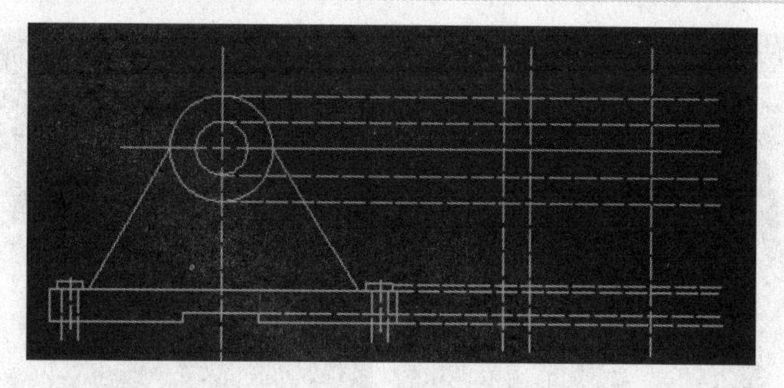

图 13-22　左视图参照线

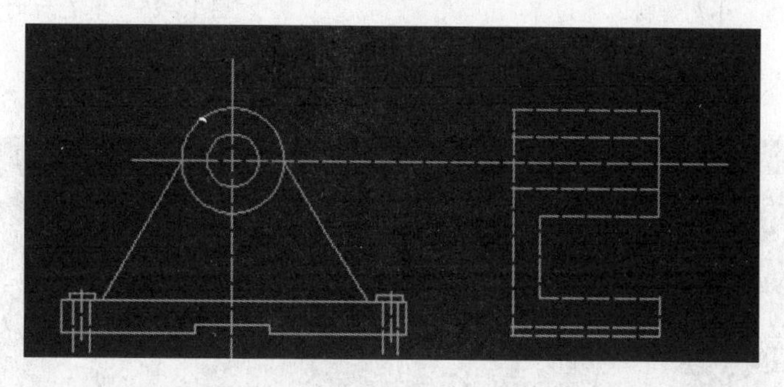

图 13-23　剪切并调整以后的效果

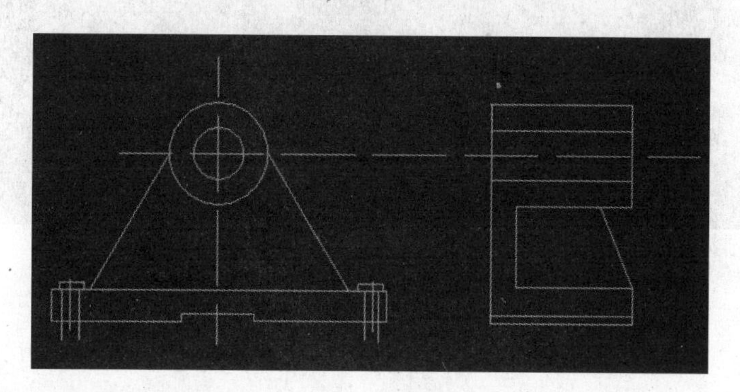

图 13-24　完整的主视图和左视图

（13）圆角、补充绘制俯视图填充边界

先给出这一步的效果图，如图 13-25 所示。实现这一步过程的步骤如下：先绘制圆角，主要是俯视图的 4 个角，半径为 20。

补充绘制俯视图填充边界实际上并不容易。因为最终效果中俯视图的剖切位置有主视图决定，其尺寸需要对应到左视图中间接得到。

从直线 AB 向左视图引参照线，与左视图相交于 C、D 两点，从而可以定位出俯视图中 EF 的位置（EF=CD）。这样就绘制出了俯视图的填充边界直线 GH。

（14）图案填充

单击【绘图】工具栏的图案填充按钮，或选择【绘图】/【图案填充】菜单命令，然后选择合适的图案完成填充。完成的效果如图 13-26 所示。

（15）标注

单击【标注】菜单的相应命令或单击【标注】工具栏的相关按钮，或在命令行中直

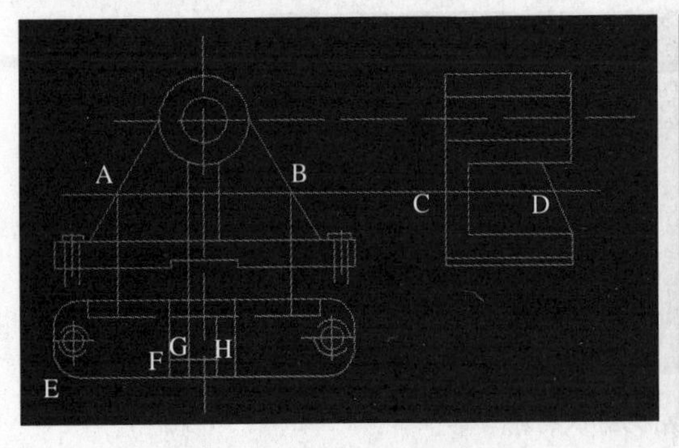

图 13-25 补充绘制填充边界

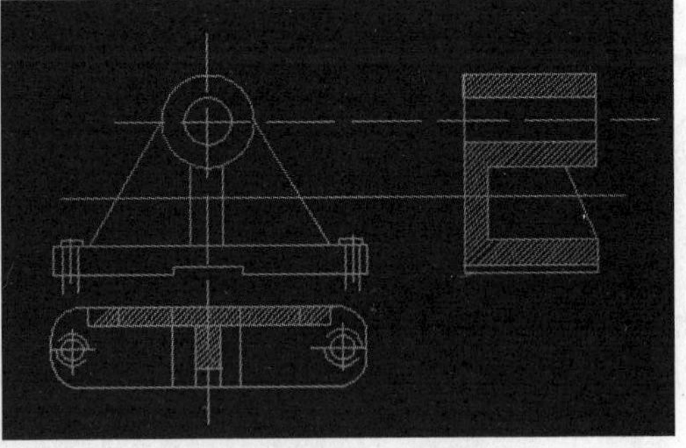

图 13-26 填充后的效果

接输入相应命令，可以完成图形标注。效果如图 13-27 所示。

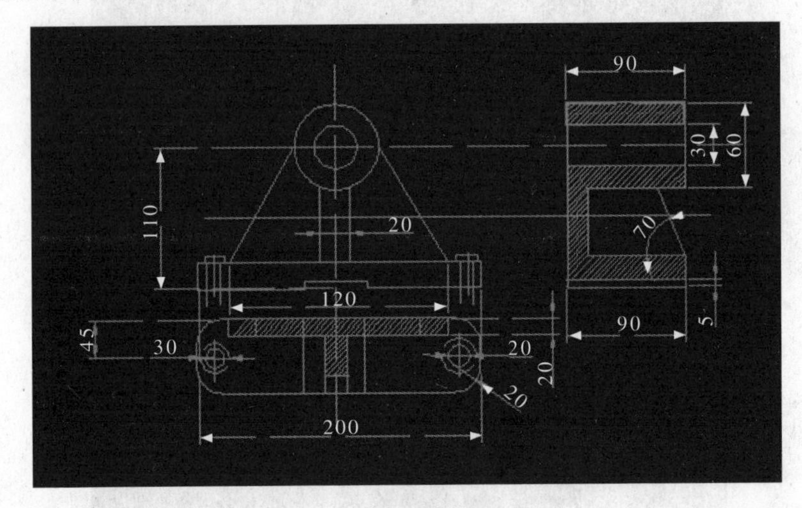

图 13-27 轴承支架的最终效果图

13.4 实例 4：靠背椅子

(1) 新建并保存文件

首先新建一个文件，在【选择样板】对话框中选择 acadiso 模板项，然后选择适当路径保存该文件。

(2) 选择三维坐标系

选择【视图】/【三维视图】/【东南等轴测】菜单命令，这样绘图窗口就成功选择了三维坐标系。

(3) 图层设置

本例中将椅子分为靠背、坐垫、支撑、滚轮等部分，故将其放置在不同图层中，对应的【图层特性管理器】对话框如图 13-28 所示。

(4) 绘制支撑腿

在【图层】工具栏的“图层”下拉列表框中将“支撑层”置为当前层。

① 绘制支撑立柱。选择【绘图】/【建模】/【圆柱体】菜单命令，或单击【建模】工具栏的圆柱体按钮，或在命令行中输入 cylinder，都可以启动绘制圆柱体命令。命

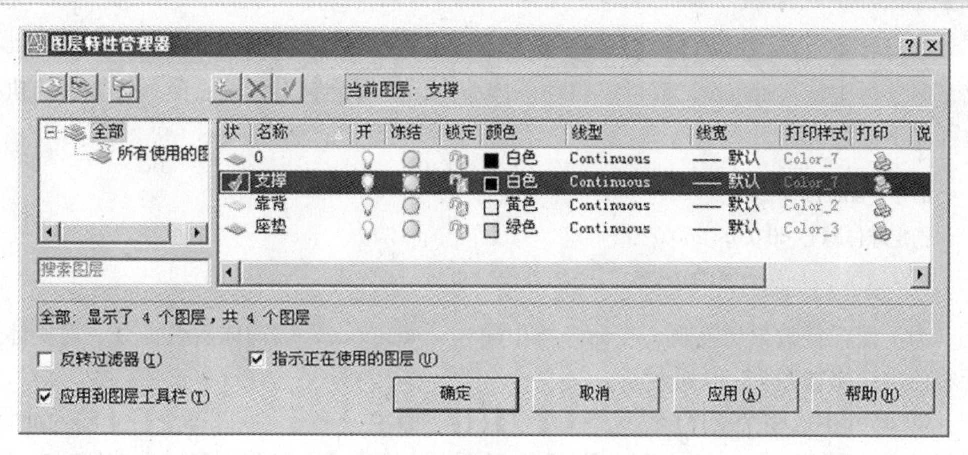

图 13-28 【图层特性管理器】对话框

令行方式的执行过程如下：

命令: cylinder
指定圆柱体底面的中心点或 [椭圆(E)] <0,0,0>:
指定圆柱体底面的半径或 [直径(D)] : 20
指定圆柱体高度或 [另一个圆心(C)] : 150

重复绘制圆柱体的操作，绘制第 2 个圆柱体，其中心点坐标为（0,0,150），半径为 16mm，高度为 60mm。

完成绘制的支撑立柱如图 13-29 所示。

② 绘制一个支撑腿。选择【绘图】/【三维多线段】菜单命令，或在命令行中输入 3dpoly，都可以启动三维多线段命令，然后绘制一个水平方向的支撑腿。命令行方式的执行过程如下：

命令: 3dpoly
指定多段线的起点: 0,15,0
指定直线的端点或 [放弃(U)] : @180,0,−25
指定直线的端点或 [放弃(U)] : @80,0,−35
指定直线的端点或 [闭合(C)/ 放弃(U)] : @0,0,−15
指定直线的端点或 [闭合(C)/ 放弃(U)] : @−85,0,30
指定直线的端点或 [闭合(C)/ 放弃(U)] : @−180,0,30
指定直线的端点或 [闭合(C)/ 放弃(U)] : c

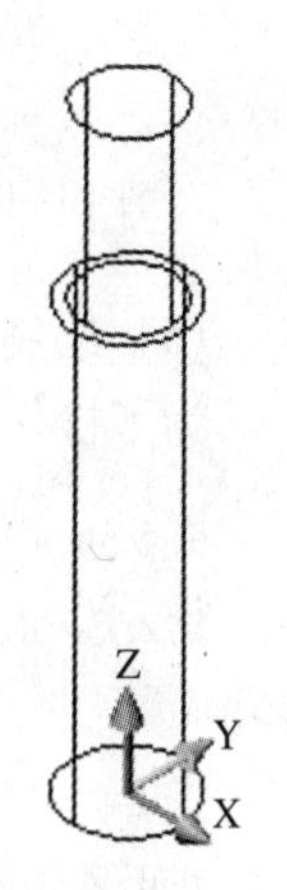

图 13-29 绘制支撑立柱

选择【修改】/【实体编辑】/【拉伸面】菜单命令，或单击【建模】工具栏的实体拉伸按钮，或在命令行中输入 extrude，都可以启动实体拉伸命令，然后对完成绘制的水平方向的支撑腿进行拉伸。命令行方式的执行过程如下：

命令: _extrude
选择对象:
指定拉伸高度或 [路径(P)] : −30
指定拉伸的倾斜角度 <0>:

选择【绘图】/【建模】/【球体】菜单命令，或单击【建模】工具栏的球体按钮，或在命令行中输入sphere，都可以启动球体命令，然后绘制出滑轮。命令行方式的执行过程如下：

命令: _sphere

指定球体球心 <0,0,0>: 260,0,-75

指定球体半径或 [直径(D)] : 25

为了使视觉效果更直观，在命令行中输入shademode，启动体着色命令，对实体进行着色，结果如图13-30所示。

③ 阵列生成整个支撑腿。选择【修改】/【阵列】菜单命令，或在命令行中输入array，都可以启动阵列命令，在打开的【阵列】对话框中选中【环形阵列】单选按钮，在【项目总数】和【填充角度】文本框中分别输入4、360，然后对已经完成的一个支撑腿进行阵列操作，得到的最终结果如图13-31所示。

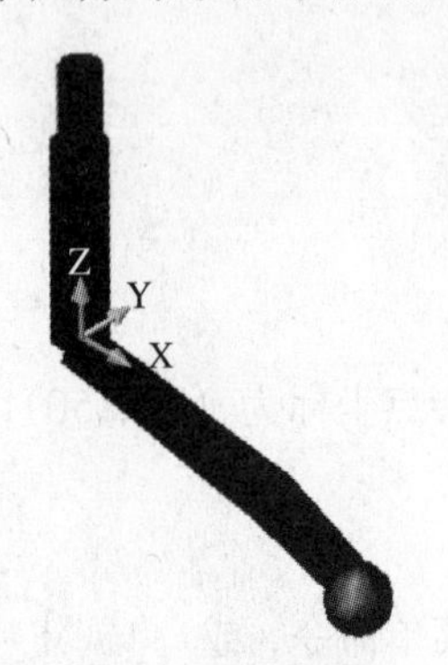

图 13-30 绘制一个支撑腿

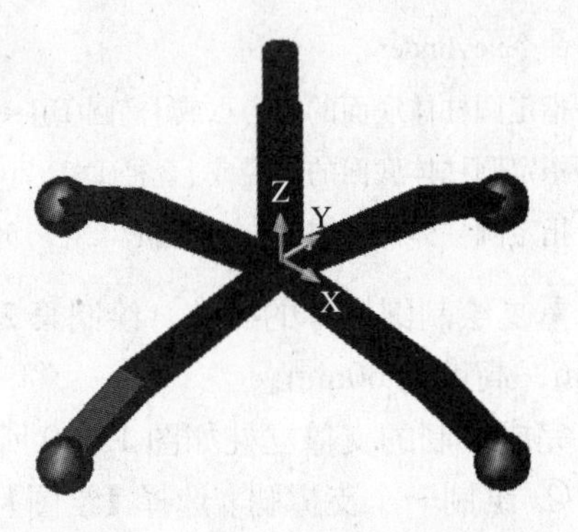

图 13-31 阵列得到的支撑腿

(5) 绘制椅子坐垫

为了操作方便，现在变换用户坐标系（UCS坐标系）。命令行方式的执行过程如下：

命令: ucs

输入选项[新建(N)/移动(M)/正交(G)/上一个(P)/恢复(R)/保存(S)/删除(D)/应用(A)/?/世界(W)] <世界>: za

指定新原点 <0,0,0>: 0,0,210

在正 Z 轴范围上指定点 <0.0000,0.0000,211.0000>:

选择【绘图】/【建模】/【长方体】菜单命令，或单击【建模】工具栏的长方体按钮，或在命令行中输入box，都可以启动绘制长方体命令，绘制出椅子坐垫的基本形状。然后使用fillet命令对坐垫进行圆角处理。命令行方式的执行过程如下：

命令: _box

指定长方体的角点或 [中心点(CE)] <0,0,0>: -250,-225,0

指定角点或 [立方体(C)/ 长度(L)] :500,450,100

命令: fillet

选择第一个对象或 [放弃(U)/ 多段线(P)/ 半径(R)/ 修剪(T)/ 多个(M)] :(选择长方体的上边界的一

个棱）

输入圆角半径: 60

选择边或 [链(C)/半径(R)]:(依次选择长方体的上边界的其他三个棱）

图 13-32 创建椅子坐垫

最后完成坐垫4个角的圆角操作，得到的结果如图 13-32 所示。

（6）制作靠背及扶手

将靠背层置为当前层。

① 制作靠背主体。选择【绘图】/【三维多线段】菜单命令，或在命令行中输入3dpoly，都可以启动三维多线段命令，然后创建椅子背主体。命令行方式的执行过程如下：

命令: 3dpoly

指定多段线的起点:-250,-225,0

指定直线的端点或 [放弃(U)]:@-100,-225,500

指定直线的端点或 [放弃(U)]: @-100,-225,0

指定直线的端点或 [闭合(C)/放弃(U)]: @100,-225,-500

指定直线的端点或 [闭合(C)/放弃(U)]: C

② 变换用户坐标系。这样方便后面图形的绘制。命令行方式的执行过程如下：

命令: ucs

输入选项 [新建(N)/移动(M)/正交(G)/上一个(P)/恢复(R)/保存(S)/删除(D)/应用(A)/?/世界(W)] <世界>: za

指定新原点 <0,0,0>: -250，-225，0

在正 Z 轴范围上指定点 <-100.0000,0.0000,501.0000>:-100,100,0

③ 绘制靠背顶部的圆柱部分。选择【绘图】/【建模】/【圆柱体】菜单命令，或单击【建模】工具栏的圆柱体按钮，或在命令行中输入cylinder，都可以启动绘制圆柱体命令。命令行方式的执行过程如下：

命令: cylinder

指定圆柱体底面的中心点或 [椭圆(E)] <-120,500,0>:

指定圆柱体底面的半径或 [直径(D)] :80

指定圆柱体高度或 [另一个圆心(C)] : 450

④ 绘制两个三维多线段并进行拉伸。选择【绘图】/【三维多线段】菜单命令，或在命令行中输入3dpoly，都可以启动三维多线段命令，然后绘制两个近似椭圆状的三维多线段，它们的大小分别对应扶手外侧、内侧的范围。第一个三维多线段中各端点坐标为（0，0，0）、(@-500，0，0)、(@50，300，0)、(@500，0，0)，然后闭合图形；第二个三维多线段中各端点的坐标为（-30，30，0）、(@-440，0，0)、(@50，240，0)、(@440，0，0)，然后闭合图形。具体命令执行过程略。

选择【绘图】/【建模】/【拉伸】菜单命令，或单击【建模】工具栏的拉伸按钮，或在命令行中输入 extrude，都可以启动拉伸命令，然后对两个三维多线段进行适当拉伸，获得两个实体。命令行方式的执行过程如下：

命令: _extrude

选择对象:（选择两个三维多线段）

指定拉伸高度或 [路径(P)]: -50

指定拉伸的倾斜角度 <0>:

⑤ 通过对两个实体进行差集运算，获得一侧的扶手。选择【修改】/【实体编辑】/【差集】菜单命令，或单击【实体编辑】工具栏的差集按钮，或在命令行中输入subtract，都可以启动差集命令。命令行方式的执行过程如下：

命令: _subtract 选择要从中减去的实体或面域...

选择对象:（选择大的实体）

选择对象: 选择要减去的实体或面域...

选择对象:（选择小的实体）

⑥ 复制出另一侧的扶手。选择【修改】/【复制】菜单命令，或单击【修改】工具栏的复制按钮，或在命令行中输入 copy，都可以启动复制命令。命令行方式的执行过程如下：

命令: copy

选择对象:（选择已经制作好的扶手）

指定基点或 [位移(D)] <位移>:（随意单击选择绘图区中的一点）

指定第二个点或 <使用第一个点作为位移>: @0,0,500

即可完成本实例的制作，效果如图 13-33 所示。

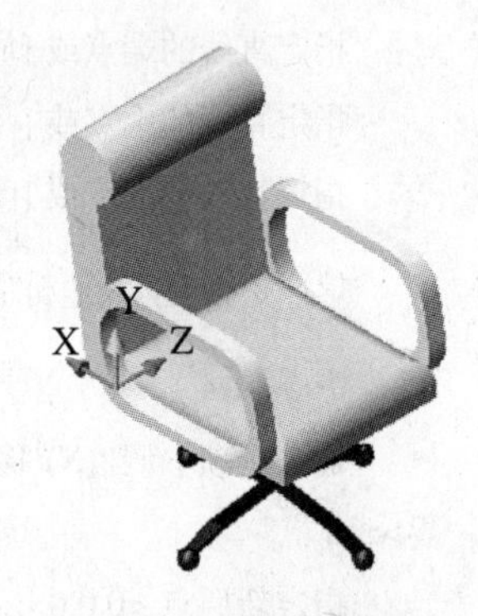

图 13-33　最终效果图

13.5　实例 5：梳妆台

（1）新建并保存文件

首先新建一个文件，在【选择样板】对话框中选择 acadiso 模板项，然后选择适当路径保存该文件。

（2）选择【视图】/【三维视图】/【主视】菜单命令，或单击【视图】工具栏上的主视按钮，或在命令行中输入 view，把绘图区转换成主视图，绘制如图 13-34 所示的图形。

（3）绘制桌子主体部分

① 生成面域。选择【绘图】/【面域】菜单命令，或单击【绘图】工具栏上的面域按钮，或在命令行中输入region，都可以启动面域命令。命令行方式的执行过程如下：

命令: _region

选择对象:（选择桌子平面图中的所有对象）

选择对象:

已创建三个面域。

最终结果如图 13-35 所示。

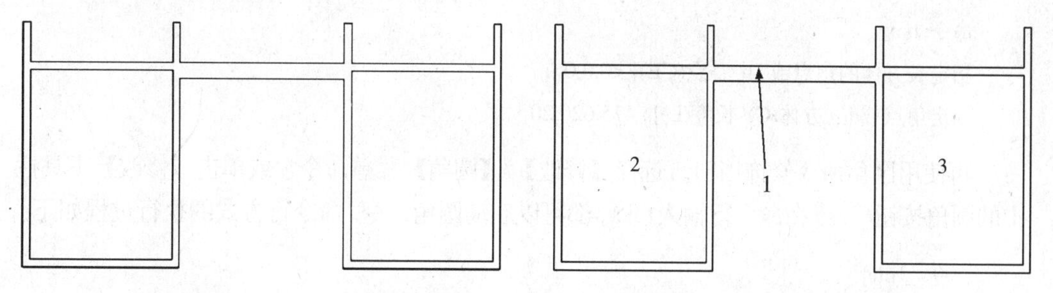

图 13-34 桌子的平面图　　图 13-35 生成面域

② 对面域进行差集运算。选择【修改】/【实体编辑】/【差集】菜单命令，或单击【实体编辑】工具栏的差集按钮，或在命令行中输入 subtract，都可以启动差集命令。命令行方式的执行过程如下：

命令: _subtract 选择要从中减去的实体或面域...

选择对象: (选择面域 1)

选择对象: 选择要减去的实体或面域 ... (选择面域 2 和 3)

③ 拉伸出立体效果。选择【绘图】/【建模】/【拉伸】菜单命令，单击【建模】工具栏上的拉伸面按钮，或在命令行输入extrude，都可以启动拉伸命令。命令行方式的执行过程如下：

命令: _extrude

选择对象:

选择对象:

指定拉伸高度或 [路径(P)] : -650

指定拉伸的倾斜角度 <0>:

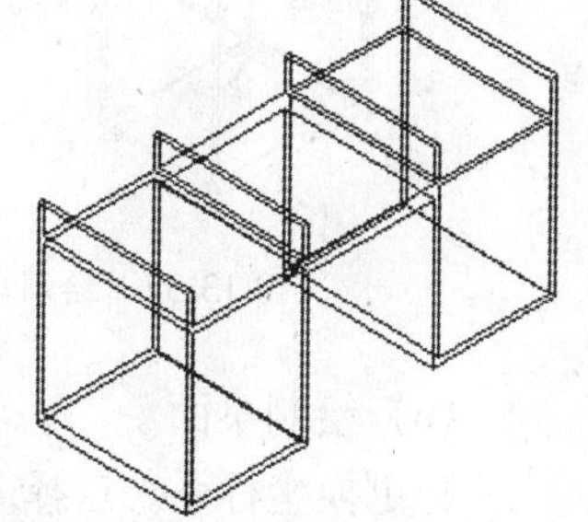

图 13-36 拉伸后的效果

结果如图 13-36 所示 (西南轴侧图)。

(4) 绘制后板

选择【绘图】/【建模】/【长方体】菜单命令，或单击【建模】工具栏的长方体按钮，或在命令行中输入box，都可以启动绘制长方体命令。命令行方式的执行过程如下：

命令: box

指定长方体的角点或 [中心点(CE)] <0,0,0>:

指定角点或 [立方体(C)/ 长度(L)] : L

指定长度: 1600

指定宽度: 20

指定高度: 800

结果如图 13-37 所示。

（5）绘制挡门

继续使用长方体命令绘制挡门雏形。命令行方式的执行过程如下：

命令: box

指定长方体的角点或 [中心点(CE)] <0,0,0>:

指定角点或 [立方体(C)/ 长度(L)] : 475,620,20

再使用圆角命令修饰挡门。选择【修改】/【圆角】菜单命令，或单击【修改】工具栏中的圆角按钮，或在命令行输入fillet，都可以启动圆角命令。命令行方式的执行过程如下：

命令: _fillet

当前设置: 模式 = 修剪，半径 = 20.0000

选择第一个对象或 [放弃(U)/ 多段线(P)/ 半径(R)/ 修剪(T)/ 多个(M)] :（选择挡门雏形的一个立棱）

输入圆角半径 <20.0000>:

选择边或 [链(C)/ 半径(R)] :（选择其他立棱）

其他挡门可照此方法绘制。可灵活运用其他命令，比如使用镜像命令等。最终结果如图 13-38 所示。

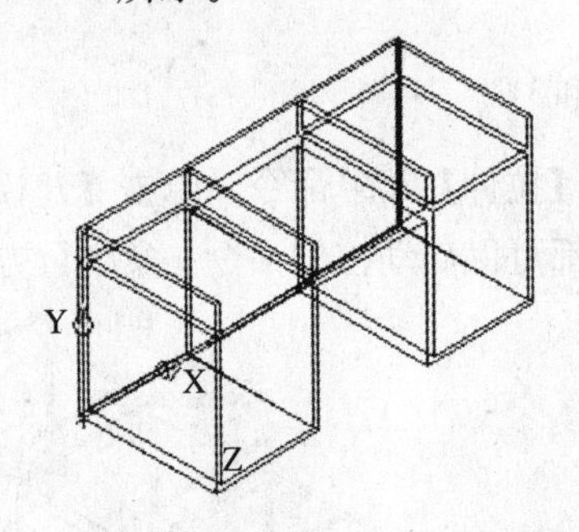

图 13-37　绘制后板

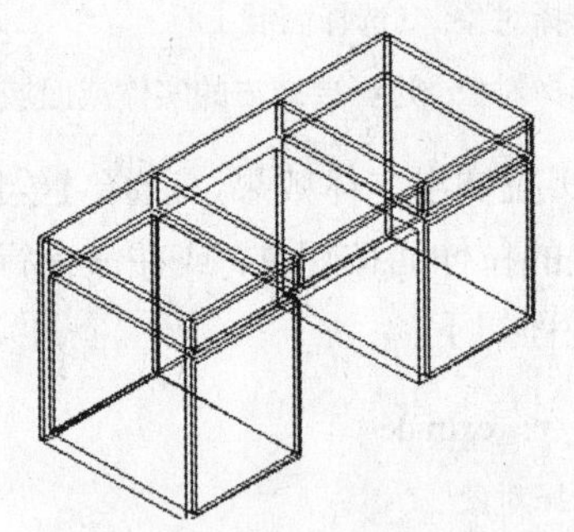

图 13-38　绘制挡门

（6）绘制桌面

先更换坐标系。选择【工具】/【新建 UCS】/【世界】菜单命令，或在命令行中输入 ucs，都可以启动移动 UCS 命令。命令行方式的执行过程如下：

命令: ucs

输入选项 [新建(N)/移动(M)/正交(G)/上一个(P)/恢复(R)/保存(S)/删除(D)/应用(A)/?/世界(W)] <世界>: m

指定新原点或 [Z 向深度(Z)] <0,0,0>: （如图 13-39 所示）

然后使用长方体命令绘制桌面的基本形状。命令行方式的执行过程如下：

命令: box

指定长方体的角点或 [中心点(CE)] <0,0,0>: -20,0,0

指定角点或 [立方体(C)/ 长度(L)] : 1640,20,700

然后使用圆角命令修饰桌面。命令行方式的执行过程如下：

命令: _fillet

选择第一个对象或 [放弃(U)/ 多段线(P)/ 半径(R)/ 修剪(T)/ 多个(M)] : R

输入圆角半径 <20.0000>:

选择边或 [链(C)/ 半径(R)] :(选择桌面的各个上棱)

最终结果如图 13-40 所示。

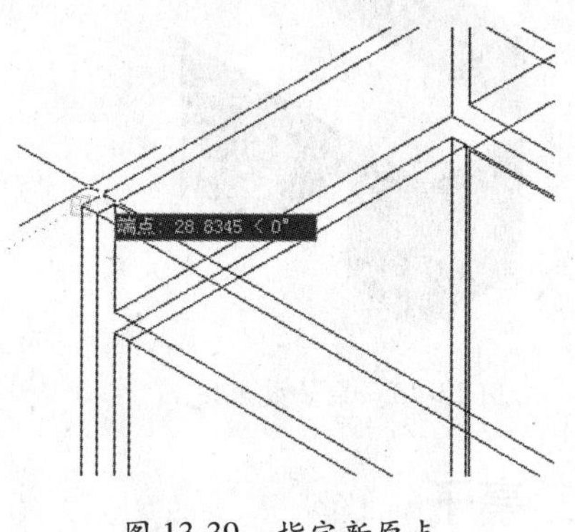

图 13-39　指定新原点

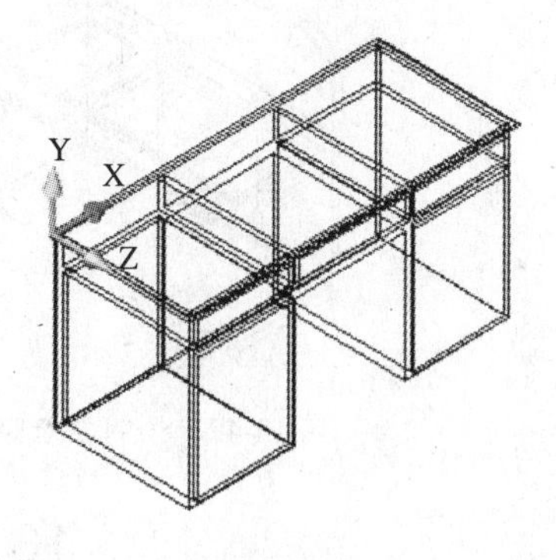

图 13-40　绘制桌面

(7) 绘制把手和靠背

使用各种命令绘制桌子的把手和靠背，并放置到桌子上，最终结果如图 13-41 所示。

(8) 绘制桌腿

选择【视图】/【三维视图】/【仰视】菜单命令，或单击【视图】工具栏上的仰视按钮，将视口设置为仰视。再变换坐标系。命令行方式的执行过程如下：

命令：UCS

当前 UCS 名称: * 世界 *

输入选项 [新建(N)/ 移动(M)/ 正交(G)/ 上一个(P)/ 恢复(R)/ 保存(S)/ 删除(D)/ 应用(A)/?/ 世界(W)] <世界>: m

指定新原点或 [Z 向深度(Z)] <0,0,0>: 0,-650,0

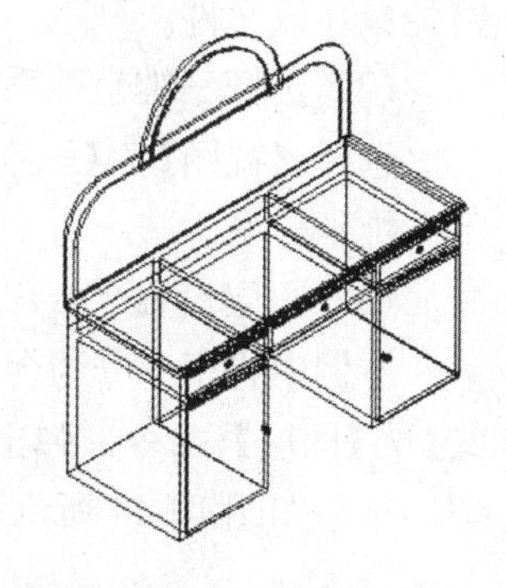

图 13-41　绘制把手和靠背

选择【绘图】/【矩形】菜单命令，或单击【绘图】工具栏的矩形按钮，或在命令行中输入 rectang，都可以启动绘制矩形的命令。命令行方式的执行过程如下：

命令: rectang

指定第一个角点或 [倒角(C)/ 标高(E)/ 圆角(F)/ 厚度(T)/ 宽度(W)] : 0,0

指定另一个角点或 [面积(A)/ 尺寸(D)/ 旋转(R)] : @20,20

再使用拉伸命令对矩形进行拉伸操作。命令行方式的执行过程如下：

命令: _extrude

选择对象: (选择矩形线框)

指定拉伸高度或 [路径(P)] : -80

指定拉伸的倾斜角度 <0>: 3

这样就完成了一个桌子腿的绘制。

重复上面的操作，绘制其他桌子腿，结果如图 13-42 所示。

(9) 在命令行输入 shademode，可以启动着色命令，进行着色操作，从而获得最终结果，如图 13-43 所示。

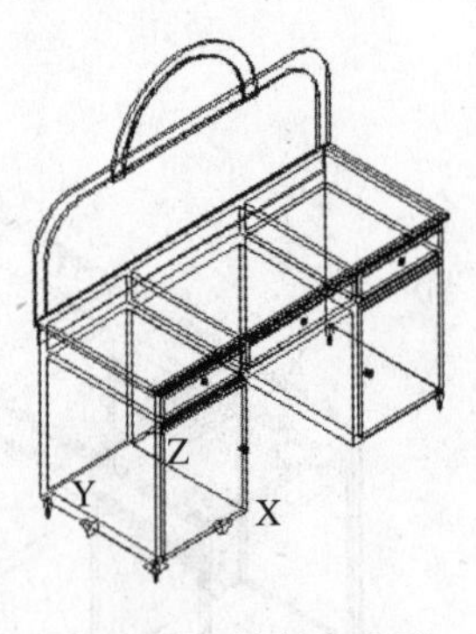

图 13-42　绘制桌子腿

图 13-43　桌子效果图

13.6　实例 6：亭子

(1) 新建并保存文件

首先新建一个文件，在【选择样板】对话框中选择 acadiso 模板项，然后选择适当路径保存该文件。

(2) 选择三维坐标系

选择【视图】/【三维视图】/【东南等轴测】菜单命令，这样绘图窗口就成功选择了三维坐标系。

(3) 图层设置

本例中将亭子分为台阶、亭子顶、柱子等部分，故将其放置在不同图层。选择【格式】/【图层】命令，弹出【图层特性管理器】对话框，然后设置图层名称、颜色和线型，结果如图 13-44 所示，单击【确定】按钮完成图层设置。

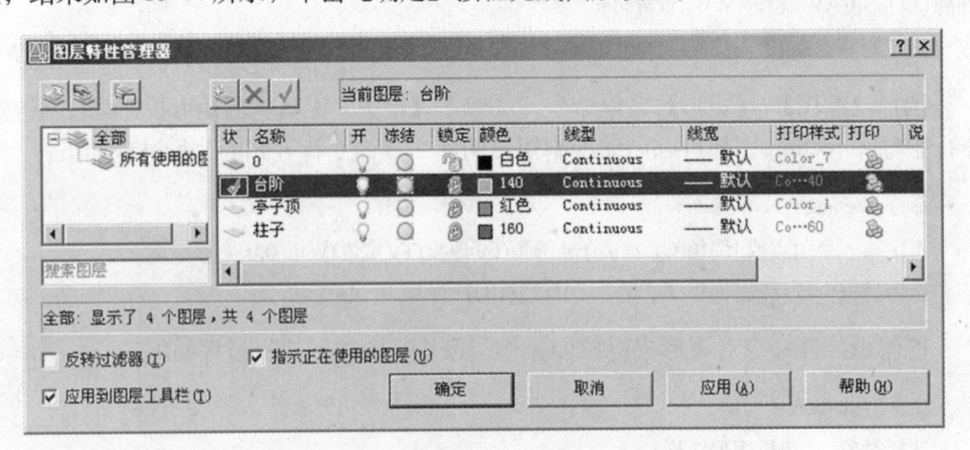

图 13-44　【图层特性管理器】对话框

(4) 绘制台阶

单击【图层】工具栏上的“图层管理器”下拉列表框，选中台阶层，将其置为当前层。然后绘制几个圆柱来形成台阶。

选择【绘图】/【建模】/【圆柱体】菜单命令，或单击【建模】工具栏的按钮，或在命令行中输入cylinder，都可以启动绘制圆柱体命令。命令行方式的执行过程如下：

命令: cylinder

指定圆柱体底面的中心点或 [椭圆(E)] <0,0,0>:

指定圆柱体底面的半径或 [直径(D)] : 2500

指定圆柱体高度或 [另一个圆心(C)] : 100

重复绘制圆柱体命令，再分别绘制两个圆柱体，其中心点均位于点（0,0,0），半径分别为2200mm、1900mm，高度分别为200mm、300mm。

绘制结果如图13-45所示(为了使效果比较直观，该图为体着色后的图)。

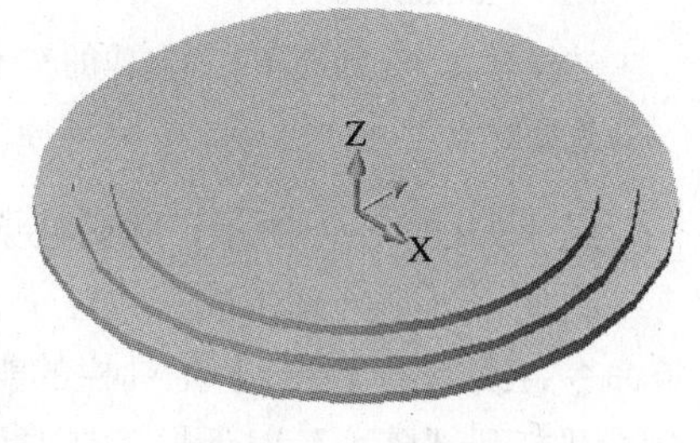

图13-45　绘制台阶

（5）绘制柱子

先绘制柱身。选择【绘图】/【建模】/【圆柱体】菜单命令，或单击【建模】工具栏的按钮，或在命令行中输入cylinder，都可以启动绘制圆柱体命令。命令行方式的执行过程如下：

命令: cylinder

指定圆柱体底面的中心点或 [椭圆(E)] <0,0,0>:0,1600,300

指定圆柱体底面的半径或 [直径(D)] : 150

指定圆柱体高度或 [另一个圆心(C)] : 2800

绘制柱子下面的圆环。选择【绘图】/【建模】/【圆环】菜单命令，或单击【建模】工具栏中的按钮，或在命令行中输入torus，都可以启动绘制圆环命令。命令行方式的执行过程如下：

命令: _torus

当前线框密度: ISOLINES=4

指定圆环体中心 <0,0,0>: 0,1600,350

指定圆环体半径或 [直径(D)] : 150

指定圆管半径或 [直径(D)] : 50

复制得到柱子上面的圆环。选择【修改】/【复制】菜单命令，或单击【修改】工具栏中的按钮，或在命令行中输入copy，都可以启动复制命令。命令行方式的执行过程如下：

命令: _copy

选择对象: (选择已绘制的圆环体)

指定基点或 [位移(D)] <位移>:(随意单击选取绘图区域中的一点)

指定第二个点或 <使用第一个点作为位移>:0,0,50

指定第二个点或 [退出(E)/ 放弃(U)] <退出>:0,0,2650

指定第二个点或 [退出(E)/ 放弃(U)] <退出>:0,0,2750

将已经创建的柱身和两个圆环合并为一个实体。选择【修改】/【实体编辑】/【并集】菜单命令，或单击【实体编辑】工具栏的按钮，或在命令行中输入union，都可以启动并集命令。命令行方式的执行过程如下：

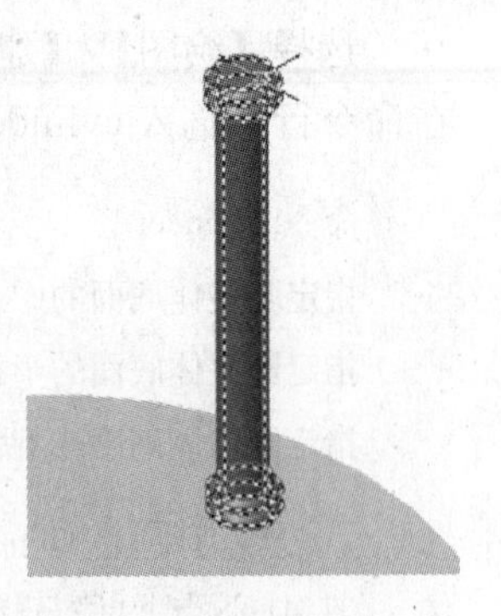

图 13-46 绘制柱子

命令: _union
选择对象: (分别选择前面制作的实体)
选择对象:

结果如图13-46所示，此时柱子层的对象变为了一个整体。

再使用环形阵列生成其他柱子。选择【修改】/【阵列】菜单命令，或单击【建模】工具栏的按钮，或在命令行中输入array，都可以启动阵列命令，并打开【阵列】对话框。在对话框中选中【环形阵列】复选框，设置【项目总数】为6、【填充角度】为360，如图13-47所示。再单击【选择对象】按钮，然后在绘图区域中选择已经创建好的第一个柱子，并按Enter键。最后单击【确定】按钮，完成阵列操作，得到的结果如图13-48所示。

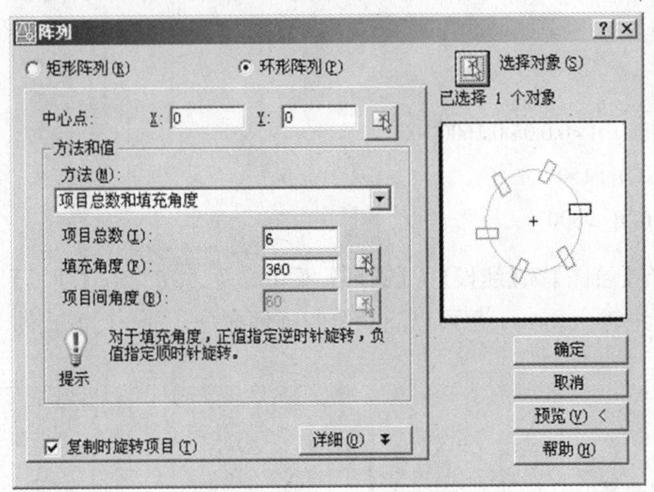

图 13-47 【阵列】对话框

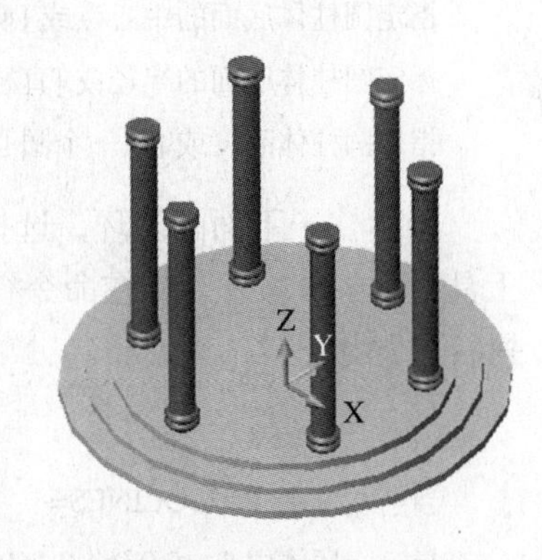

图 13-48 阵列得到其他柱子

(6) 绘制亭子顶

变换用户坐标系为UCS坐标系。命令行方式的执行过程如下：

命令: ucs
输入选项 [新建(N)/移动(M)/正交(G)/上一个(P)/恢复(R)/保存(S)/删除(D)/应用(A)/?/世界(W)] <世界>: za
指定新原点 <0,0,0>: 0,0,3000
在正 Z 轴范围上指定点 <0.0000,0.0000,3001.0000>:

然后绘制几个圆柱体用于差集操作。选择【绘图】/【建模】/【圆柱体】菜单命令，或单击【建模】工具栏的按钮，或在命令行中输入cylinder，都可以启动绘制圆柱体命令来绘制“圆柱体1”。命令行方式的执行过程如下：